ZigbeX를 이용한
유비쿼터스 센서 네트워크 시스템

Ubiquitous Sensor Network Systems with ZigbeX

3rd edition

(주)한백전자 기술연구소 지음

머리말

최근 고성능 초소형 디바이스 설계 기술 및 무선 이동 통신 기술의 비약적인 발전으로 사용자가 인식하지 않더라도 각 정보기기 및 디바이스들이 지능적으로 네트워크를 형성하여 사용자가 원하는 정보를 언제, 어디서나 쉽게 제공할 수 있는 유비쿼터스 컴퓨팅(Ubiquitous Computing)의 논의가 활발히 진행되고 있다[1].

이러한 미래 유비쿼터스 컴퓨팅 환경을 실현하기 위해서는 유선 망과 무선 망, 고정 망과 이동 망 등 수많은 종류의 망들이 하나로 연결되고, 생활 주변의 디바이스 및 가전기기들을 이용하여 사용자들에게 적합하고 유용한 정보 및 컴퓨팅 기능을 지능적으로 제공할 수 있어야 한다. 또한, 유비쿼터스 컴퓨팅을 보다 효율적으로 실생활 및 산업에 적용하기 위해서는 주변 환경과 사람의 행동 패턴을 예측할 수 있는 유비쿼터스 센서 네트워크(Ubiquitous Sensor Networks)[2]의 연구 및 제품화가 시급한 실정이다.

유비쿼터스 센서 네트워크를 통해 센싱된 정보는 사용자가 원하는 서비스 및 주변 상황을 자동으로 인지하고 보다 편리하고 정확한 서비스를 제공할 수 있도록 도와 준다. 이러한 센서 네트워크는 MIT 공대의 테크놀로지 리뷰지에서 선정한 앞으로 세상을 바꿀 10대 이머징(Emerging) 기술 중의 하나로서, 선진국의 유명 대학들에서 활발한 연구가 진행되고 있다.

이러한 상황 속에서 ㈜한백전자 기술연구소는 지금까지 연구된 센서 네트워크의 특징을 분석하고 그것을 토대로 실제 무선 센서 노드인 HBE-ZigbeX를 개발하여, 유비쿼터스 센서 네트워크란 최신 연구 주제에 보다 친근하게 다가갈 수 있도록 노력하였다.

HBE-ZigbeX의 하드웨어에서 달라진 점은 초기 접근에 필요한 개발환경 설정을 단순화하였으며, NesC 프로그래밍에 도움을 주고자 참조 코드를 생성해주는 EasyTinyOS란 도구를 개발하여 HBE-ZigbeX 구입 시 함께 제공되는 CD에 수록하였다. Eclipse 환경에서의 개발도 가능하도록 별도의 개발환경을 운영하고 있다.

이와 같은 다양한 개발환경, 쉬운 설치, 참조코드 제작도구, 교재 등 우리가 개발한 무선 센서 개발 장비는 무선 센서 네트워크와 유비쿼터스 컴퓨팅의 연구 및 제품화에 긍정적 효과를 미칠 것으로 기대한다. 이를 바탕으로 다양한 프로토콜과 유비쿼터스 센서 네트워크 응용들이 만들어져 다양한 서비스가 이루어질 것으로 기대한다.

서창수, 이철희, 박종훈

차 례

3 개발자 환경 설치 및 다운로드 ·· 49

4 TinyOS 2.X와 NesC ·· 71

14 무선 Ad-hoc Gossiping 네트워크 실습 ······ 257

15 Tree 라우팅을 이용한 멀티 홉 ······ 268

16   RFID 실습 ··· **291**

ZigbeX 를 이용한
유비쿼터스 센서 네트워크 시스템
제 3 판

이론

1 USN 소개

2 ZigbeX 소개

3 개발자 환경 설치 및 다운로드

4 TinyOS 2.X와 NesC

USN 소개

1.1 서 론

최근 고성능 초소형 디바이스 설계 기술 및 무선 이동 통신 기술의 비약적인 발전으로 언제, 어디서나 사용자가 원하는 정보 및 서비스를 제공할 수 있는 유비쿼터스 컴퓨팅(Ubiquitous Computing)의 실현이 가능하게 되었다[1]. 이러한 미래 유비쿼터스 컴퓨팅 환경을 구현하기 위해서는 유선망과 무선망, 고정망과 이동망 등 수많은 종류의 망들이 하나로 연결되고, 생활 주변의 디바이스 및 가전기기들을 이용하여 각 사용자들에게 적합하고 유용한 정보 및 서비스를 지능적으로 제공할 수 있어야 한다. 또한, 유비쿼터스 컴퓨팅을 보다 효율적으로 실생활 및 산업에 적용하기 위해서는 사람의 행동 패턴 및 주변 환경 정보를 수집할 수 있는 유비쿼터스 센서 네트워크(Ubiquitous Sensor Networks)[2]의 연구가 필요하다.

최근, 통신 기술과 마이크로프로세서의 비약적인 발전으로 단순한 감지 기능만 지니고 있던 고전적 센서 장비의 한계를 넘어서 무선통신 기능 및 컴퓨팅 기능을 동시에 갖는 스마트 센서 개발이 가능하게 되었고, '지능화된 장비(Smart Device)'로서 인간을 대신하여 스스로 주변 환경 상황을 인식하고 필요한 동작을 실행할 수 있는 유비쿼터스 센서 네트워크의 구현이 실현되었다. 다가올 유비쿼터스 컴퓨팅 시대의 핵심 기술이 될 무선 센서 네트워크 기술은 의료, 군대, 홈 네트워크, 스마트 오피스, 생태계 감지, 지능화 가로등과 같은 다양한 응용 분야에 활용될 수 있다.

유비쿼터스 센서 네트워크는 매우 작은 크기의 독립된 무선 센서들을 건물, 도로, 의

복, 인체 등의 물리적 공간에 배치하여 주위의 온도, 빛, 가속도, 자기장 등의 정보를 무선으로 감지, 관리할 수 있는 기술을 의미한다. 이러한 무선 센서 노드 내에는 센서, 센서 제어회로, CPU, 무선통신 모듈, 안테나, 전원장치 등이 내장되며, 주변 센서 노드들과 협업하여 Ad-hoc 통신 기법[3]으로 데이터를 수집 노드에게 전송할 수 있다. 여기서 Ad-hoc 통신 기법이란, 특정 AP나 Base Station과 같은 중계기가 없더라도 각 무선 노드들 간에 자유로운 네트워크를 구성하는 기술을 의미한다. 현재 대부분 무선통신에서 사용되고 있는 Infra-Structure 망 기술은 구축 시 높은 비용이 소모되고, 노드들의 자유로운 움직임 및 연결성 면에서 많은 문제점을 가지고 있다. IEEE 802.11 Infra-Structure WLAN[4] 기술 같은 경우, 디바이스의 무선통신 범위가 하나의 AP를 중심으로 1-hop 이내로 한정되어지기 때문에 네트워크 규모를 확장하거나 다른 장소에 새로 네트워크를 설치할 경우에는 많은 제한점이 따른다. 유비쿼터스 컴퓨팅 환경에서는 다양하고 많은 센서 노드들이 여러 공간에 자유롭게 배치되어 동작되기 때문에, 특정한 중계기 없이도 스스로 네트워크를 형성할 수 있는 Ad-hoc 통신 기법이 Infra-Structure 망에 비해 효율적이다.

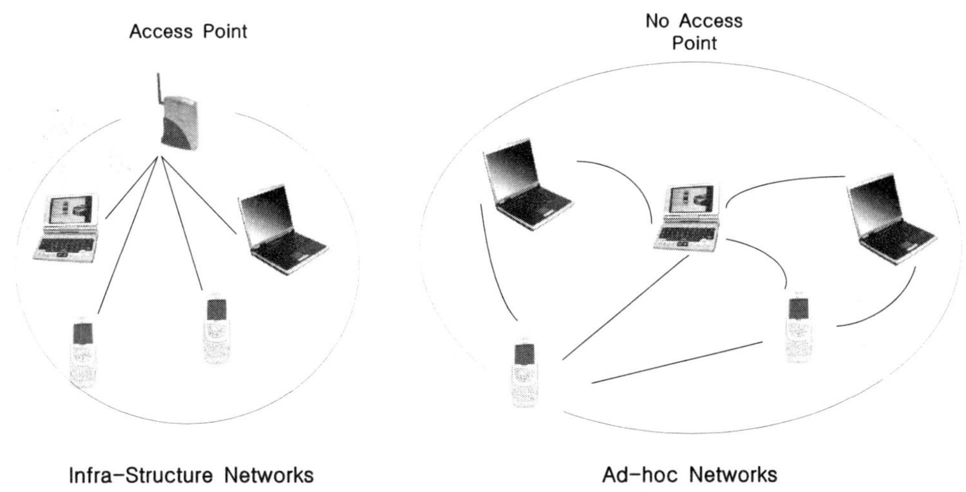

그림 1-1 ▌ Infra-Structure 통신과 Ad-hoc 통신

그림 1-1은 Infra-Structure 통신과 Ad-hoc 통신의 차이점을 보여주고 있다. Infra-Structure 망에서는 특정 AP를 중심으로 망이 형성되고 노드 간의 통신을 할 경우에도

AP를 거쳐서 이루어진다. 이에 비해 Ad-hoc 망에서는 특정 AP나 Base Station 없이도 주변에 존재하는 노드들이 서로 협업하여 자유로운 망을 형성하기 때문에 여러 지역에 배치되어 자유롭게 통신해야 되는 무선 네트워크에서 매우 효과적이다.

무선 센서 네트워크를 구성하고 있는 초소형 센서 노드들은 자신이 수집한 감지 데이터를 원거리에 존재하는 수집 노드(Sink node)에게 Ad-hoc 통신 기법을 기반으로 데이터를 전송한다. 그림 1-2는 건물에 배치된 무선 센서 노드들이 형성한 Ad-hoc 센서 네트워크를 보여주고 있다. 일반적으로 무선 센서 노드들은 자신들이 형성한 Ad-hoc 네트워크에서 수집 노드까지의 통신 경로를 스스로 찾고, 그 경로를 기반으로 데이터를 전달하기 때문에, 일반 사용자는 센서 네트워크에 대한 전문적인 지식이 없더라도 센싱 정보를 쉽게 확인할 수 있다.

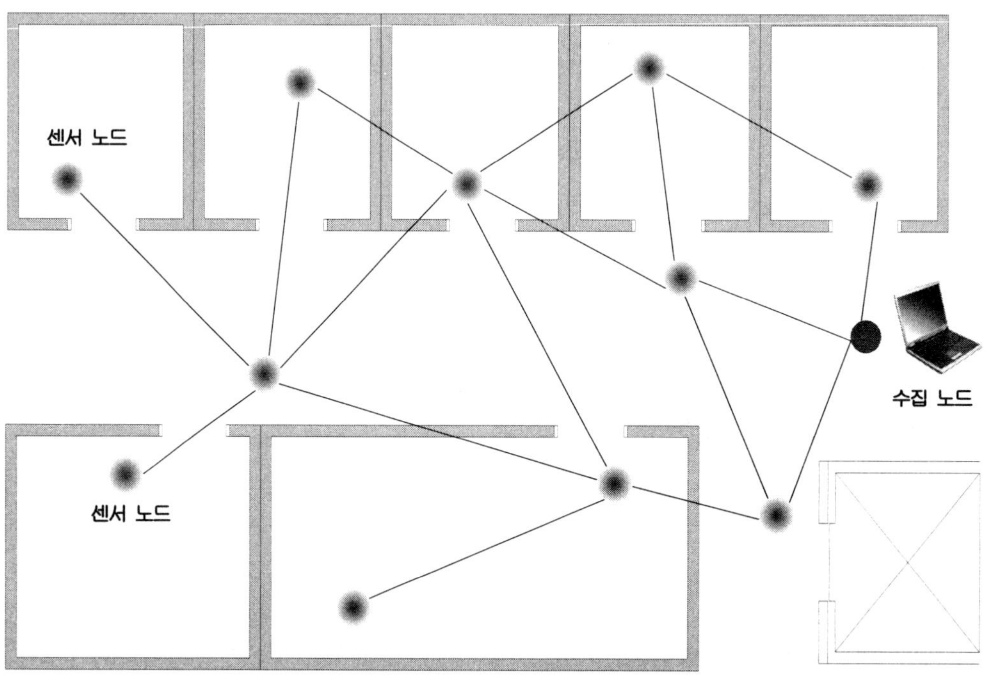

그림 1-2 ▌ 건물에 배치된 무선 센서 네트워크

유비쿼터스 센서 네트워크는 일반적으로 센싱의 정확성과 감지 영역의 확장성을 위해 많은 수의 센서 노드들로 구성되며, 그에 따른 자가 능력 및 노드 간의 상호 협업 능력이 중요시된다. 또한 다양한 종류의 센서들에 의해 탐지된 센싱 정보들을 효율적으로 수집 노드로 전달하는 기술도 매우 중요하다. 특히, 제한된 에너지 자원으로 동작되는 센서 노드에서 통신 에너지 소비를 최소화하기 위한 저전력 통신 기법은 유비쿼터스 센서 네트워크에서 빼놓을 수 없는 중요한 연구 분야이다. 유비쿼터스 센서 네트워크에서 고려되어야 할 주요 연구 주제들을 정리하면 다음과 같다.

- **제한된 자원**: 유비쿼터스 센서 네트워크를 실제 산업에 적용하기 위해서는 노드 당 하나의 가격이 낮아야 하기 때문에 센서 노드들은 제한된 컴퓨팅 및 통신 자원을 갖게 된다. 이러한 제한점을 보완하기 위해 주변 노드들과 협업하여 자신의 처리 능력을 높일 수 있는 기술이 필요하다.

- **제한된 에너지**: 건전지를 기반으로 동작하는 센서 노드에서 에너지 고갈은 해당 노드의 기능 상실을 의미하기 때문에 이를 고려한 에너지 효율적 설계 및 통신 프로토콜 개발이 요구된다.

- **Cross Layer**: 제한된 자원을 갖는 센서 노드에서 확고한 계층적 접근 방식보다는 각 계층 간의 협업 및 정보 공유를 통해 보다 효율적인 성능을 얻을 수 있는 연구가 필요하다.

- **자기 구성**: 관리자의 특별한 지시 없이도 센서 노드들 스스로 네트워크를 형성하여 감지된 정보를 수집 노드에게 전달할 수 있는 능력 및 통신 기술이 요구된다.

- **데이터 방향성**: 센서 노드에서 측정한 감지 데이터는 모두 수집 노드로 전달되기 때문에 데이터 전송에서 일정한 방향성이 나타난다. 이러한 특징을 이용하면 센서 네트워크에 적합한 효율적 라우팅 프로토콜을 만들 수 있다.

- **위치 인식**: 특정한 이벤트나 데이터를 감지한 노드가 어디에 위치하고 있는지 파악할 수 있어야 하므로 노드 간의 거리 및 위치를 파악할 수 있는 기술이 필요하다.

- 대부분 센서 네트워크에서 발생되는 데이터는 기존의 미디어나 웹 정보에 비해 그 양이 적으며 동시에 특별한 이벤트를 감지했을 경우에 주로 발생된다. 이러한 특징을 분석하여 낮은 데이터 전송률 및 갑작스럽게 발생되는 감지 데이터들을 효과적으로 처리할 수 있는 통신 프로토콜이 요구된다.

- 그 밖에 센서 네트워크에 적합한 데이터 통합 및 센서 노드의 위치 인식, 노드 간의 동기화 그리고 데이터 전송에서의 보안 등이 유비쿼터스 센서 네트워크에서의 주요 연구 주제들이다.

이미 많은 연구소와 대학에서 유비쿼터스 센서 네트워크에 대한 다양한 연구들이 진행되고 있는 상태이며, 실제 센서 노드 위에서 동작되는 다양한 프로토콜들이 개발되어 왔다. 현재 판매되고 있는 센서 하드웨어로는 버클리에서 개발된 Mica Mote와 인텔의 iMote, UCLA의 iBadge 그리고 MIT의 u-AMPS 시리즈 등이 있으며, 국내에서는 한백전자에서 개발한 무선 센서 노드인 ZigbeX[5]가 연구 및 교육용으로 많이 활용되고 있다. 대부분의 센서 노드는 제한된 전력 자원을 고려하여 ATmega128 등의 저전력 프로세서를 중앙처리장치로 사용하고 있으며, RF 통신 쪽에서는 저전력 단거리 무선통신 칩인 CC1000이나 CC2420를 사용하고 있다. 특히, CC2420[6] RF 칩은 국제 저전력 무선통신 표준인 IEEE 802.15.4[7]의 PHY 기능을 수행할 수 있는 RF 칩으로서 많은 무선 센서 장비에서 사용되고 있는 추세이다. 하지만 현재까지 개발된 모든 센서 하드웨어들의 RF단은 저전력 무선통신 기능만을 지원할 뿐 거리 측정과 관련된 기능은 지원하지 못하고 있다. 최근 IEEE 국제 표준화 기구에서는 RF 통신과 동시에 거리 측정이 가능한 IEEE 802.15.4 A 통신 규약을 2007년 후반기에 발표하였다. 이 기술은 많은 문제점을 가졌던 기존의 RF 세기(RSSI) 기반 거리 측정의 한계를 벗어나 전파 속도를 통해 거리를 측정하는 새로운 기법이다. 현재까지 IEEE 802.15.4 A 통신 규약을 제공하는 유비쿼터스 센서 네트워크용 교육 장비는 아직 출시되지 않은 상태이지만, 한백전자에서는 대학과 연구소에서 거리 및 위치 기반의 유비쿼터스 센서 네트워크 응용을 학습하고 연구할 수 있도록 해당 기술을 제공할 수 있는 Ubi-nanoLOC 제품을 새로 출시하였다.

표 1-1 ▌ 센서 네트워크의 다양한 응용 분야

분야	세부 내용	
군사	· 병력, 무기, 군수품 등의 감시 및 관리 · 전장 감시 · 적군이나 지형을 감시 · 목표물 조준 · 핵공격, 생화학 공격의 감지와 감시	
의료	· 인간 생리 데이터의 원격 감시 · 병원 내의 환자와 의사의 추적 및 감시	
기상	· 온도나 기압의 측정을 통한 기상 데이터 · 관측 및 홍수, 태풍 같은 재난 예보	
환경	· 생태계 감시 및 관리 · 철새 이동 및 특성 연구에 활용 · 수중 생물의 감시 및 관리 · 자연보호 및 산불 방지에 활용	
가정	· 가정 자동화, 홈 네트워크	
회사	· 관리 자동화, 지능적 사무실	

1.2 센서 네트워크를 위한 라우팅 프로토콜

이번 절에서는 센서 네트워크를 위해 개발된 여러 무선 라우팅(Routing) 프로토콜들에 대해 보다 자세히 살펴볼 것이다. 일반적으로 센서 네트워크의 라우팅 프로토콜은 네트워크 구조에 의해 크게 평면 라우팅, 위치 기반 라우팅 그리고 계층적 라우팅으로 나눌 수 있다[8]. 평면 라우팅은 모든 노드가 동등한 입장에서 하나의 라우팅 기법을 사용하여 데이터를 전송하는 방식을 의미하며, 위치 기반 라우팅은 센서 노드의 위치 정보를 활용하여 라우팅 경로를 설정하는 방식이다. 계층적 라우팅은 노드 간의 계층을 형성한 후, 상위 노드가 하위 노드들의 감지 데이터들을 취합하여 수집 노드로 전송하는 방식을 의미한다. 앞의 세 가지 방식 이외로 복수의 센서 그룹에게 동시에 데이터나 쿼리 명령문을 전송하기 위한 멀티 캐스팅 기법에 대해서도 간단히 알아보도록 하겠다.

1.2.1 평면 라우팅

먼저 모든 노드들이 동일한 통신 기법을 기반으로 동등하게 동작하는 평면 기반 라우팅 프로토콜들에 대해서 알아보자. 평면 라우팅(Flat Routing) 방식은 센서 네트워크에서 가장 많이 채택하여 사용되고 있는 방식으로 기존의 Ad-hoc 라우팅 프로토콜들과 많은 면에서 유사하다.

- **Directed Diffusion**[9]: Diffusion은 수집 노드에서 원하는 감지 정보를 얻기 위해 전체 센서 노드들에게 특정한 쿼리(혹은 Interest라고 부른다) 패킷을 전송한 후, 그 질의에 해당하는 노드들이 반응하여 센싱 데이터를 수집 노드로 전송하는 방식이다. 주소 중심인 기존의 Ad-hoc 라우팅 프로토콜들과는 다르게 Diffusion은 감지 데이터들을 기반으로 라우팅 경로를 설정함으로 흔히 데이터 중심적 라우팅 프로토콜이라고 한다. Directed Diffusion의 동작 단계를 살펴보면 다음과 같다.

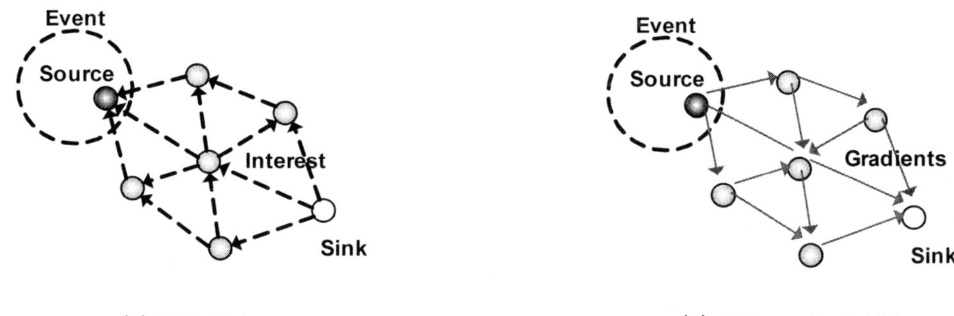

(a) 쿼리 전송　　　(b) 초기 **gradient** 설정

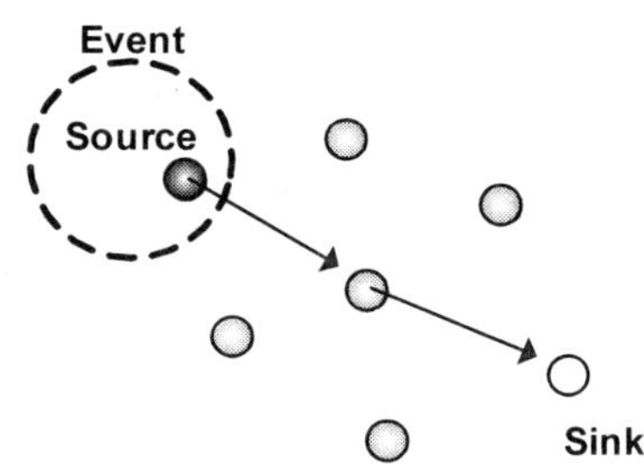

(c) **reinforce** 경로를 통한 데이터 전송

그림 1-3 ▍Directed Diffusion의 동작 단계

1) 처음 Sink 노드에서 원하는 센싱 데이터를 받기 위해 얻고자 하는 센싱 정보의 종류 및 기타 세부사항을 쿼리 패킷에 넣어서 전체 센서 노드들에게 Flooding한다.

2) 쿼리를 받은 노드는 일단 그 쿼리를 전달해 준 노드의 아이디와 쿼리의 정보를 저장해두고, 이후 관련된 센싱 데이터가 자신에게 전송되었을 때 해당 노드에게 그 정보를 전달한다. 이와 같은 설정을 Gradient라고 한다.

3) 초반에 설정된 Gradient는 다양한 멀티 패스 형태를 보이기 때문에 센싱 데이터들은 여러 패스를 통해 수집 노드로 전달된다. 만약 수집 노드에서 좀 더 많은 양의 센싱 데이터들을 해당 노드들로부터 받기를 원한다면 센서 노드의 데이터 생성 주기를 높이는 쿼리를 다시 한번 전송하고, Reinforce 기법을 통해 라우팅 패스의 단일화를 시도한다.

4) Reinforce 기법이 완료된 후 센서에서 생성된 데이터는 설정된 단일 경로를 통해 수집 노드에게 전달된다.

Directed Diffusion 기법은 특정 지역에서 발생하는 어떤 이벤트를 확인하기 위해 데이터를 기반으로 라우팅 패스를 설정하는 On-Demand 방식의 라우팅 프로토콜이다.

- **Gradient Based Routing**[10]: 센서 노드에서 발생한 대부분의 데이터들은 수집 노드 방향으로 모이는 특성을 가지고 있다. GBR은 이러한 특성을 이용한 라우팅 기법으로, 한 번의 쿼리 전송으로 복잡한 라우팅 설정 과정 없이 라우팅 경로를 찾아내는 기법이다. GBR에서는 각 노드들이 쿼리를 받은 후 다시 전송할 때마다 쿼리에 적혀진 hop 정보를 하나씩 증가시켜 수집 노드로부터 자신까지의 hop counter를 알게 된다. 이 정보를 이용하여 자신이 측정한 센싱 데이터를 새로운 라우팅 경로 설정과정 없이 높은 곳에서 낮은 곳으로 물이 흐르듯 높은 hop에서 낮은 hop으로 데이터를 전달한다. 결국, 가장 낮은 hop인 수집 노드에게로 센싱 데이터가 전달되는 효과를 얻을 수 있다.

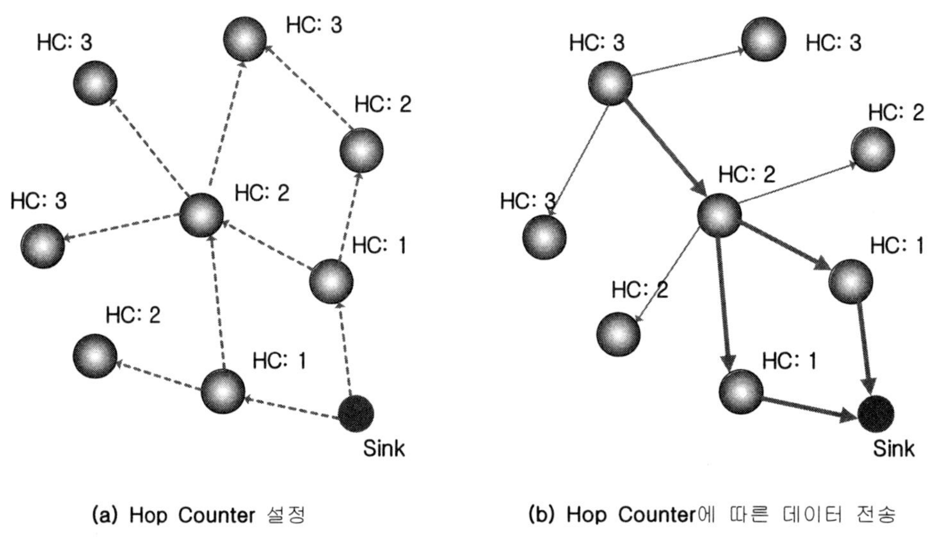

(a) Hop Counter 설정   **(b)** Hop Counter에 따른 데이터 전송

그림 1-4 ▌Gradient based routing의 동작 단계

그림 1-4는 GBR 기법의 동작 단계를 보여주고 있다. 먼저 수집 노드(Sink 노드)에서 하나의 쿼리를 네트워크의 모든 노드에게 Flooding하고, 각 노드들은 그 쿼리 패킷의 hop 정보를 참고하여 자신의 hop counter를 확인한다(그림 1-4(a)). 그 후 데이터를 전송할

시 hop counter를 기반으로 특별한 라우팅 설정 과정 없이 Sink 노드에게 데이터를 전송한다(그림 1-4(b)). 이 기법은 노드들의 이동이나 갑작스러운 토폴로지의 변화를 대비해 주기적으로 sink에서 쿼리를 전송해야 한다. 하지만 이러한 주기적 쿼리 전송은 네트워크의 부담을 증가시킬 수 있다. 논문 [11]에서는 이러한 애플리케이션 상황을 고려하여 주기적인 쿼리 전송 없이도 Gradient-Based Routing 알고리즘을 적용할 수 있는 라우팅 기법을 제시하였다. 또한 센서 노드 간의 주기적 Hello 패킷 교환을 통해 노드의 움직임에 의해 깨어질 수도 있는 hop counter를 계속해서 유지할 수 있는 기법도 제시하였다.

- **Energy-Aware Routing**[14]: 고전적인 에너지 기반의 라우팅 프로토콜들[12,13]은 라우팅 패스를 선택할 시, 각 노드의 잔류 에너지를 기반으로 에너지가 가장 많이 남아있는 패스를 선택하였다. 하지만 논문 [14]에서는 에너지를 기반으로 단일 라우팅 패스를 선택했을 경우, 어느 정도 시간이 흐르거나 데이터의 전송이 오랫동안 지속된다면 앞서 선택한 단일 경로가 계속해서 최적화된 패스가 될 수 없다고 보았다. 이를 해결하기 위해서, 논문 [14]에서는 여러 개의 하부 라우팅 패스들을 유지한 후 데이터가 전송될 때마다 에너지 기반의 확률 수식을 이용하여 여러 패스를 돌아가며 데이터를 전송하는 기법을 제시하였고, 이를 통해 하나의 라우팅 패스만을 선택하는 기존의 방식보다 효과적임을 보였다.

위에서 언급한 여러 라우팅 프로토콜 이외에도 데이터 전송 전, 노드 간의 협상(negotiation)을 통해 트래픽의 증가 및 데이터 중복 문제를 해결한 SPIN[15], 작은 센싱 데이터가 요구되는 상황에서 쿼리의 Flooding 부담을 줄이기 위한 Rumor Routing[16], QoS의 기반의 SAR[17] 그리고 라우팅 패턴에 의해 원하는 라우팅 방식을 동적으로 설정할 수 있는 SVR[60] 프로토콜 등이 개발되었다.

1.2.2 위치 기반 라우팅

센서 네트워크의 애플리케이션 특성상 자신이 센싱하고 있는 지역의 위치 정보를 알고 있어야 하는 경우가 많기 때문에 많은 연구들[18-20]에서 센서 노드의 위치를 찾기 위한 방법들이 제안되었다. 이러한 연구들을 기반으로 많은 센서 논문들에서는 센서 노드 스스로 자신의 위치를 이미 알고 있다고 가정하고, 이를 이용한 효율적 라우팅 기법을 제안해 왔다. 이렇게 센서 노드의 위치 정보를 기반으로 라우팅 패스를 설정하는 방식을 위치 기반 라우팅(Location Based Routing)이라고 한다.

- **Greedy Based Routing**[21]: GPSR은 고전적인 위치 기반 라우팅 프로토콜로서, 데이터 전송 시 자신의 이웃 노드들 중 Sink 노드와 거리상 가장 가까이에 위치한 노드에게 데이터를 전송하는 기법이다(그림 1-5(a)). GPSR은 특별한 컨트롤 패킷 없이 위치 정보를 기반으로 라우팅 경로를 찾을 수 있는 기법이지만, 이웃 노드들의 위치 정보 및 최종 목적지(Sink 노드)의 위치 정보를 알고 있다는 가정이 필요하다. GPSR는 단순한 위치 기반의 라우팅 설정뿐 아니라 Greedy Based Routing에서 흔히 발생할 수 있는 홀(hole: 위치 기반으로 경로를 설정하는 과정에서 이웃 노드가 더 이상 존재하지 않는 경우 - 그림 1-5(b)) 문제를 Right-Hand 방식을 통해 해결하였다. 라우팅 홀에 대한 문제는 논문 [22]에서 좀 더 자세히 다루고 있다. GEAR[23]는 위치 정보뿐 아니라 잔여 에너지 정보 역시 고려하여 라우팅 패스를 설정하는 기법으로 GPSR에 비해 보다 센서 네트워크에 적합한 라우팅 프로토콜이다.

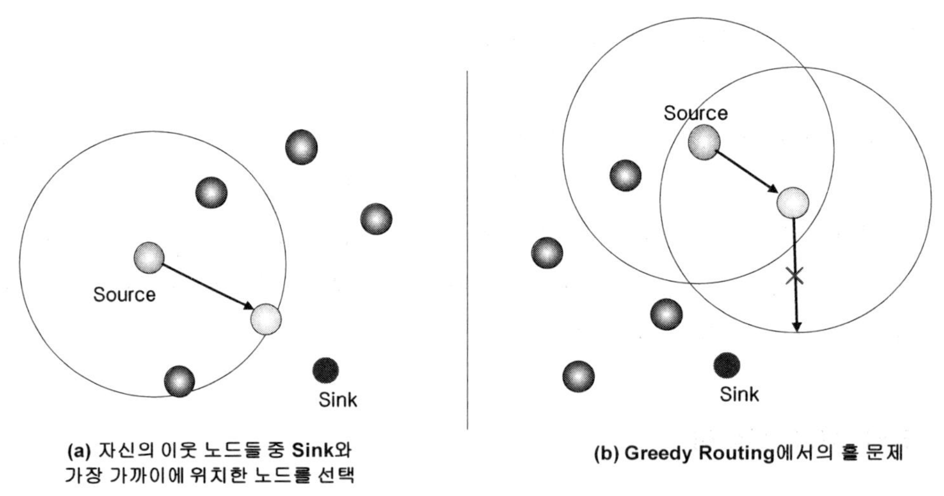

(a) 자신의 이웃 노드들 중 **Sink**와
가장 가까이에 위치한 노드를 선택

(b) Greedy Routing에서의 홀 문제

그림 1-5 ∥ Greedy 라우팅 프로토콜에서 라우팅

- **Location Hop Counter**[24]: 논문 [24]는 노드의 위치 정보를 기반으로 Greedy 라우

팅과 GBR 라우팅의 장점을 합한 위치 기반 방향성 라우팅 프로토콜이다. 기존의 Gradient Based Routing에서는 노드들의 홉 카운터를 알기 위해서 여러 개의 쿼리 패킷을 네트워크에 Flooding했어야 했지만, Location Hop Counter는 노드의 위치 정보와 Sink 노드의 위치 정보 그리고 무선통신 거리를 기준으로 노드 스스로 Sink로부터 자신까지의 Hop Count를 계산하여 특정 컨트롤 패킷 없이 Gradient Based Routing 기법이 적용될 수 있도록 하였다.

1.2.3 계층적 라우팅

계층적 라우팅(Hierarchical Routing) 프로토콜은 각 노드들이 일정 집합을 구성하여 임의의 헤더(Header)를 선출한 후, 선출된 헤더들을 통해 센싱 데이터를 Sink 노드에게 전달하는 방식이다.

- **LEACH**[25]: LEACH는 네트워크에 존재하는 모든 노드들의 균등한 에너지 소모를 위해 분산 클러스터를 구성하는 라우팅 기법이다. LEACH에서는 네트워크를 임의의 클러스터로 구분하고, 센서 노드들은 확률적 수식에 의해 특정 시간 동안 돌아가며 헤더로 선출된다. 선출된 헤더는 자신의 클러스터에 속해 있는 노드들의 데이터를 취합하여 Sink 노드에게 직접 전송하는데, 헤더의 역할을 센서 노드들이 돌아가며 맡기 때문에 통신 에너지의 소모를 균등하게 분산시킬 수 있고, 이를 통해 전체 네트워크의 Life Time을 증가시킬 수 있는 기법이다. PEGASIS[26]는 LEACH의 기법을 보완해서 나온 논문으로 LEACH와 많은 부분에서 유사하다. PEGASIS 기법에서는 각 노드들 스스로 자신의 가장 가까운 이웃 노드들만을 통신 상대로 인정하여 그들과 체인을 설정하고, 그 체인 중 하나의 노드가 헤더가 되어 Sink와 통신하는 프로토콜이다. PEGASIS는 LEACH의 동적 클러스터 헤더 선출 방식의 오버헤드를 줄이고, 데이터 통합(aggregation) 등의 기법을 통해 데이터 전송 횟수를 감소시킴으로써 LEACH에 비해 상당한 에너지 이득을 거둘 수 있는 기법이다.

1.2.4 지역 기반 멀티 캐스팅

센서 네트워크에서는 위치와 상관없이 특정한 여러 노드들에게 동시에 데이터를 전송하는 기존 Ad-hoc 네트워크의 멀티 캐스팅[27] 기법과는 다르게, 복수의 센싱 지역에 위치한 노드들에게 데이터나 혹은 쿼리를 전송하는 지역 기반 멀티 캐스팅 기법이 주류를 이루고 있다. 기존의 LAR[28]이나 Geocasting[29] 그리고 Greedy Routing의 GEAR[23] 등이 이러한 지역 기반 멀티 캐스팅에 응용될 수 있다. 최근 Ferma[30]란 논문에서는 기존의 위치 기반 라우팅이 멀티 캐스팅에 적용되었을 때의 한계점을 지적하고, 이를 극복하기 위해 Fermat Point(삼각형의 각 꼭지점으로부터 최소한의 합이 되는 점)를 응용한 기법을 제안하였다. 그림 1-6(a)와 같이 두 개의 멀티 센싱 지역이 존재할 경우, 기존의 Greedy Routing 기법으로 전송하는 방식(그림 1-6(b))보다는 Fermat Point를 이용하여 전송하는 방식(그림 1-6(c))이 더 효율적임을 알 수 있다. 이 논문에서는 두 개 이상의 멀티 센싱 지역이 존재할 경우에도 Fermat Point를 복수 개로 확장하여 보다 효과적인 지역 기반 멀티 캐스팅이 가능하도록 하였다.

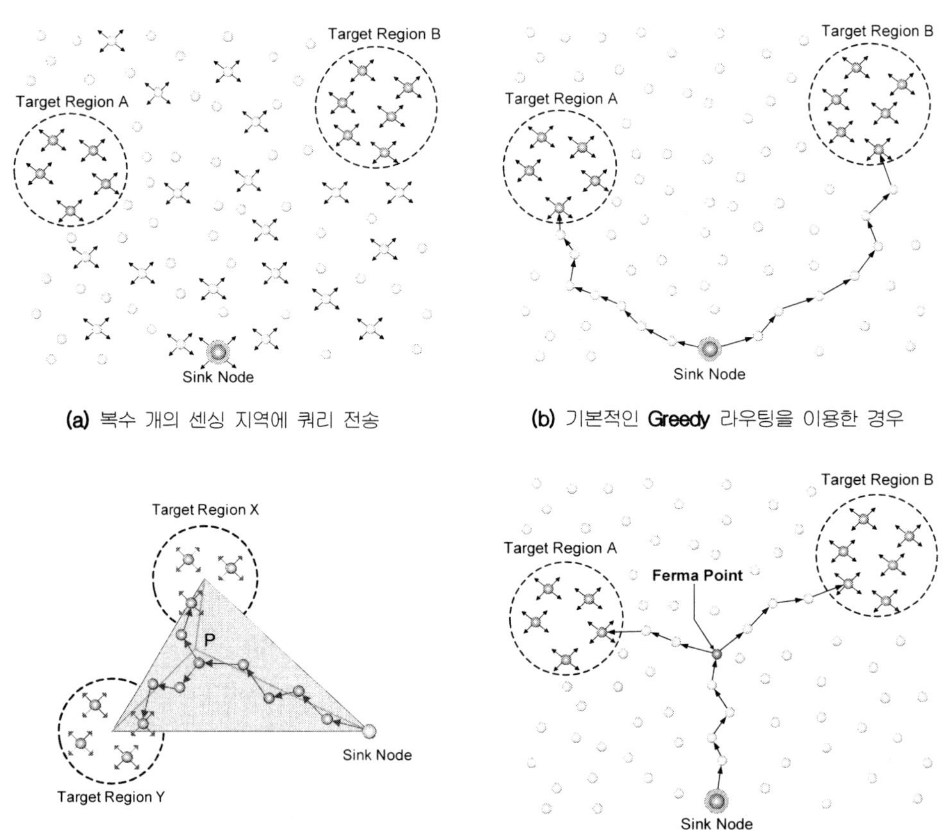

(a) 복수 개의 센싱 지역에 쿼리 전송

(b) 기본적인 **Greedy** 라우팅을 이용한 경우

(c) **Ferma** 포인터를 이용한 멀티 캐스팅

그림 1-6 ▌Fermat Point를 이용한 멀티 캐스팅 기법

1.3 센서 네트워크를 위한 MAC 프로토콜

이번 절에서는 센서 네트워크를 위해 개발된 여러 MAC 프로토콜들에 대해 고찰해 보겠다. 앞에서 언급한 바와 같이, 무선 센서 네트워크는 제한된 건전지를 기반으로 동작되기 때문에 에너지 소모를 최소화하기 위한 연구가 매우 중요하다. MAC 프로토콜은 통신 에너지 소모 면에서 가장 큰 영향을 미치는 계층이기 때문에 많은 연구들이 효율적 에너지 소모 부분에 초점이 맞추어져 왔다. 일반적으로 무선 MAC 계층에서 일어나는 주요 통신 에너지 소모 요소들을 정리하면 다음과 같다[31].

- **Collision**: 데이터 프레임 전송 시 발생하는 충돌(collision) 및 그로 인한 재전송은 에너지 소모 및 지연을 유발한다.

- **Overhearing**: 자신과 상관없는 데이터를 수신할 경우 불필요한 수신 에너지가 소모된다.

- **Control Packet Overhead**: 효과적인 데이터 송수신을 위한 과도한 제어 패킷 교환은 또 다른 에너지를 낭비하는 요소이다.

- **Idle Listening**: 자신을 목적지로 하는 데이터가 언제 수신될지 모르기 때문에 노드는 계속해서 전송 채널을 감시해야 하고, 이는 상당한 통신 에너지 소비를 초래한다.

일반적으로 무선 MAC 프로토콜은 크게 세 가지(CSMA/CA, TDMA 그리고 CDMA) 기법으로 나눌 수 있다. 하지만 채널의 정교한 코드 분할 기술이 필요한 CDMA 방식은 하나의 노드당 가격이 낮은 센서 네트워크에 당장은 적용시키기 어려운 기술이다[32]. 일반적으로 무선 센서 네트워크를 위해 제안된 대부분의 MAC 프로토콜은 TDMA이나 CSMA 방식을 사용하고 있다. TDMA와 CSMA 방식은 각기 다른 장·단점을 가지고 있는데, 대부분의 프로토콜들은 이 두 가지 기법을 적절히 혼합하여 사용하고 있는 추세이다. TDMA는 데이터를 전송하기 전, 노드 간의 스케줄링을 통해 충돌이 발생하지 않도록 하고 다른 노드들이 데이터를 전송하는 시간에는 자신의 RF 모듈을 Sleep 함으로써 에너지 측면의 효율성을 극대화시킬 수 있는 기법이다. 하지만 노드 간의 동기화 및 정교한 시간 스케줄링을 설정하기 위해서는 동작 자체가 복잡해질 수밖에 없고, 자신의 전송 시간이 돌아올 때까지 기다려야 함으로 상당한 데이터 지연(data delay)이 발생될 수 있다. 센서 네트워크에 발생한 데이터는 센서의 측정값뿐만 아니라 측정된 시간 역시 중요한 요소이기 때문에 심각한 데이터 지연은 어느 정도 보정되어야 한다. CSMA/CA 기법은 각 센서 노드들이 데이터를 전송하기 위해 다른 노드들과의 경쟁을 통해서 미디엄을 획득한 후 전송하는 방식을 의미한다. 가장 간편하면서 동시에 데이터 전송 지연이 TDMA에 비해 좋기 때문에 무선통신에서 흔히 쓰이는 기법이다. 하지만 데이터를 전달할 때 발생하는 충돌 및 재전송은 상당한 에너지 소비를 야기하므로 두 기법이 적절히 혼합된 주기적 Listen/Sleep 방식이 많은 MAC 프로토콜에서 사용되고 있다.

- **S-MAC**[31]: S-MAC은 에너지 효율성을 극대화하기 위해 센서 통신 모듈의 전원을 주기적으로 turn on/off하는 에너지 효율적 MAC 프로토콜이다. S-MAC의 주기는 크게 컨트롤 패킷을 전송하기 위한 시간인 'Listen Period'와 데이터 전송 혹은 sleep(통신 모듈의 off)을 위한 'Sleep Period' 시간으로 나누어진다. 그림 1-7에서와 같이 Listen 주기 동안에는 모든 노드들이 자신의 통신 모듈을 활성화한 후 컨트롤 패킷(SYNC, RTS, CTS)의 교환을 통해 동기화 및 데이터 존재 유무를 확인한다. Sleep 주기에서는 'Listen Period'에서 RTS나 CTS를 교환한 노드들만 계속 깨어서 데이터 통신에 참여하고, 그렇지 않는 다른 노드들은 다음 'Listen Period'까지 자신의 통신 모듈을 off함으로써 에너지 소모를 줄인다. 결국, S-MAC은 주기적인 Listen/Sleep을 위해 TDMA 방식과 데이터를 전송하기 위한 CSMA/CA 방식을 적절히 혼합함으로써 불필요한 Idle Listening 문제를 효과적으로 해결한 기법이라 할 수 있다.

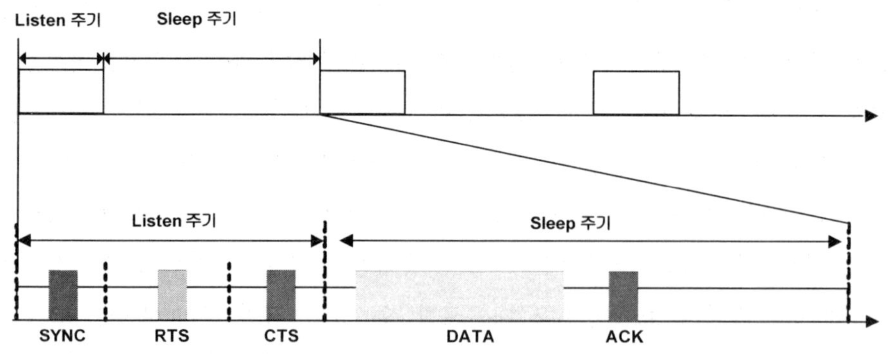

그림 1-7 ▐ S-MAC의 Listen/Sleep 주기 및 컨트롤 패킷

그림 1-8을 통해 S-MAC 프로토콜을 보다 자세히 설명해 보겠다. 세 개의 센서 노드 중 노드 A가 노드 B에게 데이터를 전송한다고 가정했을 때, S-MAC의 동작 상태는 다음과 같다. Listen 주기에 처음 전송되는 제어 패킷은 노드들의 동기화를 위한 SYNC 패킷으로, 임의의 노드에 의해 주변 노드들로 전송된다. ― 본 예에서는 노드 A가 임의로 선택되어 SYNC 패킷을 보내고 주변 노드인 B, C가 수신한다고 가정하였다. 그 후, 노드 B에게 전송할 실제 데이터를 가지고 있는 노드 A가 RTS 패킷을 전송하면 이를 수신한 목적 노드 B는 데이터 수신 가능 여부를 확인하고, 만약 가능하다면 송신 노드 A에게 CTS 패킷을 보냄으로써 응답한다. 이때 이웃 노드 C도 RTS/CTS 패킷을 수신하지만 그 컨트롤 패킷을 통해 자신은 실제 데이터 송수신에 참여하지 않는다는 사실을 인지하게 됨으로 다음 Listen 주기까지 Sleep 상태를 유지하여 불필요한 에너지의 낭비를 방지한다. 물론, 데이터를 주고받는 노드 A와 B는 이러한 Sleep 주기 동안에도 계속 On 상태를 유지하여 데이터 전송을 시작한다.

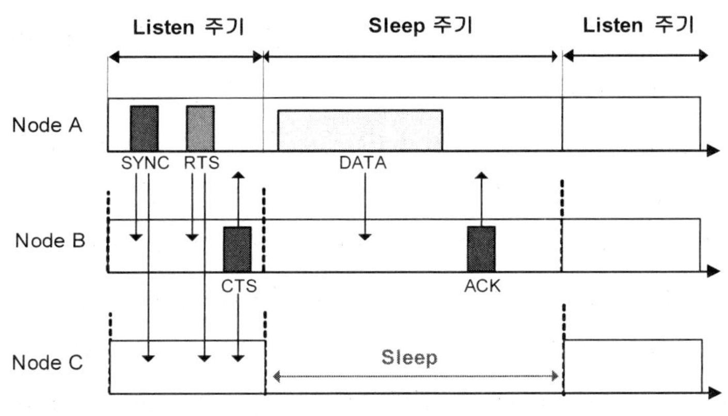

그림 1-8 ▌ S-MAC 프로토콜에서의 데이터 전송 예제

위와 같이 Listen/Sleep 주기를 갖는 S-MAC은 에너지 효율성이란 측면에서 큰 강점을 갖는다. 하지만, 센서 노드가 일단 Sleep 상태로 들어가면 다음 Listen 주기 전까지는 계속 Sleep 상태를 유지해야 하기 때문에 데이터 송수신이 불가능해짐으로써 데이터 전송 지연 문제가 발생된다.

- **Adaptive Listening**[33]: S-MAC 프로토콜의 제안자들도 이러한 문제점을 인식하고 논문 [33]에서 데이터 지연 문제를 극복하기 위하여 Adaptive Listen 기법을 제안

하였다. 일반적인 S-MAC[31]에서는 한 주기 동안 하나의 data가 전송되는데 비해, Adaptive Listen 기법에서는 컨트롤 패킷의 NAV(Network Allocation Vector)를 통해 첫 데이터 전송이 끝나는 시간을 예측하고, 그 시간이 끝나면 NAV가 설정된 모든 노드들이 자신의 통신 모듈을 Sleep 주기 중간에 On하여 한 번 더 전송할 패킷의 존재 여부를 체크한다. Adaptive Listen 기법은 NAV의 만기되는 시간을 통하여 한 주기 동안 여러 데이터가 지연 없이 전달되도록 함으로써 어느 정도 데이터 지연 문제를 해결하였다. 하지만 이 방법은 RTS-CTS가 교환되는 2hop 정도의 범위 내에서 전송 지연 문제를 해결한 방식이므로 멀티 홉 환경에는 여전히 전송지연 문제를 가지게 된다.

- **DSMAC[34]**: DSMAC은 S-MAC의 전송 지연 문제를 보다 효과적으로 해결하기 위해 Dynamic Duty Cycle이란 기법을 적용한 프로토콜이다. 일반적으로 Listen/Sleep의 주기를 갖는 프로토콜들은 Duty Cycle(한 주기에서 'Listen Period'과 'Sleep Period'의 비율)을 미리 정의하여 통신을 하는데 비해, DSMAC[34]은 각 노드의 큐에 저장된 데이터 양을 고려하여 동적으로 Duty Cycle을 변화시키는 기법을 사용한다. 만약 자신의 큐에 쌓여진 데이터 트래픽 양이 일정 수준 이상으로 증가할 경우, Sleep Period의 시간을 1/2로 줄이기 위한 SYNC 패킷을 전송하여 sleep때 발생될 수 있는 데이터 전송 지연을 줄일 수 있도록 노력하였다(그림 1-9). 또한, 노드 간의 지속적인 동기화를 위해 Sleep 주기의 변화는 항상 기존의 Duty 사이클의 1/2, 1/4 혹은 1/8 형태가 되도록 함으로써 처음에 설정된 Duty Cycle을 가진 노드들과의 동기화를 계속해서 유지할 수 있도록 하였다. 하지만 이 방법 역시 SYNC가 전달되는 범위에서만 Duty Cycle을 변화시킬 수 있다는 점에서 여전히 멀티 홉 전송 지연 문제를 해결하지 못하였다. 멀티 홉 환경에서 주기적 Listen/Sleep을 유지하면서 동시에 전송 지연 문제를 해결하기 위해서는 라우팅 프로토콜의 도움이 필요하다. 이와 관련된 내용들은 다음 절(1.4 센서 네트워크를 위한 Cross Layer 기법)에서 보다 자세히 다루도록 하겠다.

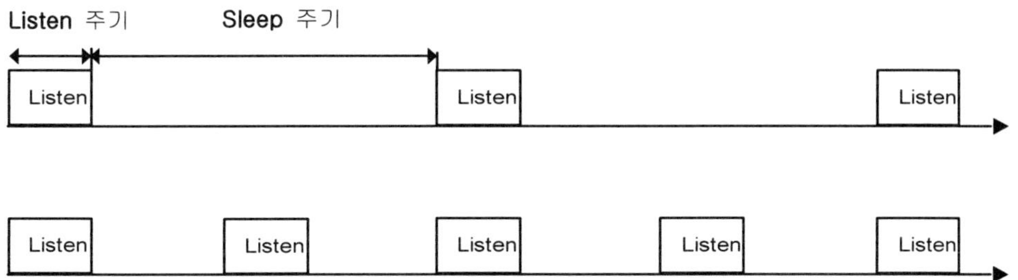

그림 1-9 ▌ 데이터 트래픽의 증가에 따른 duty cycle

- **T-MAC**[35]: T-MAC은 S-MAC의 'Active State'에서 발생할 수 있는 불필요한 에너지 낭비를 줄이기 위해 제안된 MAC 프로토콜이다. 만약 S-MAC의 'Listen 주기'에서 RTS와 CTS 패킷을 교환한 경우, 해당 노드들은 전체 'Sleep 주기' 동안 데이터를 전송하기 위해 계속 깨어 있어야 한다. 하지만 아직 'Sleep 주기'가 끝나지 않았다고 하더라도 자신이 가지고 있는 데이터 전송이 이미 끝난 상태라면 불필요하게 계속해서 Wake 상태를 유지할 필요는 없다. T-MAC에서는 이를 방지하기 위해 TA란 Time Out 시간을 설정하고, 그 시간 동안 계속되는 데이터 전송이 없을 경우에는 바로 sleep함으로써 불필요한 에너지 낭비를 줄일 수 있도록 하였다.

- **TEEM**[36]: TEEM은 S-MAC의 'Listen Period'에 발생할 수 있는 불필요한 에너지 소비 문제를 데이터 트래픽 정보를 기반으로 해결한 프로토콜이다. 만약 모든 센서 노드들이 일정 시간 동안 전송할 데이터를 가지고 있지 않을 경우, 'Listen Period'의 RTS와 CTS 패킷 교환을 위한 대기 시간은 불필요한 시간이 된다. 그럼에도 불구하고 계속해서 전체 Listen 시간을 깨어 있는 것은 수만 번의 Listen/Sleep 주기를 반복해야 하는 주기적 Listen/Sleep 기반 프로토콜에서 심각한 에너지 낭비를 야기한다. TEEM은 데이터 트래픽을 기반으로 SYCN + RTS 피지백 기법을 사용하여 이 문제를 해결함과 동시에 컨트롤 패킷의 수 역시 줄임으로써 S-MAC보다 효율적인 새로운 MAC 프로토콜을 제안하였다.

- **WiseMAC**[37]: WiseMAC은 Preamble 신호를 이용하여 새로운 주기적 Listen/Sleep 기술을 제안한 프로토콜이다. Preamble은 송신 노드가 데이터를 수신 노드에게 전송하기 직전에 동기화를 맞추기 위해 생성하는 신호로서 데이터의 존재를 나타내는 가장 첫 번째 신호라고 할 수 있다. 각 노드들은 Listen 주기의 시작 시 주

변에 존재하는 Preamble 신호를 확인하여 이번 주기에 전송될 데이터의 존재 여부를 판단한다. 만약 신호가 존재하지 않는다면 현 주기에서는 데이터 전송이 없는 것으로 간주하고 자신의 통신 모듈을 Off하여 Sleep 주기로 들어간다. 반면에 Preamble 신호가 존재한다면 최소한 하나의 송신 노드가 전송할 데이터를 가지고 있다는 의미이므로 계속 깨어서 데이터를 수신하는 방식을 취한다. WiseMAC의 장점은 Preamble 신호를 수신할 수 있는 시간 동안만 Listen 주기를 유지하면 되기 때문에 매우 작은 Listen 시간을 가진다는 점이다. 하지만, 한 번 Preamble 신호를 받게 되면 데이터의 목적지와 상관없이 전체 패킷을 모두 받아야 한다는 점과 노드 간의 동기화가 어긋날 것을 대비하여 전체 Listen/Sleep 주기 동안 긴 Preamble 신호를 계속 전송해야 한다는 단점을 가지고 있다.

- **B-MAC**[38]: B-MAC은 제한된 센서 하드웨어를 고려하여 가능한 코드 사이즈를 최소화하기 위해 노력한 MAC 프로토콜이다. BMAC은 CCA(Clear Channel Assign)를 기반으로 CSMA/CA 방식을 사용하는 MAC 프로토콜로서, TinyOS[39] 상에서 구현된 기존 S-MAC의 코드(ROM:6274, RAM:516)에 비해 훨씬 작은 코드(ROM:4386, RAM:172) 사이즈를 갖는다[38]. B-MAC은 통신 에너지의 소모를 줄이기 위해 WiseMAC에서 사용하는 Preamble 신호 기반의 Listen/Sleep 기법을 사용하였다.

최근 저전력 RF 칩의 하드웨어적 발전으로 CPU에서 담당했던 많은 제어 관련 처리들이 RF 칩 자체에서 해결되고 있는 추세이다. Preamble 신호 처리 역시 그 중 하나로서 최근에 많이 사용되고 있는 CC2420 RF 칩[7]인 경우에는 노드의 CPU에서 Preamble 신호를 감지할 수가 없고, CC2420 자체에서 처리한다. 그렇기 때문에 CC2420 위에서 동작되는 TinyOS의 B-MAC 프로토콜은 Preamble 신호 기반의 Listen/Sleep 기법 자체가 구현되어 있지 않다[39]. 결국 에너지 효율성 면에서 S-MAC에 비해 크게 떨어지는 현상이 나타나게 된다. 센서 네트워크의 관리자는 자신이 사용하는 센서 하드웨어 및 RF 칩의 특성을 파악하여 적합한 MAC 프로토콜을 선택할 필요가 있다. (최근 일반 데이터를 Preamble 신호로 인식하게 함으로써 CC2420RF 칩에 Preamble 기반 Listen/Sleep을 구현한 논문이 제안되었다. 하지만 이는 기본 Preamble이 아니라 임의의 데이터를 하나의 Preamble로 인식시키고 다시 실제 전송하고자 하는 데이터를 보내는 약간의 편법이 가미된 방식이다.)

- **TRAMA**[40]: TRAMA[40]는 TDMA를 기반으로 하는 대표적인 센서 네트워크 MAC 프로토콜이다. 이 논문은 Ad-hoc 네트워크의 NAMA[41]와 비슷한 방식을 사용하여, 각 노드 스스로 분산 선출 알고리즘을 통해 자신이 사용할 Time Slot을 선택한다. TRAMA의 시간은 Random-Access Period와 Scheduled-Access Period로 구별되는데, 첫 번째 Random-Access 시간 동안에는 one hop 주변 노드의 정보가 담겨 있는 NP 패킷을 교환하고, Scheduled-Access 시간의 시작 부분에서는 데이터를 전송하기 전에 자신의 스케줄링 정보가 담긴 SEP 패킷을 전송하여 각기 자신이 사용할 slot을 분산 선출 알고리즘에 의해 선택한다. 그 후 나머지 Scheduled-Access 시간 동안에는 앞서 선택한 Slot 시간에 데이터 전송을 시도함으로써 충돌 없는 통신이 가능하도록 설계되었다.

이 밖에도 폴링(polling) 기법을 사용하여 노드 간 동기화 및 네트워크 유지를 가능하게 한 SMACS[42]와 두 개의 라디오 채널을 사용하여 주기적 Listen/Sleep 기법을 제안한 STEM[43]과 LEEM[44], TDMA와 CSMA의 장점을 결합시킨 Z-MAC[57], CC2420에 Preamble 기술을 구현하고 기존의 WiseMAC과 B-MAC의 성능을 향상시킨 X-MAC[58]과 SCP[59] 프로토콜 등이 센서 네트워크를 위해 개발되었다.

1.4 센서 네트워크를 위한 Cross Layer 기법

이번 절에서는 무선 센서 네트워크의 연구들 중에서 Cross Layer 개념을 사용한 연구들에 대해 고찰해 볼 것이다. 센서 노드에서와 같이 매우 제한된 자원을 갖는 하드웨어 플랫폼에서 확고한 Layer 구분적 접근법은 오히려 네트워크의 효율성을 떨어뜨릴 수 있다. Cross Layer 개념은 각 Layer 간의 정보를 서로 이용하거나 동작을 단일화시킴으로써 기존의 프로토콜보다 나은 성능을 보일 수 있게 하는 방법을 의미한다. 기존의 Ad-hoc 네트워크에서의 Cross Layer 기법들은 PHY Layer에서 획득된 패킷의 수신 강도 등의 정보들을 라우팅에서 사용할 새로운 Metric으로 활용하거나, MAC에서의 파워 컨트롤 및 적응적 Data Rate 설정을 위해 사용하여 왔다. 유비쿼터스 센서 네트워크에서는 주로 에너지 효율성과 전송 지연 문제를 동시에 해결하기 위해 Cross Layer 기법을 많이 이용하고 있다.

- **Cross Scheduling**[45]: Cross Scheduling에서는 라우팅 패스를 설정할 때, 라우팅 패스뿐만 아니라 MAC 프로토콜에서 담당하는 주기적 Listen/Sleep의 시간을 동시에 설정함으로써 통신이 필요할 때만 wake up하여 데이터 전송에 참여하도록 하는 기법을 제시하였다. 이를 통해, 자신이 라우팅에 참여하여 데이터를 전송하거나 수신하는 시간을 제외하고는 sleep함으로써 에너지 효율성을 높일 수 있고, 라우팅 패스에 의해 Listen/Sleep 시간이 설정되기 때문에 전송지연 문제도 줄일 수 있는 기법이다. 하지만 많은 수의 센서 노드들의 데이터 주기를 모두 적절히 맞추어서 스케줄링해야 한다는 오버헤드와 갑작스러운 센서 네트워크의 토폴로지 변화나 에러에 의해 미리 설정된 주기가 어긋날 경우에는 적응적으로 대처하기 어렵다는 점에서 약점을 가지고 있다.

- **DMAC**[46]: DMAC은 앞에 Cross Scheduling과 유사한 방식의 기법으로서, 센서 네트워크 전체가 하나의 Sink 노드를 기준으로 Tree 구조 형태의 토폴로지를 형성하여 그에 맞는 Listen/Sleep 주기를 설정하는 기법이다. 이 기법 역시 갑작스러운 센서 네트워크의 토폴로지 변화에 대처하기 어렵다는 점과 하나의 Sink만을 기준으로 Tree 구조를 형성해야 한다는 점에서 약점을 가지고 있다. DMAC의 저자는 데이터 전송 지연 문제와 관련하여 예측할 수 없는 패턴의 데이터 트래픽에 적용할 수 있는 효과적인 Sleep Scheduling 기법을 논문 [47]에서 제안하였다. 이 논문에서는 노드의 Sleep 주기를 여러 개의 slot들로 구분하고, Tree, Ring 그리고 Grid 토폴로지 등에서 사용될 수 있는 효과적 Sleep Scheduling 학습화 기법에 대해 기술하였다.

- **LE-MAC**[48]: LE-MAC은 PHY Layer에서의 Carrier Sensing Signal과 Routing Layer의 경로 설정 정보를 기반으로 데이터 전송 지연 문제 및 에너지 효율적인 통신이 가능하도록 설계된 기법이다. LE-MAC은 앞에서 언급한 여러 Cross Layer 기법들과는 다르게, Carrier Sensing Signal에 의해 발생된 데이터의 트래픽 정보를 확인한 후 자신의 Listen/Sleep 주기를 조절하기 때문에 갑작스러운 토폴로지 변화나 전송 에러에 의한 간섭에도 적응적으로 잘 대처할 수 있다는 장점을 가진다. 하지만, 라우팅 패스가 복잡해지고 센서 노드의 수가 급격히 증가했을 경우에

는 효과적인 Listen/Sleep 주기를 설정하기 어렵다는 점에서 약점을 갖는다.

그 밖에도 다양한 Cross Layer 관련 논문들이 유비쿼터스 센서 네트워크를 위해 제기되었다. 논문 [49]는 송신 노드와 Sink까지의 에너지 소모 정보를 기반으로 라우팅 패스 및 MAC에서 사용될 적당한 Slot 길이를 선택하는 방식을 제안하였다. MINA[50]는 MAC과 라우팅 계층이 서로 협업하여 센서 네트워크의 데이터 전송을 처리하는 기법으로, 라우팅 계층에서는 Hop Count를 기반으로 Hop-Layer 단위의 클러스터링을 형성하고, MAC은 TDMA 기반으로 각 Hop-Layer 단위의 클러스터 헤더에 의해 데이터가 전송되는 기법을 제안하였다. MAC-CROSS[51]에서는 라우팅 테이블의 Next Hop 주소를 기반으로 NAV Timer에 의해 데이터 전송에 참여하지 않음에도 불과하고 강제적으로 wake up해야 되는 문제를 효과적으로 해결하였다.

1.5 센서 네트워크의 표준화 동향

지금까지는 라우팅, MAC 그리고 Cross Layer 분야별로 센서 네트워크를 위해 제안된 다양한 연구들에 대해서 알아보았다. 마지막으로 고찰해 볼 영역은 센서 네트워크를 위해 진행되고 있는 국제 통신 표준화 동향이다. IEEE에서 진행하고 있는 Wireless Personal Area Network(WPAN)[52] 표준화 그룹들 중 802.15.4[6] 그룹은 센서 네트워크와 비슷한 환경에서 저전력, 근거리 통신과 관련된 내용을 다루고 있다. 그렇기 때문에 많은 연구들에서 센서 네트워크에서 사용될 국제 통신 표준으로 802.15.4를 언급하고 있으며, 실제 산업에서도 802.15.4를 유비쿼터스 센서 네트워크의 표준으로 받아들이고 있다. WPAN 그룹은 근거리 이내에 존재하는 여러 종류의 컴퓨터와 주변기기들을 무선으로 연결하기 위한 통신 표준화 기구이다. WPAN은 Bluetooth인 802.15.1을 시작으로, WPAN과 WLAN의 상호공존 모델인 802.15.2, 고속 개인 통신 네트워크인 802.15.3, 저가 장치나 저전력 장치를 위한 통신 규약인 802.15.4로 구성되어 있다. 우리가 관심 있게 보아야 할 것은 IEEE 표준 802.15.4인데, 낮은 전력소모, 저가의 구축 비용, 낮은 데이터 전송률 그리고 ISM 대역을 사용한다는 측면에서 센서 네트워크의 통신 프로토콜로 적합하다. IEEE 802.15.4의 상위 계층에 대한 연구는 여러 회사들과 연구소들이 참여하고 있는 ZigBee[53] 포럼과 현재 진행중인 802.15.5(WPAN에서의 Mesh 네트워크)를 통해 활성화되고 있는 상태이다. 이번 절에서는 여러 표준화 그룹 중 IEEE 802.15.4에 보다 초점을 맞추어 고찰해 보겠다. IEEE 802.15.4 표준의 주요 특징을 분석하여 정리하면 다음과 같다.

- 노드들은 Star와 Peer-to-Peer 토폴로지를 구성할 수 있다.

- 16bit Short Address와 64bit Extended Address를 사용한다.

- TDMA 기법인 GTS Slot을 제공할 수 있다.

- Slotted와 Unslotted CSMA/CA 기법을 사용한다.

- ACK를 통해 전송을 확인할 수 있다.

- 전체적으로 통신 에너지 소모가 작아야 한다.

- 현재 채널의 Energy Detection과 Link Quality Indicator의 정보를 받을 수 있어야 한다.

- 868MHz, 915MHz, 2.4GHz에서 27개의 채널이 설정되어 있으며, 주파수에 따라 20kbps, 40kbps, 250kbps 속도를 제공하여야 한다.

IEEE 802.15.4 MAC 프로토콜은 장비의 하드웨어적 능력에 따라 FFD(Full Function Device) 타입과 RFD(Reduce Function Device) 타입으로 나눌 수 있다. PDA나 핸드폰 혹은 무선 센서 노드와 같이 어느 정도 하드웨어적 능력을 가지고 있는 장비들은 802.15.4 MAC의 모든 기능을 수행할 수 있고, Star 토폴로지에서 헤더(Coordinator)로서 동작될 수 있는 FFD 장비로 활용되며, 전등이나 전자레인지와 같이 제한된 하드웨어를 가진 전자 기구들은 제한된 통신 기능만을 수행하고, 헤더를 통해서만 통신할 수 있는 RFD(Reduce Function Device)로 활용된다. 이 두 가지 타입의 장비는 서로간의 데이터를 전송을 위해 Star 토폴로지를 형성하고, 멀티 홉 통신을 위한 Peer-to-Peer 토폴로지 구성은 FFD 장비들끼리만 가능하다. 그림 1-10은 IEEE 802.15.4에서 제공되는 토폴로지와 그에 따른 장비 타입을 보여주고 있다.

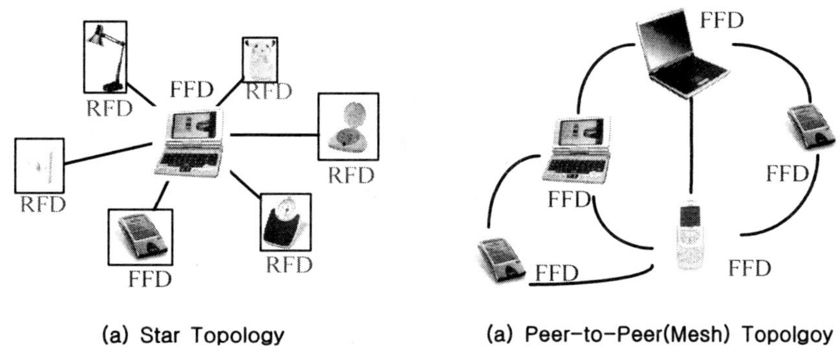

(a) Star Topology   (a) Peer-to-Peer(Mesh) Topolgoy

그림 1-10 ▌ IEEE 802.15.4의 두 가지 토폴로지

IEEE 802.15.4의 Star 토폴로지에서는 헤더와 장비 간의 데이터 통신 방식에 따라 Non Beacon-Enabled Mode와 Beacon-Enabled Mode로 구별될 수 있다. Non Beacon-Enabled Mode에서는 노드 간의 동기화를 맞추지 않은 상태에서 Non-Slotted CSMA/CA 방식을 사용하여 자유롭게 통신한다. 하지만 Beacon-Enabled Mode에서는 헤더가 주기적으로 전송하는 Beacon 패킷을 기반으로 노드 간의 동기화를 유지한 후, Slotted CSMA/CA 방식을 통해 통신하게 된다. Non Beacon-Enabled Mode는 Beacon-Enabled Mode에 비해 동작 수행 단계가 무척 간단하고 전송지연 문제도 거의 발생하지 않지만, 통신 에너지를 절약할 수 있는 Sleep 기술을 전혀 가지고 있지 않는다는 점에서 큰 단점을 가지고 있다. 이에 비해 Beacon-Enabled Mode에서는 헤더가 보내는 주기적 Beacon 패킷을 통해 RF 통신이 가능한 Active 시간과 RF 통신 모듈을 Off하는 Inactive 시간을 기반으로 Sleep 기술을 적용시킬 수 있기 때문에, 유비쿼터스 센서 네트워크와 같이 건전지 기반의 네트워크에 적합한 통신 방식이다. Active 시간(802.15.4에서는 Active 시간을 Super-Frame이라고도 명칭한다)은 데이터를 전송하기 위한 노드 간의 경쟁 여부에 따라 다시 CAP(Contention Access Period)와 CFP(Contention Free Period)로 구분된다. 만약 어떤 노드에서 QoS를 보장받고 싶다거나 연속적인 통신을 해야 될 경우에는 자신의 헤더에게 CFP 사용을 요청할 수 있다. 헤더는 그 요청을 받아 CFP 시간의 할당 여부를 결정하고, 만약 CFP가 전혀 할당되지 않을 경우에는 Super-Frame 구간 전체가 CAP 형태로 동작되게 된다. 그림 1-11은 Beacon-Enabled Mode에서 Active와 Inactive의 형태를 보여주고 있다.

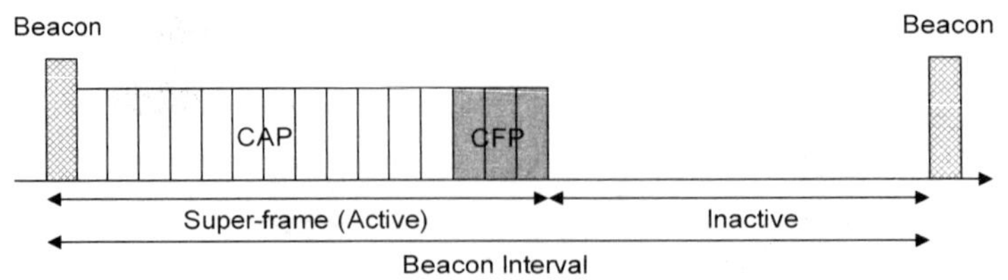

그림 1-11 ▮ Beacon 모드에서의 active/inactive

하나의 Beacon Interval은 헤더가 주기적으로 전송하는 Beacon 패킷에 의해 결정되며, 노드들은 Beacon 패킷에 저장되어 있는 SO(Superframe Order)와 BO(Beacon Frame Order) 값에 의해 Active 시간과 Inactive 시간을 계산할 수 있다. 다음 식은 SO와 BO를 통해 Beacon Interval(BI), Super-Frame Duration(SD) 그리고 Inactive 시간을 계산하는 방법을 보여준다.

$$BI = Basic\_Super\_Frame\_Duration \times 2^{BO} \qquad (1)$$

$$SD = Basic\_Super\_Frame\_Duration \times 2^{SO} \qquad (2)$$

$$Inactive\ Duration = BI - SD \qquad (3)$$

위 수식에서 사용된 Basic_Super_Frame_Duration은 BO와 SO가 0일 경우에 사용되는 기본적 Beacon Interval 시간으로서, 802.15.4 표준 문서에서 960symbol(250kbps에서 약 15.36us)로 정의되어 있다. BO와 SO의 범위는 $0 \leq SO \leq BO \leq 14$로 기술되어 있으며, 에너지 효율성과 전송 지연과의 관계를 고려하여 SO와 BO의 값을 적절히 선택하여야 한다. 논문 [54]에서는 IEEE 802.15.4를 NS2 시뮬레이터[55]에 구현하여 다양한 성능 분석을 수행하였고, 논문 [56]에서는 Embedded Markov Chain Model를 사용하여 Beacon-Enabled Mode에서의 성능을 수식으로 분석하였다. 최근 여러 논문들에서 IEEE 802.15.4의 단점들을 개선한 여러 기법들이 제안되고 있는 추세지만, 아직도 해결되어야 할 많은 문제들이 남아 있는 상태이다. IEEE 802.15.4 Standard 문서를 분석하여 아직 정리되지 않은 요소들(문서에 out of scope라고 명시되어 있는 내용들)을 다음에 기술하였다.

- Peer-to-Peer 토폴로지에서의 동기화 문제

- Beacon Enabled Mode를 유지하면서 동시에 Peer-to-Peer 토폴로지를 형성시키는 방법

- 헤더와 일반 노드 간에 효과적인 Association

- 27개의 채널들 중 효과적으로 하나의 채널을 선택하는 방법

- 헤더에서 CFP를 효과적으로 할당하는 방법과 다시 수거하는 방법

- 상황에 따라 멀티 채널 및 멀티 Rate를 활용하는 방법

1.6 센서 네트워크 클럭 동기 및 위치 인식 기술

1.6.1 클럭 동기화

센서 네트워크의 센서 노드들은 감지된 센싱 정보를 네트워크를 통해 Sink 노드에게 전달하게 된다. 이때 각 센서들이 동기화된 시간 정보를 사용해야지만 센싱 정보를 수신한 서버에서 필요한 응용에 가공하여 사용될 수 있다. 또한 제한된 에너지의 효율적인 활용을 위해서 노드 스스로 동작을 중단하거나 다시 시작하는 Listen/Sleep을 주기적으로 반복하게 되는데, 이때 노드 간의 동기화가 맞추어져 있어야지만 다른 노드의 송수신 시간에 맞추어 데이터를 전송할 수 있다.

네트워크에서 일반적으로 시각 동기화를 하기 위해서 동기 신호를 주기적으로 주고받아 내부 시각 정보를 수정해 주는 방법을 사용한다. 하지만 센서 노드의 경우에는 사용하는 내부 부정확한 오실레이터의 정확도를 높이기 위해 자주 동기신호를 주변 노드들과 주고받아야 하는데 이는 센서 노드의 저전력 달성이라는 주된 목표에 위배된다. 센서 네트워크에서의 클럭 동기화와 관련된 문제들을 자세히 살펴보자.

저전력이 중시되는 센서 네트워크에서 주기적인 동기 신호의 송/수신은 센서 노드에 전력 소모 측면에서 큰 부담이 될 수 있다. CC2420의 경우 송신의 경우 17.4mA, 수신의 경우 18.8mA의 전력을 소모한다. 이러한 전력 소모 요구로는 제한된 건전지를 기반으로 운영되는 센서 노드에서 클럭 동기화를 위한 패킷을 자주 전송할 수 없으므로 에너지와 동기화의 balance를 적절히 맞출 수 있는 알고리즘의 연구가 필요하다.

또 한 가지 문제점은 센서 노드 내부의 오실레이터에 있다. 일반적으로 센서 노드에 사용되는 오실레이터는 수정을 사용하는데, 이 수정 오실레이터를 나노시간 단위로 살

펴보면 각각 서로 다른 Skew와 Drift를 가진다. 따라서 설령 두 오실레이터가 동시에 발진을 시작했다고 하더라고 시간이 지나면 서로 동기화가 어긋나게 된다. 때문에 장기적인 운용이나 특수한 목적이 있을 때에는 사용 시 충분한 고려가 필요하며, 또한 주어진 환경 내에서 정확한 동기를 맞출 수 있는 알고리즘의 개발이 필요하다.

마지막으로 멀티 홉 환경으로 인해서 발생하는 문제점이다. 센서 네트워크는 주로 멀티 홉 기반의 Ad-hoc 네트워크로 구성이 되는데, 이 경우 동기화 마스터 노드와 멀어질수록 동기화 오차가 커지게 된다. 이는 동기화 신호가 여러 홉을 거치면서 전파되어 지연시간이 증가하기 때문이다. 따라서 멀티 홉에서의 누적되는 동기화 에러를 최대한 감소시켜줄 수 있는 동기화 알고리즘이 필요하다.

1.6.2 위치 인식

센서 노드의 위치 인식은 센서 네트워크 동작에 매우 중요한 기술이다. 특히 많은 센서 네트워크 응용분야들이 각 노드의 위치 정보를 필요로 한다. 즉, 어떤 이벤트가 감지되면 감지한 데이터와 함께 어디에서 발생된 이벤트인지도 매우 중요한 정보가 될 수 있다. 대표적인 위치 인식 기술인 현재 많이 사용되는 GPS가 존재한다. 하지만 GPS는 비용문제와 건물 안과 같이 LOS(Line Of Sight)를 만족하지 않는 지역에서는 동작되지 않는다는 문제가 있다. 현재 센서 네트워크에서 사용되는 가장 대표적인 위치 인식 방법은 삼각측량법(Triangulation), 근접기법(Proximity), Cell ID 방식 등이 존재한다. 각 기술은 각각 위치 정보의 정확도가 다르고, 이들 기술을 사용하기 위해서 사용되는 장비에도 약간의 차이가 있다.

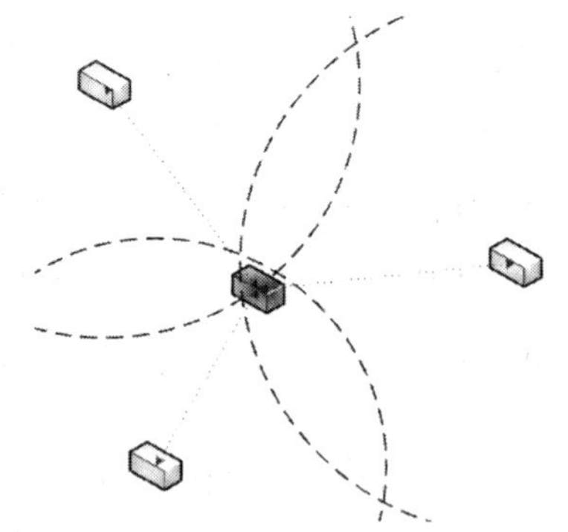

그림 1-12 ▎삼각측량법을 사용한 위치 인식

삼각측량법은 비컨 노드(또는 앵커 노드라고도 함)들과의 거리를 이용하는 Lateration 기법을 사용하거나 비컨 노드와의 각도를 이용하는 Angulation 기법을 통해서 센서 노드의 위치를 측정한다. Lateration 기법은 별도의 하드웨어 지원 없이도 신호의 TOF(Time Of Flight)나 신호의 세기를 가지고 거리를 측정할 수 있어서 많이 이용된다.

근접기법은 이미 알려져 있는 참조 지점들에 대한 정보를 가지고 그들과의 거리를 측정하여 대략적으로 위치를 인식하는 기법이다. 일반적으로는 주변 노드들의 신호의 세기를 미리 측정하여 DB나 기타 노드에 저장해 놓고, 참조 지점의 노드가 전송하는 정보를 기반으로 자신의 위치를 알아내는 방법을 사용한다. 근접 기법은 주변의 상황이 변화하는 데에 대해서 효과적으로 대처할 수 없고, 정확도를 높이기 위해 많은 참조 정보가 필요하게 된다는 점에서 단점을 가진다.

Cell ID 방식은 대상 센싱 영역을 일정한 크기의 Cell로 나누어 놓고 각 센서 노드가 어느 Cell에 포함되어 있는지를 알아내는 방식이다. 이 방식은 Cell의 크기가 작아지면 작아질수록 정확도는 높일 수 있으나, Cell의 크기가 작아짐에 따라 계산 방식이 복잡해지는 단점이 있다. 또한 Cell의 크기가 커지면 노드의 위치를 잘못 판단했을 경우에 오차가 커진다는 단점을 가지고 있다.

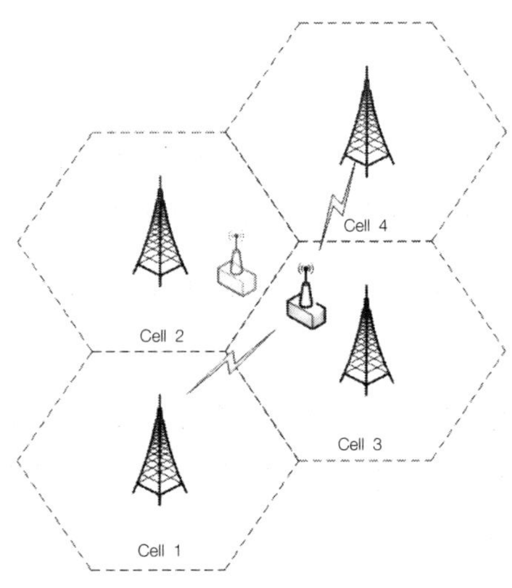

그림 1-13 ▮ Cell ID 방식의 위치 인식

1.7 센서 네트워크 미들웨어 기술

센서 네트워크 미들웨어는 일반적인 미들웨어와 마찬가지로 다양한 센서 노드로 구성된 하드웨어 계층과 운영체제 상에서 존재하며 응용 소프트웨어에 추상화된 인터페이스를 제공하는 역할을 한다. 하지만 기존 PC 및 유선 서버를 위해 연구된 많은 미들웨어들을 센서 네트워크에 그대로 적용시킬 수는 없다. 센서 네트워크는 일반적으로 데스크탑 환경이나 모바일, 무선 환경과는 또 다른 특징을 가지고 있기 때문에 센서 네트워크 미들웨어는 제한된 컴퓨팅 능력과 에너지, 그리고 낮은 대역폭뿐만 아니라, 그 특성상 설치되는 환경의 영향을 고려해서 디자인되어야 한다. 또한, 노드 위치의 변화, 센서 네트워크 일부의 유실 등 센서 네트워크의 전체 혹은 부분의 동적인 변화에도 대처할 수 있어야 한다. 심지어 전력의 완전 소모나 환경의 영향으로 노드가 동작하지 못하더라도 전체 센서 네트워크에 영향을 미치지 않도록 설계되어야 한다. 센서 네트워크 미들웨어 설계 시에 고려해야 할 요구사항으로는 다음과 같은 것들이 있다.

- **전력관리**: 센서 노드들은 제한된 배터리 전력으로 최대한의 시간을 작동해야 한다. 따라서 에너지를 효율적으로 소모하면서 기능을 수행하는 미들웨어 플랫폼의 설계가 요구된다.

- **위치 인식**: 센서 노드의 위치 인식 기능을 통해 사용자는 각 노드의 현재 위치를 파악할 수 있고 네트워크 내부에서도 메시지 전달의 최적 경로를 결정하는 라우팅을 할 수 있다. 이를 위해 위치 인식 알고리즘의 개발이 필요하다.

- **동기화**: 센서 데이터의 정확성과 여러 센서 노드 간의 협동 작업을 위해 시간의 동기화가 필요하다.

- **소프트웨어 자동 갱신**: 분산되어 있는 수많은 노드들을 수동으로 일일이 프로그램할 수는 없다. 때문에 코드를 전송하여 최신 소프트웨어로 자동 갱신이 가능한 매커니즘의 개발이 요구된다.

- **센서 데이터베이스**: 수많은 센서 노드들로부터 전송되는 센싱 정보들을 효율적으로 저장하고 관리하는 매커니즘이 필요하다.

- **데이터 분배 및 복제**: 센싱 데이터를 최적의 위치에 저장함으로써 그 데이터에 대한 접근성을 높임과 동시에 데이터 전송에서 발생하는 에너지를 효율적으로 줄일 수 있도록 개발해야 한다.

- **보안**: 센서 노드들뿐만 아니라 미들웨어에서도 추가적인 보안 기능이 요구된다.

- **센서 노드 간의 이질성의 추상화**: 센서 네트워크에는 다양한 센서들이 존재하기에 이질성이 생긴다. 센서 네트워크 미들웨어는 이러한 이질성에 의해 발생하는 갖가지 제약, 문제 상황에 대처할 수 있도록 설계되어야 한다.

- **장애관리**: 센서 네트워크는 많은 수의 노드들 때문에 통신 실패가 자주 발생하고, 전력 소모로 인한 여러 가지 제약과 장애를 가진다. 이를 극복하고 신뢰도를 보장해 줄 수 있는 매커니즘이 요구된다.

❖ 대표적인 센서 네트워크 미들웨어 연구

대표적인 센서 네트워크 미들웨어로서 Cornell 대학의 Cougar, Delaware 대학의 SINA, Rochester 대학의 MiLAN, Virginia 대학의 DSWare, UCLA의 SensorWare, 프린스턴 대학의 Impala, UCB의 Bombilla와 UCLA의 Middleware Techniques in PADS, Virginia의 SAMANTA, SCADDS 등이 있다. 그 중 대표적인 몇 가지 연구 내용은 다음과 같다.

- **Impala(Princeton)**: 얼룩말과 같은 야생 동물들의 이동과 번식 연구에 센서 네트워크를 활용하기 위한 ZebraNet 프로젝트의 일환으로 시작되었다. Impala는 응용의 모듈화(Modularity), 적응력(Adaptivity), 복구력(Repairability)에 초점을 맞추고 있으며, 계층적 시스템 구조를 가지고 있다. 응용 프로토콜과 프로그램들은 상위 계층에 위치하며, 그 아래로 시스템 자원의 현재 상태에 최적인 행동을 선택하는 데 사용되는 응용 어댑터, 소프트웨어 버전 업그레이드에 사용되는 응용 업데이터 등의 미들웨어 에이전트가 상위 계층을 지원한다.

- **Bombilla(Berkeley)**: Bombilla는 TinyOS 상에 구현된 작은 가상 머신(Virtual Machine)으로 제한된 자원을 가진 노드에서 프로그램을 동적이면서 효율적으로 수행할 수 있도록 도와준다. Bombilla는 최대 24개의 바이트 명령으로 구성되는 캡슐이 각각의 노드에 올려져서 태스크를 수행할 수 있는 구조로 되어 있으며, 캡슐은 스스로 이동할 수 있다. Bombilla는 이외에 이웃하는 노드들로부터 소프

트웨어를 자동으로 갱신할 수 있는 기능과 악의적인 코드의 실행을 방지하는 보안 기능을 포함하고 있다. 하지만 극도로 자원이 제한된 상황에서 사용될 목적으로 개발되었기 때문에 함축적인 명령어 세트를 사용하도록 되어 있다. 따라서 프로그램의 구현이 어렵다는 단점을 가진다.

- **SensorWare(UCLA)**: SensorWare는 분산된 센서 노드의 제어를 위해서 경량의 모바일 스크립트를 사용한다. 스크립트는 다른 노드로 복사되거나 이동될 수 있으며, 내장된 수행 알고리즘에 따라 자율적으로 동작하게 된다. 따라서 사용자 또는 베이스 노드가 센서 네트워크의 제어를 위해 일일이 모든 센서와의 통신을 통해 정보를 처리해야 하는 부담을 덜 수 있다. SensorWare는 상위 애플리케이션 개발자들에게 자원 관리와 같은 하드웨어와 관련된 부분을 숨겨주고, 여러 센서 노드끼리의 자원 공유 방식을 제공해 줄 수도 있다. 하지만 SensorWare는 180Kbyte라는 초소형 임베디드 환경에서는 적지 않은 크기를 가지고 있기 때문에 Mote처럼 제한된 메모리를 가진 센서 노드에는 적합하지 않다.

● 참고문헌

[1] M. Weiser, "The Computer for the 21th Centry," *in IEEE Pervasive Computing Magazine*, Mar. 2002.

[2] I. F. Akyildiz, W. Su, Y. Sankarasubramaniam, E. Cayirci, "Wireless Sensor Networks: A Survey," *in Elsevier Computer Networks*, 2002,

[3] David B. Johnson, "Routing in ad hoc networks of mobile hosts," *in IEEE Workshop on Mobile Computing Systems and Applications*, Dec. 1994.

[4] IEEE Std 802.11-1999, Wireless LAN Medium Access Control (MAC) and Physical Layer (PHY) Specifications. LAN/MAN Standards Committee of the IEEE Computer Society, Nov. 1999.

[5] ZigbeX, http://hanback.co.kr

[6] Chipcon Corporation, CC2240 Low Power Transceiver.

[7] IEEE Computer Society, MAC and PHY Specifications for Low-Rate Wireless Personal Area Networks (LR-WPANs), IEEE 802.15.4 TM-2003

[8] J. N. AL-KARAKI and A. E. KAMAL, "Routing Techniques in Wireless Sensor Networks: a Survey," *in IEEE Communication Magazine*, Dec. 2004,

[9] C. Intanagonwiwat, R. Govindan, and D. Estrin, "Directed Diffusion: a Scalable and Robust Communication Paradigm for Sensor Networks," *in ACM MOBICOM*, 2000,

[10] C. Schurgers and M.B. Srivastava, "Energy Efficient Routing in Wireless Sensor Networks," *in IEEE MILCOM*, 2001.

[11] K.-H. Han, Y.-B. Ko and J.-H. Kim, "A Novel Gradient Approach for Efficient Data Dissemination in Wireless Sensor Networks," *in IEEE VTC*, Sep. 2004.

[12] C. K. Toh, "Maximum battery life routing to support ubiquitous mobile computing in wireless ad hoc networks," *in IEEE Communication Magazine*, June 2001.

[13] J. Chang and L. Tassiulas, "Energy conserving routing in wireless ad hoc networks," *in IEEE INFOCOM*, 2000.

[14] R. C. Shah and J. Rabaey, "Energy Aware Routing for Low Energy Ad Hoc Sensor Networks," in IEEE WCNC, Mar. 2002.

[15] W. Heinzelman, J. Kulik, and H. Balakrishnan, "Adaptive Protocols for Information Dissemination in Wireless Sensor Networks," *in ACM MOBICOM*, Aug. 1999.

[16] D. Braginsky and D. Estrin, "Rumor Routing Algorithm for Sensor Networks," *in Sensor Networks and Application*, Oct. 2002.

[17] K. Sohrabi and J. Pottie, "Protocols for Self-Organization of a Wireless Sensor Network," *in IEEE Personal Communications*, May 2000.

● 참고문헌

[18] N. Bulusu, J. Heidemann, and D. Estrin, "GPS-less Low Cost Out Door Localization for Very Small Devices," *in Tech. rep. 00729, Comp. Sci. Dept.*, Apr. 2000.

[19] A. Savvides, C.-C. Han, and M. Srivastava, "Dynamic Fine-Grained Localization in Ad-hoc Networks of Sensors," *in ACM MOBICOM*, July 2001.

[20] S. Capkun, M. Hamdi, and J. Hubaux, "GPS-free Positioning in Mobile Ad-hoc Networks," *in 34th Annual Hawaii Int'l. Conf.*, 2001.

[21] B. Karp and H. T. Kung, "GPSR: Greedy Perimeter Stateless Routing for Wireless Sensor Networks," *in ACM MOBICOM*, Aug. 2000.

[22] Q. Fang, J. Gao and L. Guibas, "Locating and Bypassing Routing Holes in Sensor Networks," *in IEEE INFOCOM*, Mar. 2004.

[23] Y. Yu, D. Estrin, and R. Govindan, "Geographical and Energy-Aware Routing: A Recursive Data Dissemination Protocol for Wireless Sensor Networks," *in UCLA Comp.Sci. Dept. tech. rep., UCLA-CSD TR-010023*, May 2001.

[24] Y.-B. Ko, J.-M. Choi, and J.-H. Kim, "A New Directional Flooding Protocol for Wireless Sensor Networks," *in Springer ICOIN 2004*, Feb. 2004.

[25] W. Heinzelman, A. Chandrakasan and H. Balakrishnan, "Energy-Efficient Communication Protocol for Wireless Microsensor Networks," *in 33rd Hawaii Int'l. Conf.*, 2000.

[26] S. Lindsey and C. Raghavendra, "PEGASIS: Power-Efficient Gathering in Sensor Information Systems," *in IEEE Aerospace*, 2002.

[27] S.-Ju Lee, W. Su, and M. Gerla "On-Demand Multicast Routing Protocol in Multihop Wireless Mobile Networks," *in ACM/Kluwer Mobile Networks and Applications*, Dec. 2002.

[28] Y.-B. Ko and N. H. Vaidya, "Location-Aided Routing(LAR) in Mobile Ad Hoc Networks," *in ACM/Baltzer Wireless Networks*, 2000.

[29] Y.-B. Ko and N. H. Vaidya, "Flooding-based Geocasting Protocols for Mobile Ad Hoc Networks," *in ACM/Baltzer Mobile Networks and Applications*, Dec. 2002

[30] Y.-Mi Song, S.-H. Lee and Y.-B. Ko, "FERMA: An Efficient Geocasting Protocol for Wireless Sensor Networks with Multiple Target Regions," *in Springer USN*, Dec. 2005.

[31] W. Ye, J. Heidemann, and D. Estrin. "An energy-effcient MAC protocol for wireless sensor networks," *in IEEE INFOCOM*, June 2002,

[32] I. Demirkol, C. Ersoy and F. Alagoz, "MAC Protocols for Wireless Sensor Networks: a Survey," *in IEEE Communications Magazine*, 2005.

참고문헌

[33] W. Ye, J. Heidemann, and D. Estrin "Medium access control with coordinated, adaptive sleeping for wireless sensor networks," *in IEEE/ACM Transactions on Networking,* June 2004.

[34] P. Lin, C. Qiao, X. Wang, "Medium access control with a dynamic duty cycle for sensor networks," *in IEEE WCNC,* Mar. 2004.

[35] T.V. Dam and K. Langendoen, "An Adaptive Energy-Efficient MAC Protocol for Wireless Sensor Networks," *in ACM SenSys,* Nov, 2003.

[36] C. Suh, Y.-B. Ko and J. Kim, "A Traffic Aware, Energy Efficient MAC Protocol for Wireless Sensor Networks," *in IEEE ISCAS,* May 2005.

[37] C. C. Enz, A. El-Hoiydi, J-D. Decotignie, V. Peiris, "WiseNET: An Ultralow-Power Wireless Sensor Network Solution," *in IEEE Computer,* Aug. 2004.

[38] J. Polastre, J. Hill, and D. Culler, "Versatile Low Power Media Access for Wireless Sensor Networks," *in ACM SenSys,* Nov. 2004.

[39] TinyOS, http://webs.cs.berkeley.edu/tos/

[40] V. Rajendran, K. Obraczka, J.J. Garcia-Luna-Aceves, "Energy Efficient, Collision-Free Medium Access Control for Wireless Sensor Networks," *in ACM SenSys,* Nov. 2003.

[41] L. Bao and J.J. Garcia-Luna-Aceves, "A new approach to channel access scheduling for ad hoc networks," *in ACM MOBICOM,* 2001,

[42] K. Sohrabi, J. Gao, V. Ailawadhi, G.J. Pottie, "Protocols for self - organization of a wireless sensor network," *in IEEE Personal Communications,* Oct. 2000,

[43] C. Schurgers, V. Tsiatsis, and M. B. Srivastava, "STEM: Topology Management for Energy Efficient Sensor Networks," *in IEEE Aerospace,* Mar. 2002.

[44] M. Dhanaraj, B. S. Manoj, and C. Siva Ram Murthy, "A New Energy Efficient Protocol for Minimizing Multi-hop Latency in Wireless Sensor Networks," *in IEEE PERCOM,* Mar. 2005.

[45] M. L. Sichitiu, "Cross-Layer Scheduling for Power Efficiency in Wireless Sensor Networks," *in IEEE INFOCOM,* 2004.

[46] G. Lu, B. Krishnamachari, C.S. Raghavendra, "An adaptive energy efficient and low-latency MAC for data gathering in wireless sensor networks," *in IEEE IPDPS,* April 2004.

[47] G. Lu, N. Sadagopan, B. Krishnamachari and A. Goel, "Delay Efficient Sleep Scheduling in Wireless Sensor Networks," *in IEEE INFOCOM,* Mar. 2005.

[48] Changsu Suh, Young-Bae Ko and Dong-Min Son, "An Energy Efficient Cross-Layer MAC Protocol for Wireless Sensor Networks," *in Springer IWSN,* Jan. 2006.

●참고문헌

[49] S. Cui, R. Madan, A. J. Goldsmith, and S. Lall, "Joint Routing, MAC, and Link Layer Optimization in Sensor Networks with Energy Constraints," *in IEEE ICC*, May, 2005.

[50] J. Ding, K. Sivalingam, R. Kashyapa, L. J. Chuan, "A multi-layered architecture and protocols for large-scale wireless sensor networks," *in IEEE VTC 2003-Fall*, Oct. 2003,

[51] C. Suh, D. M. Shrestha and Y.-B. Ko, "An Energy-efficient MAC protocol for Delay-Sensitive Wireless Sensor Networks," *in Springer USN*, Aug. 2006.

[52] IEEE 802.15 Working Group for WPAN, http://www.ieee802.org/15/

[53] ZigBee Alliance, http://www.zigbee.org/

[54] J. Zheng and M. J. Lee, "A Comprehensive Performance Study of IEEE 802.15.4." *in IEEE Press*, 2004.

[55] The CMU Monarch Project's Wireless and Mobility Extensions to NS.

[56] I. Ramachandran, A. K. Das and S. Roy, "Analysis of the Contention Access Period of IEEE 802.15.4 MAC," *in UWEE Technical Report*, Feb. 2006.

[57] I. Rhee, A. Warrier, M. Aia and J. Min, "ZMAC: a Hybrid MAC for Wireless Sensor Networks," *in ACM SenSys*, Nov. 2005.

[58] M. Buettner, G. Yee, E. Anderson, R. Han, "X-MAC: A Short Preamble MAC Protocol For Duty-CycledWireless Sensor Networks," *in ACM SenSys*, Nov. 2006.

[59] W. Ye and J. Heidemann, "Ultra-Low Duty Cycle MAC with Scheduled Channel Polling," *in ACM SenSys*, Nov. 2006.

[60] Yu He and C. S. Raghavendra, "XVR: X Visiting-pattern Routing for Sensor Networks," *in IEEE INFOCOM*, 2005.

2

ZigbeX 소개

2.1 ZigbeX 패키지

USN이란 필요한 모든 것에 전자태그와 센서 노드를 부착하고 이를 통하여 기본적인 사물의 인식정보는 물론, 주변의 환경정보(온도, 습도, 오염정보, 균열정보 등)까지 탐지하여 이를 무선 네트워크를 통해 실시간으로 관리하는 기술이라 할 수 있다. 한백전자에서 개발된 ZigbeX는 RFID 리더뿐만 아니라 다양한 환경을 감지하고 이를 관리할 수 있는 센서 노드들을 하나의 패키지로 만들어 실습할 수 있도록 구성한 장비이다.

2.1.1 ZigbeX 모트

ZigbeX 모트는 마이크로컨트롤러(ATmega128L), 무선통신 칩(CC2420), 센서, 안테나 등으로 구성되어 있으며, 프로그래밍과 Host PC와의 통신을 위한 인터페이스를 포함한다. ZigbeX 모트는 센서 네트워크를 구성하기 위한 가장 기본적인 모듈로 옵션 센서 보드를 부착해서 다양한 센싱 정보를 얻을 수 있다. 다음은 ZigbeX 모트의 주요 컴포넌트에 대한 설명이다.

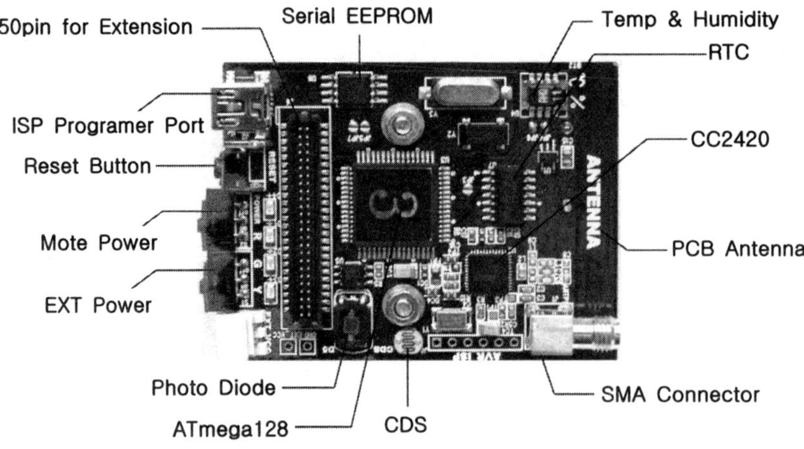

그림 2-1 ▮ ZigbeX 2.0 Version의 부품 배치도

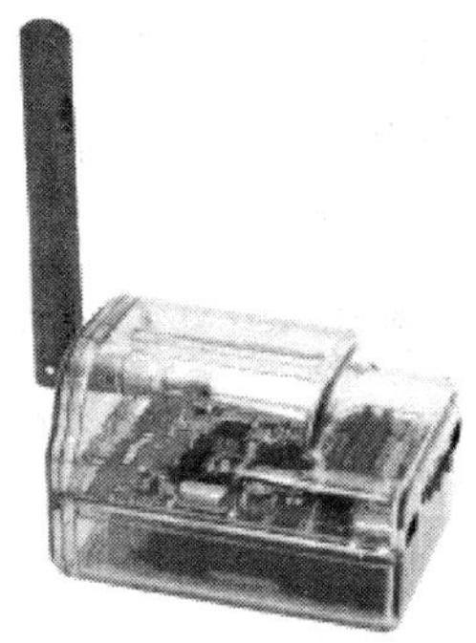

그림 2-2 ▮ 케이스에 담긴 ZigbeX 2.0 Version

1) ATmega128L

ATmega128L은 Atmel 사의 8-bit 마이크로컨트롤러로 센서 네트워크 분야에서 널리 사용되는 CPU 중에 하나이다. 128Kb의 플래시 메모리, 4Kb의 SRAM, 8채널의 10bit ADC를 가지고 있으며, 전력 소모를 줄이기 위해서 여섯 개의 sleep mode를 지원한다. (Idle, ADC Noise Reduction, Power Down, Power save, Standby, Extended Standby)

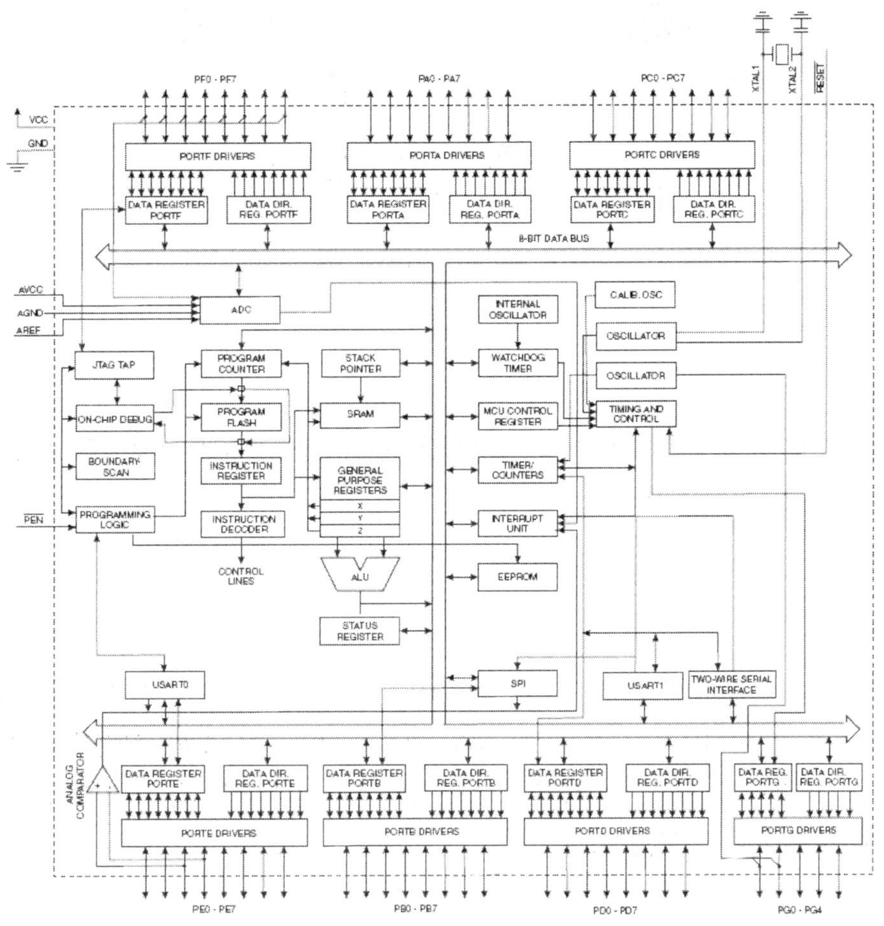

그림 2-3 ┃ ATmega 128핀 다이어그램

2) CC242o

TI(예전에는 Chipcon) 사의 IEEE 802.15.4 표준을 지원하는 RF 송수신 칩으로서 저 전력으로 통신을 할 수 있다. IEEE 802.15.4의 세 개의 주파수 대역(868MHz, 916MHz, 2.4GHz) 중에서 2.4GHz 대역을 사용하며 250kbps의 전송 속도를 가진다.

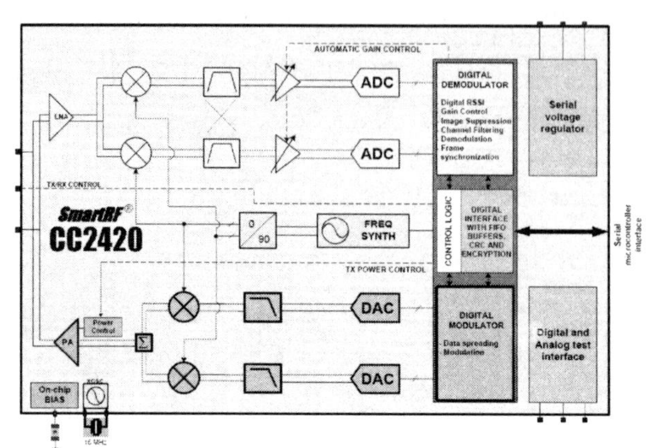

그림 2-4 ▮ CC2420의 구조

3) 안테나

기본적으로 2.4GHz용 PCB 안테나를 사용하며, 선택적으로 SMA 커넥터를 이용해서 별도의 안테나를 쓸 수도 있다.

4) 센서

센서는 온/습도 센서와 빛 감지 센서가 있어서 온도, 습도, 조도를 감지할 수 있다. 센서들은 센서가 지원하는 인터페이스에 따라 ADC나 I^2C로 CPU와 연결된다. ADC 인터페이스에 연결되어 있는 센서들은 감지하는 정도에 따라 출력 전압을 변화시켜 ADC 기능을 통해 디지털화된다.

5) 기타 인터페이스

기타 인터페이스로 마이크로컨트롤러 내부의 플래시 메모리를 프로그래밍을 하기 위한 USB 인터페이스, 외부 메모리 그리고 옵션 센서 보드를 장착하기 위한 인터페이스 등이 있다.

표 2-1 ▌플랫폼 요약

MCU	Device	Type	Flash Memory(Kb)	SRAM(Kb)
	ATmega128L	7.3728Mhz	128	4
RF Transceiver	Device	Radio Frequency (MHz)	Max. Data Rate (kbits/sec)	Antenna
	CC2420	2400	250	PCB Antenna (Default) SMA (Alternative)
Flash memory	Device	Connection	Size (kB)	
	AT45DB041B	SPI	512	
Power	Type	Capacity (mA-hr)	3.3Vbooster	External power
	AAx2	1000~2300	Default	Ext. Connector
Sensor	Humidity and Temperature	SHT11		
	Light	CdS		
	Photo Diode	BS-520		
LED	Green LED	Indicate LED		
	RED LED	Indicate LED		
	Yellow LED	Indicate LED		

2.2 ZigbeX 모트 세트 이외의 옵션 장비들

2.2.1 ZigbeX 서버(HBE-EMPOS II)

ZigbeX는 인터페이스 모듈(Interface Module)을 이용하여 임베디드 시스템(Embedded System)과 연동 가능하며, EMPOS2를 사용할 경우 센서 네트워크와 일반 네트워크의 연동 실험이나 PDA 응용 개발 등을 할 수 있다. 그림 2-5는 EMPOS와 ZigbeX의 연동 구성 예를 나타낸다. EMPOS에 관한 스펙은 표 2-2에 설명되어 있다. (자세한 내용은 www.hanback.co.kr을 참조)

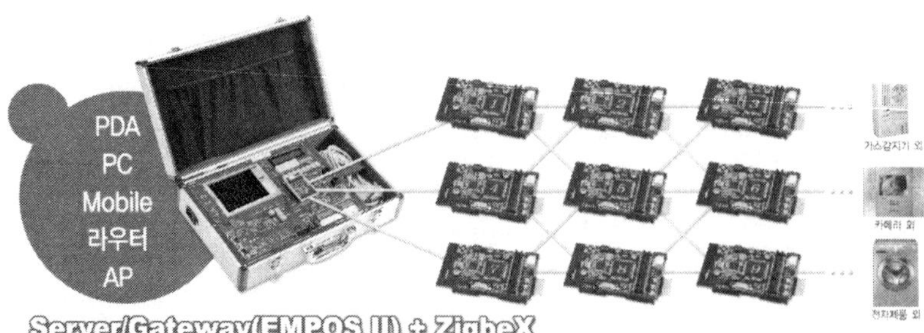

그림 2-5 ▮ EMPOS와 ZigbeX 연동

표 2-2 ▮ ZigbeX 서버(HBE-EMPOS II) 구성

항목	사양
CPU	Intel XScale PXA-255 (400MHz)
Memory	FLASH 32Mbyte (32bits Access)
	Intel Strata Flash (64MByte 확장 가능)
	SDRAM 128Mbyte (32bits Access)
	SRAM 1Mbyte (32Bits Access)
Display	TFT Graphic LCD (6.4inch,16bit Color, 640×480)
	Touch Pad (6.4inch, over 1000×1000)
	2Lines×20Character Text LCD (Back Light)
Ethernet	10/100Mbps Ethernet (SMSC LAN91C111)
Serial	Full Function UART 1 Slot Bluetooth UART 1 Slot
Audio	Cirrus CS4202
USB	Slave (PC Connectivity)
LED	Four 7-Segment LED Eight LED
Switch	8 Bits Push Button Switch
PCMCIA	1 Slot
CF	1 Slot
MMC/SD	1 Slot
RTC	Epson RTC4513 Real Time Clock Module
IrDA	HDSL3600
12C	I2C EEPROMI2C Bus Connector
기타	- 전원(AC 85~264V Free Voltage Input) - 케이블(Power, Parallel, Serial, Ethernet, USB) - JTAG Download 케이블-Touch Screen 입력 툴(Stylus Pen) - 소프트웨어, 매뉴얼 CD

다음 모듈들은 ZigbeX 모트와 연결되어 사용될 수 있는 옵션 센서들이다.

표 2-3 ▌옵션 센서 모듈 구성

BD Name	구성	
혈압 센서 모듈	맥박 측정	
BlueTooth 모듈	USN 장비에서 BlueTooth 통신	
C328 카메라 모듈	USN 장비에서 캡쳐된 이미지 전송	
CO_2 모듈	대기 중에 CO_2 측정	
Compass 모듈	나침반 정보 측정	
GPS 모듈	GPS 정보 측정	
Home 모듈	움직임 측정, 자기 스위치 제공	
Motion3X	X/Y/Z 측의 기울기 측정	
Motor Control 모듈	모터 제어	
Relay 모듈	전원 스위치 제어	
Text LCD 모듈	문제를 LCD에 출력	
UltraSonic 모듈	USN 모트간에 거리 측정	
Weather 모듈	기압, 온도, 빛, X/Y 기울기 측정	

2.2 장비의 데모 프로그램 확인

실습에 들어가기 앞서, 구입한 ZigbeX의 동작 여부를 테스트하기 위해 모트에 이미 다운로드된 Hanback_TestTree 예제를 실행해 보도록 하겠다. 처음 판매된 모든 한백전자의 센서 노드들은 기본적으로 TinyOS의 Hanback_TestTree 프로그램이 설치되어 있다. 패키지 안에 수록된 데모 시디의 program\Sensor Network Topology-Viewer 폴더 안에는 센서 노드 안에 설치된 Hanback_TestTree 데모 프로그램들의 동작 상태를 체크할 수 있는 윈도우용 실행 파일이 존재한다.

Hanback_TestTree 프로그램이란, 각 센서 노드가 서로 협업하여 Tree 구조의 무선 네트워크를 형성한 후 일정 시간마다 측정한 조도, 온도, 습도, 적외선 센싱 정보를 무선 통신을 통해 노드 0번에게 전달하는 프로그램이다. 노드 0번은 다른 노드로부터 받은 센싱 정보를 시리얼 통신을 통해 사용자 PC에게 전달하고, PC는 앞에서 언급한 윈도 우용 실행 파일을 통해 센서의 동작 상태를 사용자에게 보여준다. 먼저 데모 시디의 program\Sensor Network Topology-Viewer 폴더를 바탕화면으로 복사한다.
Sensor Network Topology-Viewer 폴더 안의 구성 요소들은 다음과 같다.

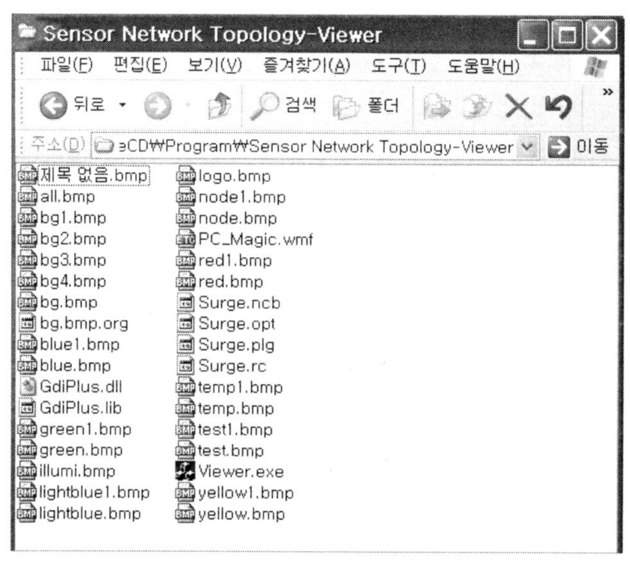

그림 2-6 ▌ Sensor Network Topology-Viewer 폴더의 내용

Sensor Network Topology-Viewer 폴더 안에 있는 요소들은 센서 노드 0번으로부터 들어오는 데이터를 시리얼 통신을 통해 전달받아 그 내용을 분석하고 결과를 보여주는 윈도우용 애플리케이션이다. Viewer.exe 파일을 클릭하면 다음과 같은 그림을 확인할 수 있다.

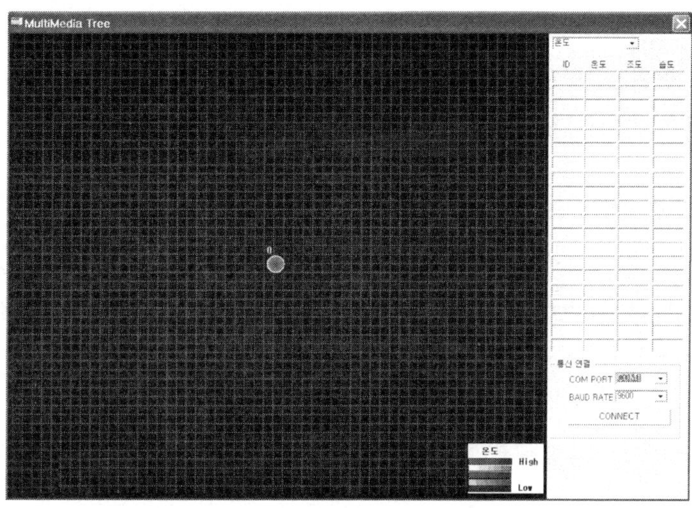

그림 2-7 ▌Viewer.exe의 실행 결과

먼저 Viewer.exe를 동작시키기 전에 모트 0번 노드를 USB 케이블 이용하여 PC에 연결한다.

1) 시리얼 동글을 사용할 경우(구버전 모트)

시리얼 동글을 사용할 경우에는 ZigbeX 모트 0번 노드를 시리얼 케이블과 시리얼 동글을 통해 PC와 연결한 후 전원을 On시킨다. 이때, COM 포트는 항상 1이 된다.

2) AVR-USB-ISP 모듈을 사용하는 경우(신버전 모트)

ZigbeX 장비에 USB-ISP(혹은 AVR-ISP) 모듈이 있다면 USB-ISP를 ZigbeX와 연결한 후 USB 케이블을 사용하여 PC와 연결한다. 이때, USB-ISP의 스위치는 모두 UART쪽으로 향하도록 해야 한다.

AVR-USB-ISP(혹은 AVR-ISP) 모듈을 USB 케이블을 통해 PC와 연결하면, USB 장치 드라이버를 설정하는 요청 창이 뜰 것이다. AVR-USP-ISP 모듈용 USB 드라이버는 설치 CD의 USB_ISP\CDM2.00.00.zip(혹은 Program\USB_driver\Ubimsp_XP_2000 폴더) 압축 파일 형태로 들어 있다. (만약 자신의 PC가 윈도우 98이나 ME일 경우 Ubimsp_98_ME 폴더에 있음.) 폴더에 들어 있는 압축 파일을 자신의 PC에 복사하여 압축을 풀어 놓는 다. 압축을 푼 곳의 경로를 찾아 요청 창에서 요구하는 파일들을 입력해 주면 AVR-USB-ISP 모듈용 USB 드라이버가 사용자 PC에 설치된다.

이제 설치된 USB 드라이버가 등록된 serial port 번호를 찾아보도록 하겠다. 제어판 → 시스템 → 하드웨어의 장치관리자 → 포트(COM및LPT)에 들어가면 'USB Serial Port (COM'숫자')'를 확인할 수 있고, 여기서 나타나는 '숫자'가 현재 설정된 USB의 serial port 번호로 나타낸다.

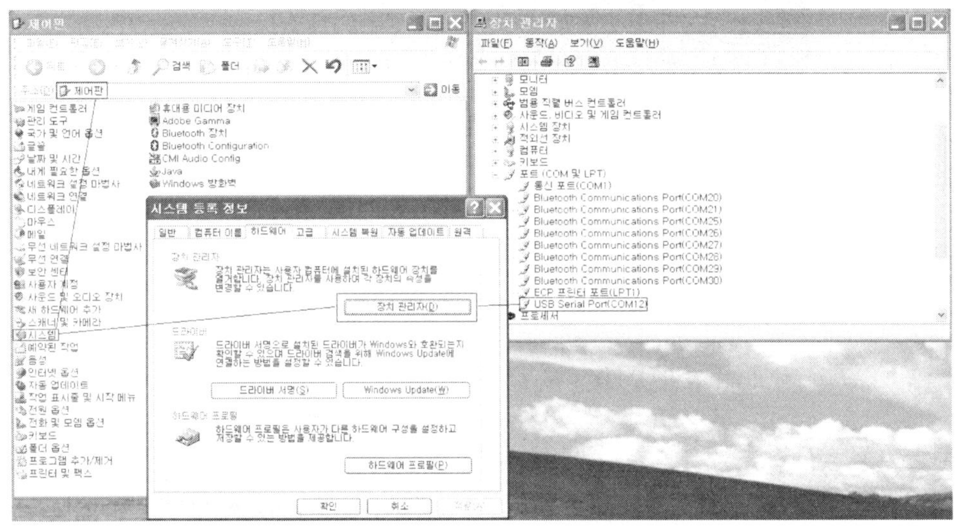

그림 2-8 ▮ USB Serial Port(COM'숫자')를 통해 USB의 serial 포트 확인

위에서 알게 된 시리얼 번호를 이용하여 Viewer.exe의 COM PORT 숫자를 설정한다. ZigbeX에서 시리얼 동글을 통해 연결될 경우에는 기본 포트인 COM1이 된다. 그리고 BAUD RATE를 57600으로 변경한 후 CONNECT 버튼을 클릭하면, 연결된 0번 모트 로부터 시리얼 데이터를 받을 준비를 마치게 된 것이다.

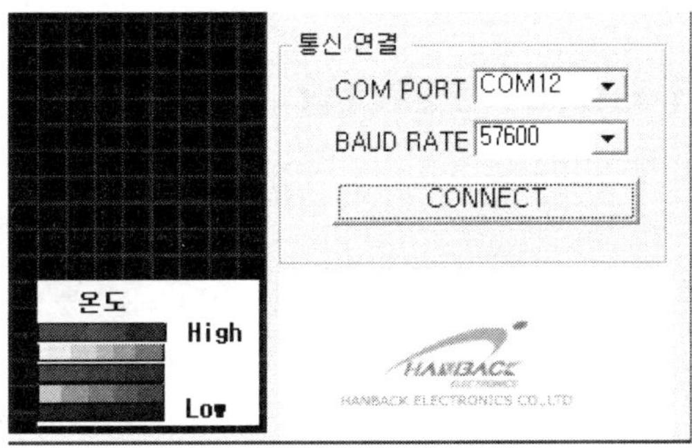

그림 2-9 ▌Viewer.exe에서 COM PORT와 BAUD RATE 변경

이제 다른 노드들의 전원을 On하면 어느 정도 시간이 지난 후에 각 센서 노드들의 존재가 화면에 출력된다. 만약 그림 2-10과 같은 형태의 화면이 보여진다면 각 센서 장비는 이상 없이 동작하는 것이다.

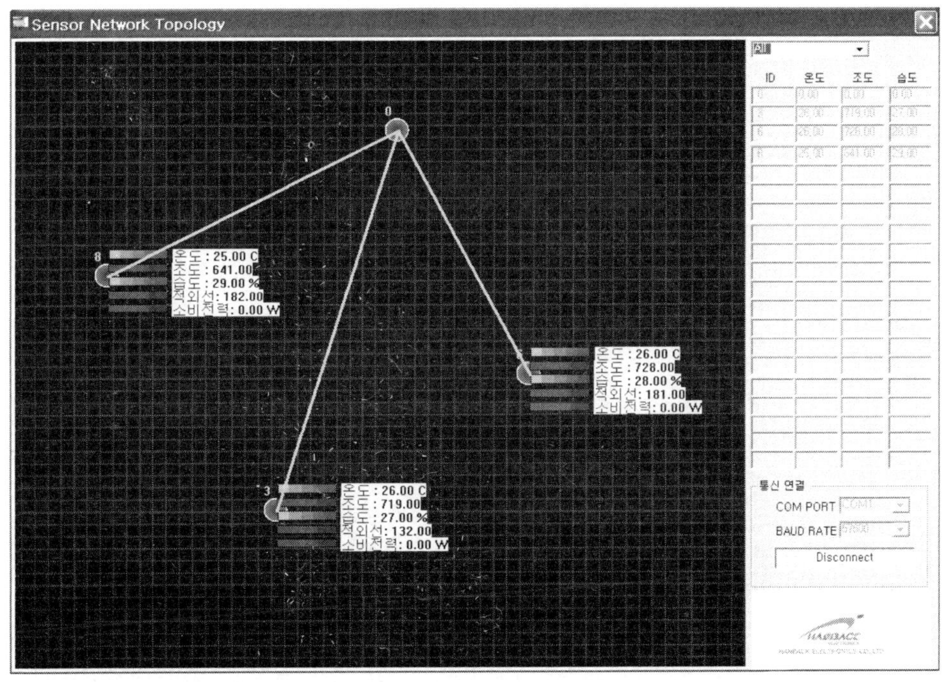

그림 2-10 ▌한백전자 Sensor Network Topology-Viewer의 실행 결과

2.3 Hanback_TestTree 프로그램 분석

현재 ZigbeX 모트에서 실행되고 있는 Hanback_TestTree 프로그램은 무선으로 노드 간에 네트워크를 구성하며, 동시에 Tree 구조의 멀티 홉 통신이 가능하다. 모트에 올라가는 Hanback_TestTree 프로그램은 TinyOS 상에서 NesC 언어로 구현되어 있으며, 센싱 및 무선통신과 관련하여 다양한 컴포넌트로 구성된다. Hanback_TestTree 프로그램의 보다 자세한 분석은 실습 15장에서 다루도록 하겠다.

개발자 환경 설치 및 다운로드

3.1   TinyOS 2.X 설치 전 주의 사항

TinyOS 2.x는 상위 버전의 NCC 컴파일러를 사용하기 때문에 기존의 TinyOS 1.x 코드 및 Cygwin 프로그램을 삭제한 후 새로 설치해야 한다. TinyOS 1.x 및 Cygwin을 삭제 하는 방법은 다음과 같다. (순서를 꼭 지키길 바란다.)

❖ 한백전자에서 제공되는 CD를 통해 TinyOS 1.x를 설치한 경우

1. "제어판 → 프로그램 추가/제거"에서 "TinyOS" 프로그램 제거

2. 윈도우 "시작 → 실행" 창에서 "regedit" 실행 후,

   - HKEY_CURRENT_USER → Software → Cygnus Solutions 폴더 삭제
   - HKEY_LOCAL_MACHINE → SOFTWARE → Cygnus Solutions 폴더 삭제

3. Cygwin이 설치된 폴더 전체 삭제

❖ Cygwin setup 및 rpm을 통해 TinyOS 1.x를 설치한 경우

1. 윈도우 "시작 → 실행" 창에서 "regedit" 실행 후,

   - HKEY_CURRENT_USER → Software → Cygnus Solutions 폴더 삭제
   - HKEY_LOCAL_MACHINE → SOFTWARE → Cygnus Solutions 폴더 삭제

2. Cygwin이 설치된 폴더 전체 삭제

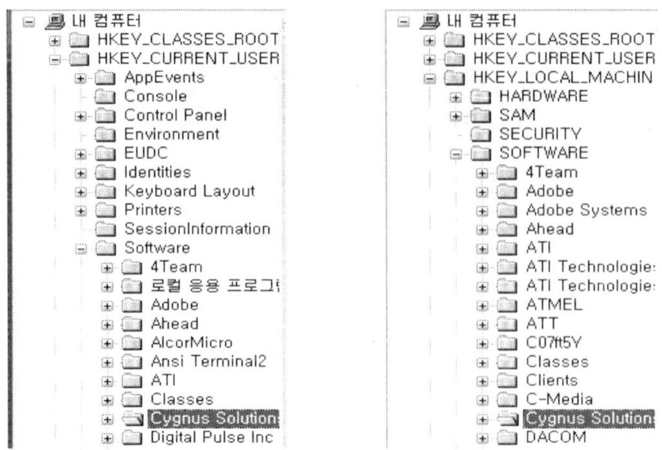

그림 3-1 ▌ TinyOS 1.X 삭제를 위해 지워야 하는 레지스터들

3.2 Cygwin 설치하기

센서 노드를 위해 사용되는 운영체제인 TinyOS는 리눅스 환경에서 동작되도록 만들어졌다. 하지만 본 교재에서는 사용자의 편리를 위하여, 윈도우 상에서 리눅스 플랫폼을 에뮬레이션할 수 있는 Cygwin을 통해 TinyOS를 동작시키도록 하겠다.

3.2.1 Cygwin이란?

Cygwin이란, 현재 Redhat에서 지속적으로 버전업을 하고 있는 Microsoft Windows용 리눅스 에뮬레이션이다. 이 프로그램을 이용하면 리눅스용 애플리케이션이나 개발도구를 Windows 상에서도 그대로 사용할 수 있어, 윈도우 프로그램에 익숙한 사용자들에게 보다 편리한 개발환경을 제공한다. 한백전자에서 제공하는 TinyOS2X 설치 CD의 cygwin-1.2a\cygwin-installationfiles 폴더 안에서 setup.exe 파일을 찾아 실행한다. 만약 CD를 가지고 있지 않다면, tinyOS 홈페이지에서 cygwin-1.2a.tgz를 다운로드하여 윈도우에서 압축을 푼다. 현재까지는 다음 홈페이지 주소에서 바로 다운로드가 가능하다. (http://www.tinyos.net/dist-1.2.0/tools/windows/cygwin-1.2a.tgz)

설치 전 Cygwin의 안정적인 동작을 위해서 윈도우 로그인 아이디는 공백 없는 영문자로 바꾸어야 한다.

Setup.exe 파일을 클릭하면 다음과 같은 화면이 나타난다. 다음을 클릭한다.

그림 3-2 ▌Cygwin 설치

다음으로 설치 방법을 선택하는 부분인데, 한백전자 TinyOS2X CD나 cygwin-1.2a.tgz 파일을 이용하는 사람은 마지막 Install from Local Directory를 선택한 후 다음을 클릭한다.

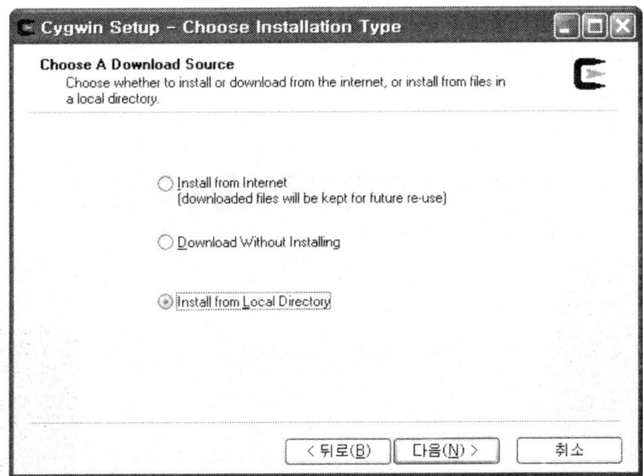

그림 3-3 ▌Cygwin 원본 코드 위치 설정

다음은 Cygwin이 설치될 디렉터리를 설정하는 부분이다. 원하는 경로를 선택한다.

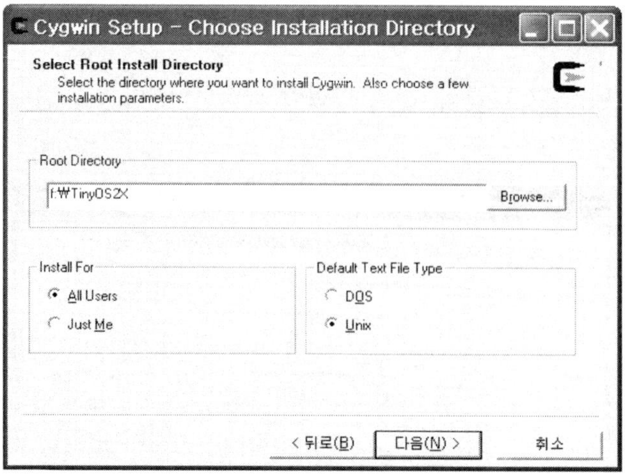

그림 3-4 ▎Cygwin 설치 장소 설정

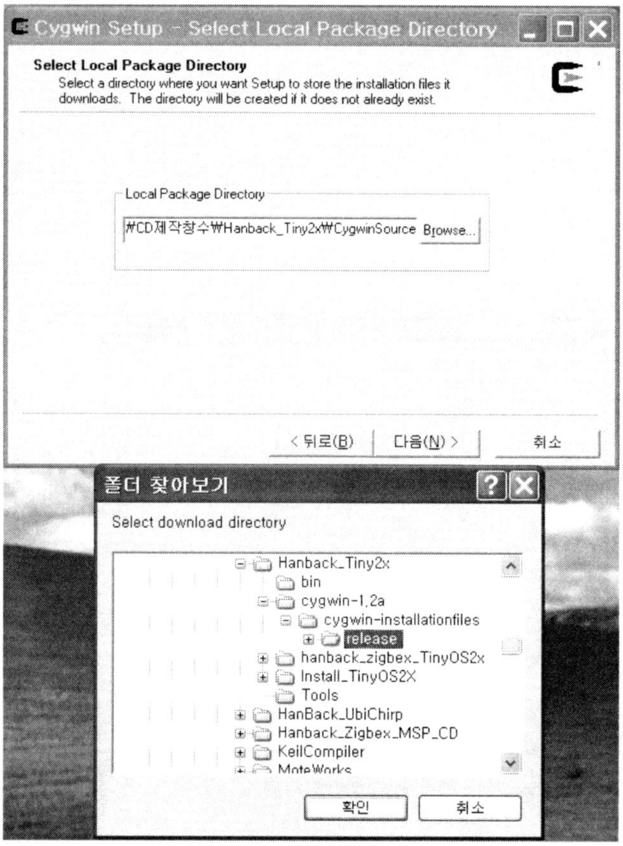

그림 3-5 ▎다운로드된 Cygwin 원본 파일 경로 설정

다음으로 Cygwin의 설치 파일들이 어디에 위치하는지 설정하는 단계이다. 한백전자 TinyOS2X CD나 cygwin-1.2a.tgz 파일을 이용하는 유저는 cygwin 폴더 밑에 있는 release 혹은 Cygwin-installationfiles/release 폴더를 선택하면 된다.

다음으로 설치할 Packages를 선택하는 부분이다. 다음 그림과 같이 Default로 하여 다음 버튼을 클릭한다.

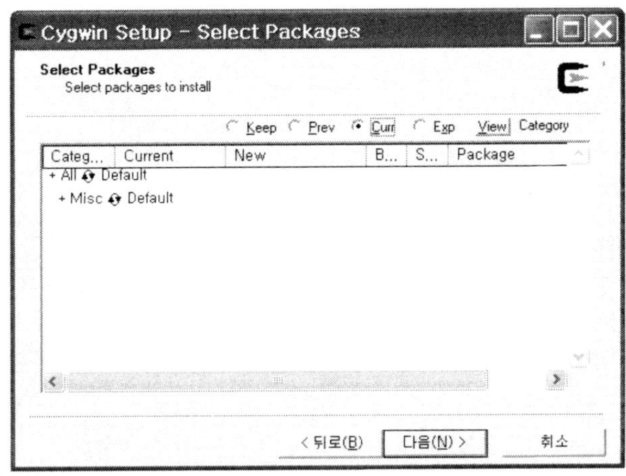

그림 3-6 ▮ 설치할 패키지 선택

Cygwin의 설치가 끝나면 다음과 같은 화면이 나온다. 두 개의 check box를 클릭한 후 마침 버튼을 누르면 바탕화면 Cygwin 바로가기 아이콘을 확인할 수 있다.

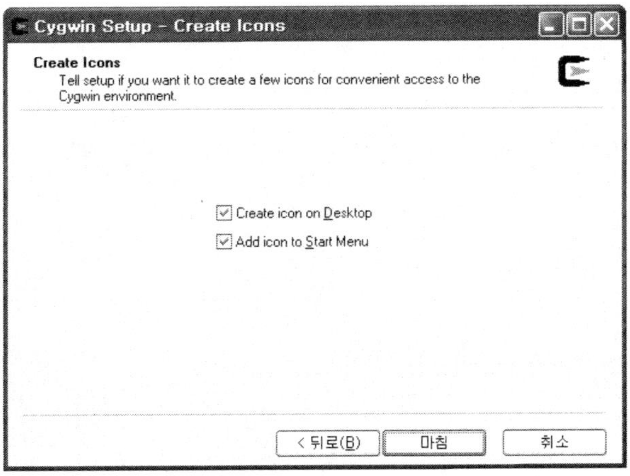

그림 3-7 ▮ 설치가 완료된 화면

3.3 TinyOS2X 및 ZigbeX 프로그램 설치하기

Cygwin을 성공적으로 설치하였다면 다음으로 Cygwin 위에 TinyOS2X를 설치하여야 한다. 한백전자 TinyOS2X 설치 CD의 Install_TinyOS2X 폴더에 있는 Install_TinyOS2X.sh 파일과 Install_TinyOS2X.zip 파일을 Cygwin이 설치된 폴더의 /opt 폴더에 복사한다.

바탕화면에 있는 Cygwin 바로가기를 실행한다. Cygwin을 처음 실행했을 경우, 다음과 같은 화면이 보인다면 성공적으로 설치한 것이다.

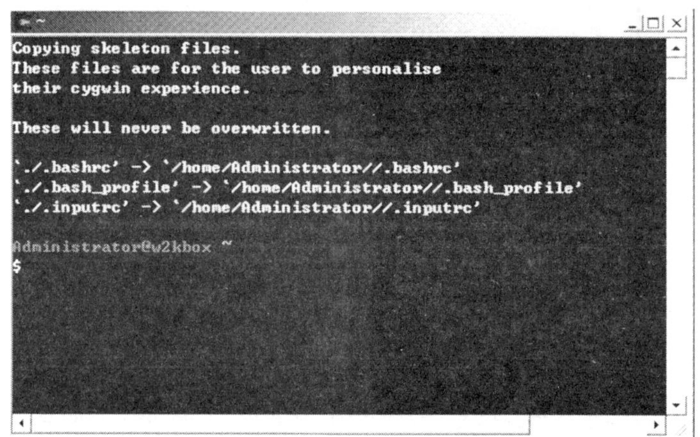

그림 3-8 ▌ 처음 Cygwin을 실행했을 때의 화면

설치 CD의 Install_TinyOS2X 폴더에 있는 Install_TinyOS2X.sh 파일과 Install_TinyOS2X.zip 파일을 Cygwin이 설치된 폴더의 /opt 폴더(opt 폴더가 없을 경우 새로 폴더를 생성해야 함)에 복사한다. 그리고 Cygwin을 실행시켜 opt 폴더로 이동한 후 Install_TinyOS2X.sh 파일을 실행한다.

이동 명령: cd /opt
실행 명령: ./Install_TinyOS2X.sh

컴퓨터 성능에 따라 다르지만 3~5분 정도의 시간이 지나면 TinyOS 2.X 및 ZigbeX 프로그램의 설치가 완료된다.

Install_TinyOS2X 프로그램 설치를 끝낸 유저는 Cygwin을 종료한 후, 한백전자 TinyOS2X 설치 CD 의 bin 폴더에 있는 5가지 파일을 Cygwin이 설치된 폴더의 /bin 폴더에 복사(덮어쓰기)해야 한다. cygwin-1.2a.tgz 파일의 cygwin1.dll 버전이 낮을 수도 있기 때문에 버전에 맞는 dll 파일들을 따로 bin 폴더에 모아두었다. 한 가지 주의할 점은 /bin 폴더에 복사할 때, 꼭 실행 중의 Cygwin 창을 모 두 닫고 복사해야 한다는 점이다.

/bin 폴더에 복사를 마친 후 다시 Cygwin을 실행하여 다음 폴더에 들어가면 zigbeX와 관련된 22가지의 예제들을 확인할 수 있다.

```
/opt/tinyos-2.x/contrib/zigbex
```

각 예제 폴더에 들어가 1.x 버전과 마찬가지로 "make zigbex"와 "make zigbex reinstall. 숫자" 명령을 통해 쉽게 컴파일 및 아이디를 설정할 수 있다.

3.4　이미 TinyOS2X가 설치된 PC에서 ZigbeX 프로그램 설치하기

이미 TinyOS2X가 설치된 PC에서는 ZigbeX 프로그램만 설치하면 된다. TinyOS2X 설 치 CD의 hanback_zigbex_TinyOS2x 폴더에 있는 hanback_zigbex_TinyOS2x.zip 파일과 hanback_zigbex_TinyOS2x.sh 파일을 /opt 폴더 아래에 복사한다.

Cygwin을 실행하여 방금 복사한 파일이 있는 /opt 폴더로 이동한 후 다음 명령을 실행한다.

이동 명령: cd /opt
실행 명령: ./hanback_zigbex_TinyOS2x.sh

컴퓨터 성능에 따라 다르지만 1~2분 정도의 시간이 지나면 ZigbeX 프로그램의 설치가 완료된다.

주 / 의 / 사 / 항　(설치 CD에 bin 폴더가 없다면 이미 업제이트된 버전 CD이다.)

TinyOS2X 및 ZigbeX 프로그램 설치를 끝낸 유저는 Cygwin을 종료한 후, 한백전자 TinyOS2X 설치 CD의 bin 폴더에 있는 5가지 파일을 Cygwin이 설치된 폴더의 /bin 폴더에 복사(덮어쓰기)해야 한다. cygwin-1.2a.tgz 파일의 cygwin1.dll 버전이 낮을 수도 있기 때문에 버전에 맞는 dll 파일들을 따로 bin 폴더에 모아두었다. 한가지 주의할 점은 /bin 폴더에 복사할 때, 꼭 실행 중의 Cygwin 창을 모두 닫고 복사해야 한다는 점이다.

/bin 폴더에 복사를 마친 후 다시 Cygwin을 실행하여 다음 폴더에 들어가면 zigbex와 관련된 22가지의 예제들을 확인할 수 있다.

```
/opt/tinyos-2.x/contrib/zigbex
```

각 예제 폴더에 들어가 1.x 버전과 마찬가지로 "make zigbex"와 "make zigbex reinstall. 숫자" 명령을 통해 쉽게 컴파일 및 아이디를 설정할 수 있다.

3.5　Graphviz 설치하기

TinyOS2X의 예제 중 그래픽 기반 자바 애플리케이션을 실행하기 위해 graphviz 프로그램을 설치하여야 한다. TinyOS2X 설치 CD의 Tools 폴더에 있는 graphviz-2.12 파일을 실행하면 간단히 설치할 수 있다.

3.6　설치 프로그램 목록 및 구조

제공된 CD를 통하여 설치된 프로그램 목록은 다음과 같다.

TinyOS

설치 목록	내용
TinyOS Tools	TinyOS 2.0.0
NesC 1.2.8a	TinyOS의 컴포넌트 기반의 구조적인 개념들과 실행 모델 구현을 위한 C 언어 확장 프로그래밍 언어
Cygwin	윈도우 기반 리눅스 환경

Support Tools

설치 목록	내용
Java 1.5 JDK	호스트 PC에서 JAVA를 이용한 시리얼통신 기능 제공
Java COMM2.0	호스트 PC에서 JAVA를 이용한 시리얼통신 기능 제공
Graphviz	'make docs'에 의해 만들어지는 파일을 보여주는 기능 제공

AVR Tools

설치 목록	내용
avr-binutils	어셈블러, 로더, 링커, 바이너리 파일 모음
avr-libc	크로스 컴파일 구축을 위한 라이브러리
avr-gcc	크로스 컴파일용 컴파일러
avi-insight	GDB를 위한 사용자 인터페이스 패키지

TinyOS2.X가 설치된 디렉터리

디렉터리	내용
apps	TinyOS용 기본 프로그램 폴더
contrib	ZigbeX를 위한 예제 폴더
support	컴파일, 자바 프로그램들
tos	다양한 TinyOS 컴포넌트와 TinyOS 인터페이스, 라이브러리 등이 포함된 폴더

\# tos 디렉터리

디렉터리	내용
chips	다양한 하드웨어 칩들의 lib 모음
interface	컴포넌트의 인터페이스들이 위치
lib	TinyOS 라이브러리, TinyDB, Route
platform	ZigbeX를 포함한 다양한 플랫폼이 존재
sensorboards	다양한 센서 보드들의 드라이버 존재
system	센서 보드 시스템의 드라이버

3.7 ZigbeX를 위한 다운로드 프로그램 설치

앞에서 설치된 Cygwin을 통해 TinyOS 사용자는 원하는 USN 애플리케이션을 Windows 운영체제에서 컴파일할 수 있다. Cygwin 프로그램을 실행시켜 TinyOS2.x/contrib 폴더에 들어가면 무선 센서 네트워크를 위한 다양한 프로그램들을 확인할 수 있다. Cygwin 환경에서 센서 노드를 위한 프로그램을 크로스 컴파일한 후, 컴파일된 결과를 실제 센서 노드에 포팅(다운로드)하기 위해서는 특별한 프로그램이 필요하다. 패러럴 케이블(구형 ZigbeX 제품)을 이용한 다운로드와 USB-ISP 보드(최신 ZigbeX 제품)를 사용한 다운로드가 가능한데, 이 두 가지 경우를 나누어서 설명하도록 하겠다.

3.7.1 패러럴 포트를 이용한 다운로드

예전에 ZigbeX를 구매한 사용자는 컴파일된 hex 파일을 실제 센서 노드에 포팅(다운로드)하기 위해서 패러럴 포트(프린트 포트)를 이용하는 ISP 프로그램이 필요하다. CD의 Program/ISP 폴더에 있는 setup.exe를 실행하면 PonyProg라는 프로그램이 설치된다. 이 프로그램은 avr의 ISP 기능을 이용하여 선택한 프로그램을 실제 센서 노드에 넣을 수 있도록 도와준다.

1) PonyProg 기초

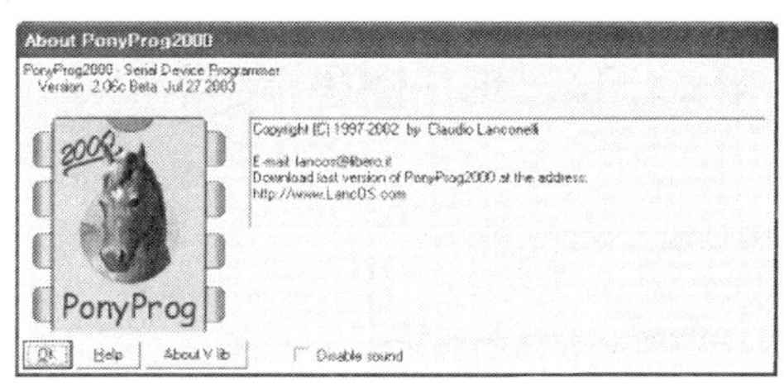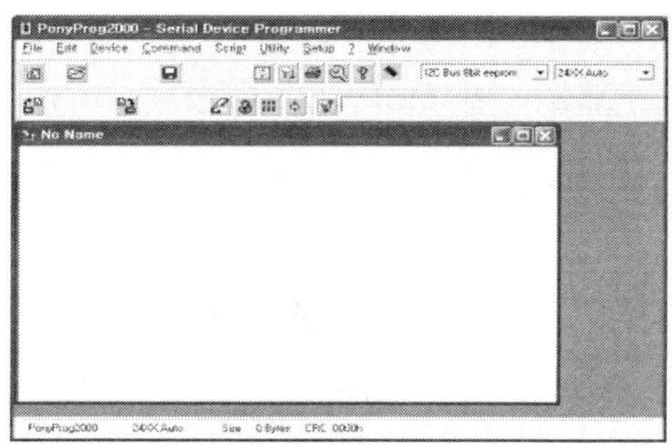

그림 3-9 ▌설치 CD를 이용한 프로그래머 설치   그림 3-10 ▌PonyProg2000의 설치

위의 PonyProg 프로그램은 www.lancos.com에서도 다운로드받을 수 있다.

2) ISP 프로그래머를 이용한 프로그래밍

예전 ZigbeX는 개발자의 편의를 위해 PonyProg2000을 사용하여 TinyOS에서 작성한 실제 애플리케이션을 센서 노드로 다운로드하는 방법을 제공하였다. 또한, 센서 노드의 테스트나 자바 애플리케이션들과의 연동을 위해 ZigbeX 센서 자체적으로 PC와의 시리얼 통신 기능도 제공하였다.

먼저 ISP 프로그래머를 사용하여 애플리케이션을 센서 노드에 다운로드하는 방법에 대해 알아보자. 프로그램하고자 하는 ZigbeX 노드에 병렬 케이블과 ISP 동글(프린트 젠다)을 다음 그림처럼 연결한다. 그리고 프린트 케이블의 반대 포트는 TinyOS가 설치된 PC에 연결한다.

그림 3-11 ▌ISP 동글 연결

바탕화면이나 시작 프로그램에서 방금 전 설치한 PonyProg2000 프로그램을 시작한다.

다운로드하기 전, 먼저 PonyProg2000에서 ZigbeX 하드웨어에 맞는 환경 설정을 해야 한다. 메뉴의 Device에서 AVR을 선택하고 그 안에서 다시 ATmega128을 선택한다. 다음 그림을 참고하여 설정 사항을 선택한다. 그리고 Setup의 Interface Setup을 선택하여 I/O port 설정을 Paralel로 클릭한 후, Avr ISP I/O, LPT1으로 선택하고 나서 OK 버튼을 누른다.

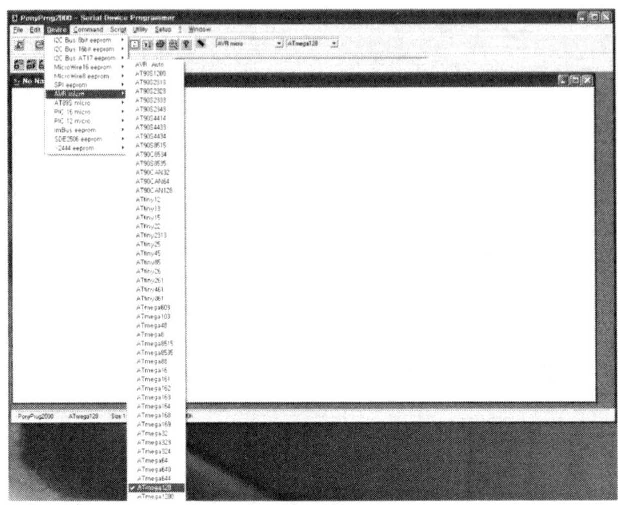

그림 3-12 ▌Device에서 AVR ATmega 128 선택

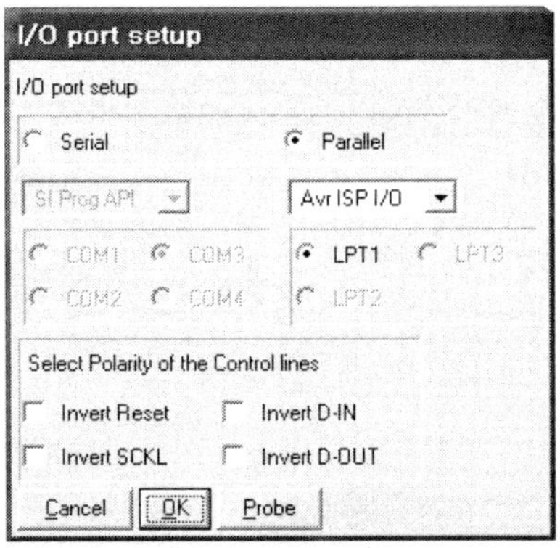

그림 3-13 ▌interface setup에서 프로그램 환경의 설정

만약 ZigbeX와의 연결 상태를 확인하고 싶다면, I/O port setup 창에서 Probe 버튼을 눌러서 ZigbeX와의 연결이 되는지 확인한다. 이때, ZigbeX는 프린트 케이블과 ISP 동글에 의해 이미 PC와 연결된 상태여야 하며, 전원은 켜진 상태여야 한다. 전원을 켜기 위해서는 다음 그림에 있는 스위치를 옆으로 밀면 된다.

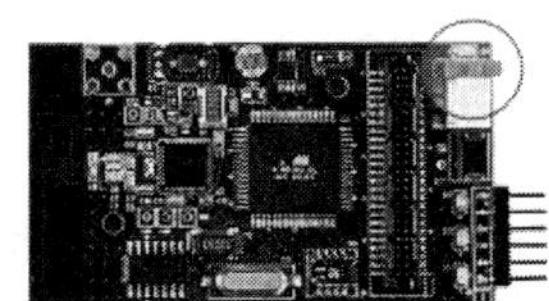

그림 3-14 ▌ ZigbeX의 전원 버튼

만약 Probe에서 실패 시에는 프린터 포트의 설정을 ECP 또는 ECP+EPP모드로 변경한다(PC가 재부팅을 요구할 수도 있다).

다시 Setup 메뉴에서 Calibration을 누른다.

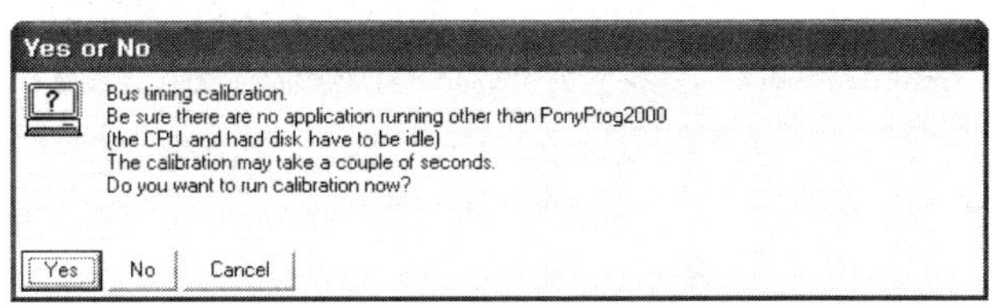

그림 3-15 ▌ Calibration 수행

여기서 Yes를 누른다. 이제 환경 설정이 끝났다.

3) ISP 프로그래머를 이용한 ZigbeX 예제 애플리케이션 다운로드

이제 NesC로 작성한 예제 프로그램을 TinyOS에서 크로스 컴파일 후, ZigbeX 센서 노드로 다운로드하는 과정에 대해 알아보겠다.

먼저 앞에서 설치한 리눅스 에뮬레이터인 cygwin을 바탕화면 아이콘을 클릭하여 시작한다. TinyOS에 설치되어 있는 ZigbeX 예제 폴더로 이동하기 위해 다음과 같이 명령어를 입력한다.

```
cd /opt/tinyos-2.x/contrib/zigbex/BlinkTimer
```

이번 절에서 사용할 예제 프로그램은 1초마다 센서 노드에 장착되어 있는 LED를 깜박이게 하는 BlinkTimer 예제이다. BlinkTimer 예제가 구현되어 있는 폴더로 다음과 같은 명령을 입력하여 이동한다.

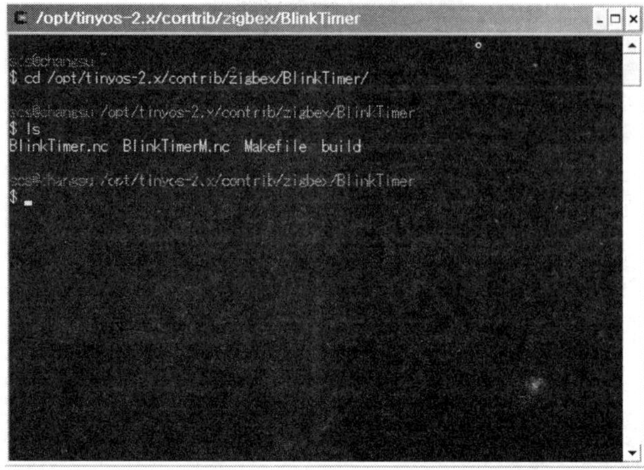

그림 3-16 ▮ BlinkTimer 폴더로 이동

Tab키를 치면 자동 완성 기능이 동작한다. 예를 들어, cd /opt/ti까지 타이핑하고 Tab키를 치면 그 디렉터리 안에 있는 가장 비슷한 이름의 폴더나 파일을 자동으로 보여준다.

이미 예제 프로그램은 설치된 상태이기 때문에 바로 크로스 컴파일할 수 있다. 현재 Cygwin의 사용자가 있는 폴더는 /opt/tinyos-2.x/contrib/zigbex/BlinkTimer이다. 여기서 다음과 같은 명령어를 입력하면 ZigbeX에 설치할 hex 파일이 자동으로 생성된다.

이제 make zigbex를 입력하여 컴파일을 한다.

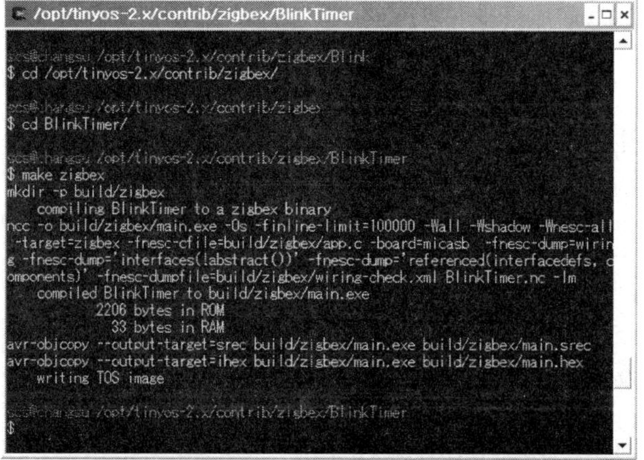

그림 3-17 ▮ make zigbex의 결과 화면

컴파일에 의해 생성되는 결과 파일은 해당 폴더의 build/zigbex에 존재하게 된다. 따라서 위의 결과를 보면 main.hex라는 파일이./build/zigbex/ 안에 있게 된다. 이 main.hex를 ISP프로그램을 통해 ZigbeX 센서 노드에 다운로드한다.

처음 ISP 프로그래머를 사용하면 다음 순서에 따라서 main.hex 파일을 열어야 한다.

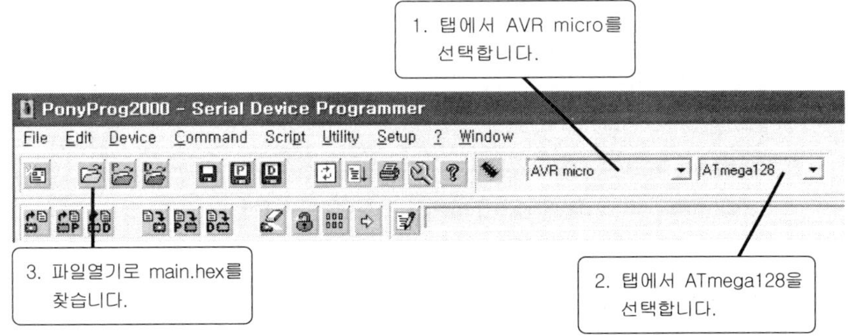

그림 3-18 ▐ PonyProg를 이용한 AVR 프로그램

main.hex의 파일의 경로는 다음과 같다.

Cygwin 설치폴더 /opt/tinyos-2.x/contrib/zigbex/BlinkTimer

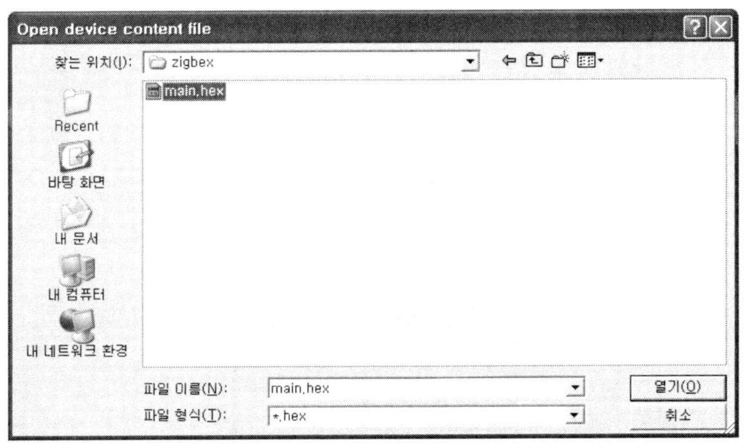

그림 3-19 ▐ 파일 열기 버튼을 이용한 hex 파일 열기

열기 버튼을 누른다. main.hex가 로드되면서 박스에 hex가 표시된다.

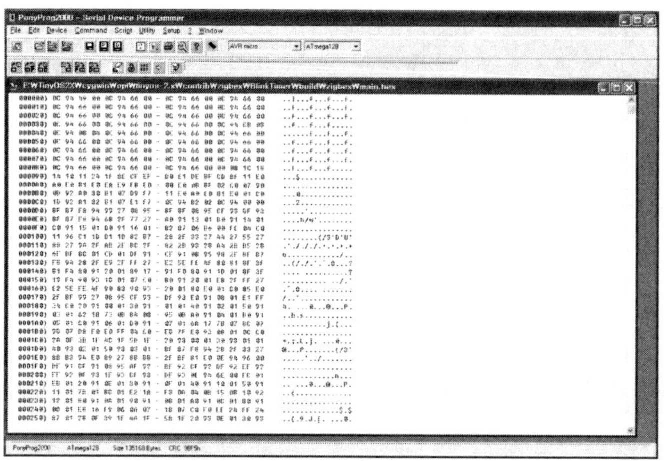

그림 3-20 ▌main.hex를 읽은 결과

이제 Command 메뉴에서 Write Program을 선택하면 프로그램된다.

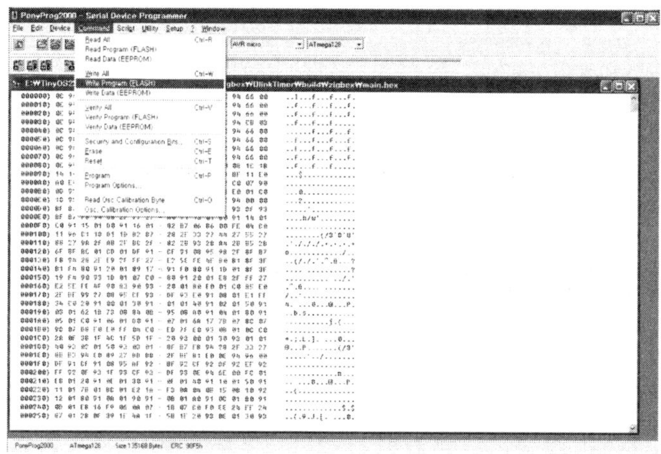

그림 3-21 ▌프로그램하기 위한 풀다운 메뉴의 사용법

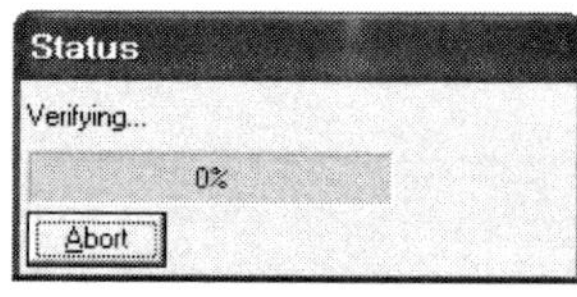

그림 3-22 ▌플래시 프로그램 중에 보이는 진행 표시창

프로그램하는 중에 보이는 상태창이다. Verifying 진행은 Abort하여도 상관없다.

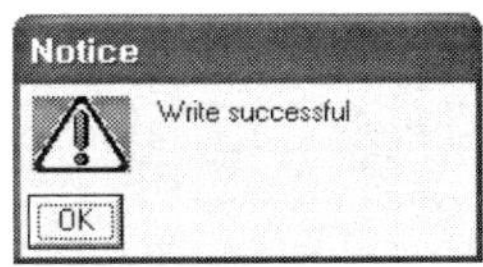

그림 3-23 ▮ 프로그램 수행 종료

쓰기가 종료되었다. OK 버튼을 누른다. BlinkTimer 애플리케이션이 ZigbeX 노드에 설치되었다. 이제 mote를 보면 r 위치의 LED가 1초마다 On/Off되는 것을 확인할 수 있다.

다음으로는 USB-ISP 보드와 USB 케이블을 통해 ZigbeX(최근 ZigbeX 제품)로 원하는 프로그램을 다운로드하는 방법에 대해 알아보도록 하겠다. 만약 USB-ISP 보드가 없을 경우에는 위에서 언급된 페러럴 케이블과 PonyProg ISP 프로그램을 통해서만 다운로드할 수 있다.

3.7.2 AVR-ISP 혹은 USB-ISP를 이용한 다운로드

본 절에서는 ZigbeX 모트와 연결되어 USB를 통해 다운로드 및 시리얼 통신을 제공할 수 있는 AVR-ISP/USB-ISP 보드의 사용법에 대해 알아보도록 하겠다.

먼저 CDM 2.00.00.zip 파일을 이용하여 AVR-ISP/USB-ISP 보드의 USB 디바이스 드라이버를 설치한다. (앞에서 Hanback_TestTree 예제를 테스트할 때, 이용한 CD의 USB_ISP\ CMD2.00.00.zip 파일이다. 2.3절의 '장비의 데모 프로그램 확인' 부분의 USB 드라이버 설치 내용과 동일하다.)

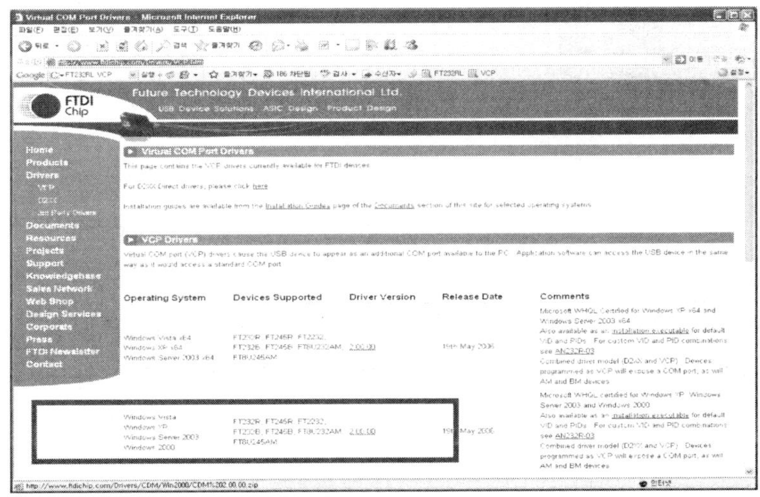

그림 3-24 ▮ CDM 2.00.00.zip의 다운로드

AVR-ISP/USB-ISP보드와 ZigbeX를 결합한 후 PC의 USB 포트와 연결하면 드라이버 설치창이 뜨게 된다. 앞에서 다운로드한 디바이스 드라이버를 통해 AVR-ISP/USB-ISP 의 드라이버를 설치할 수 있다.

AVR-ISP/USB-ISP 보드는 AVR Studio 프로그램을 통해서 ZigbeX로 원하는 프로그램 을 다운로드할 수 있다.

http://www.atmel.com/에서 Avr studio 4.12(build 460)와 AVR studio 4.12 Service Pack 4(build 498) 파일을 찾아 다운로드하여 설치한다. (CD의 USB_ISP 폴더 안에도 두 파일 이 들어 있음)

aStudio4b460.exe를 실행한 후 Next 및 agree 버튼을 눌러 기본 AVR Studio 설치를 마 친다. 다음으로 aStudio412SP4b498.exe를 더블클릭하여 설치한다.

이제 다음 기술된 순서에 따라 ZigbeX에 프로그램을 다운로드한다.

1. 설치한 AVR Studio를 실행한다. 다음 그림이 나오면 'Cancel' 버튼을 클릭한다.

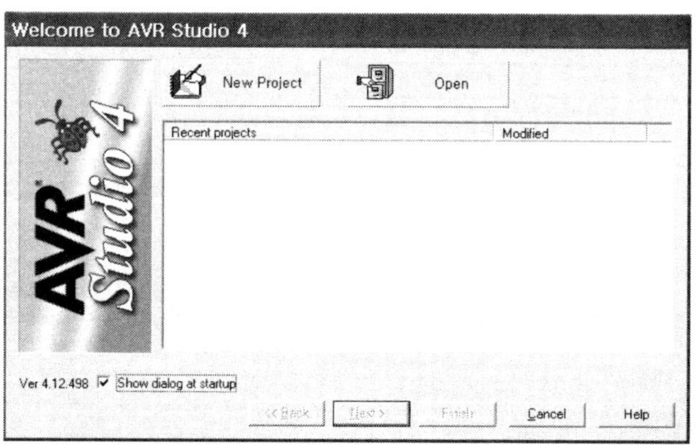

2. ZigbeX와 결합된 USB-ISP 보드의 존재하는 스위치(S1, S6)들을 모두 'SPI'에 맞춘다. (AVR-ISP를 사용할 경우는 ISP쪽으로 스위치를 이동시킨 후 모트의 전원을 켜야 한다.)

USB-ISP   AVR-ISP

3. 실행한 AVR Studio에서 Tools → Program AVR → Auto Connect 메뉴를 선택하여
   USB-ISP에 접속한다. 만약 자동 Auto Connect가 안 될 경우에는 제어판 장치관리
   자에서 현재 AVR-ISP/USB-ISP에 할당된 COM 포트 번호를 찾은 후, AVR Studio
   의 Tool/program AVR/connect에서 해당 번호를 이용하여 접속한다.

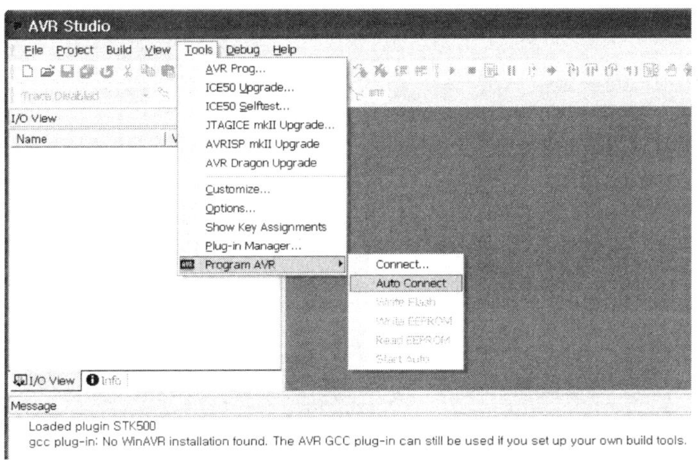

4. 업그레이드할 것인지를 물어오면 반드시 "취소"를 클릭한다.

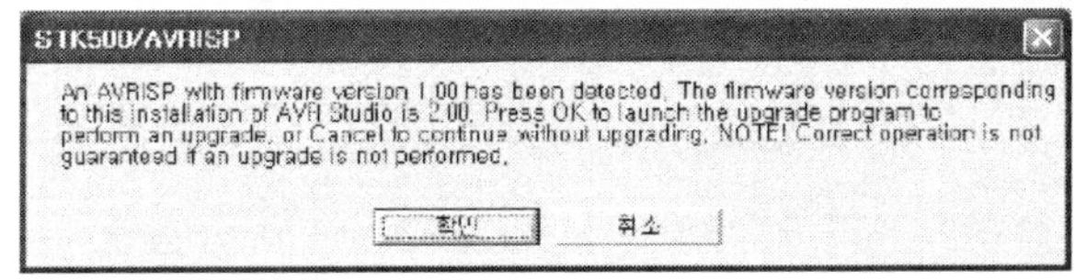

5. 연결이 정확하면 다음과 같은 다운로드 화면이 나타난다.

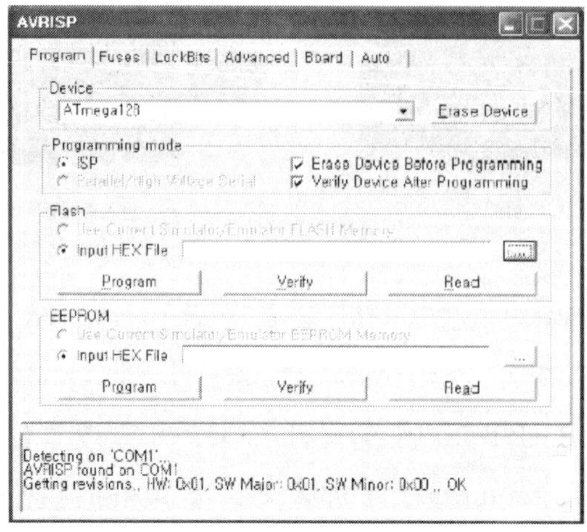

6. 위 창의 Flash에 있는 "..." 버튼을 클릭하여 원하는 hex 파일을 선택한 다음, 바로
   왼쪽 밑에 있는 "Program" 버튼을 클릭하면 선택한 hex 파일이 연결된 Zigbex 모트
   로 프로그램된다.

7. 필요할 경우, Fuses 탭을 클릭하여 필요한 환경을 선택한다. (Fuses의 마지막 필드인 Ext.
   Crystal/Resonator High Freq.; Start-up time: 16K CK + 64ms; … 은 꼭 체크하여야 한다.)

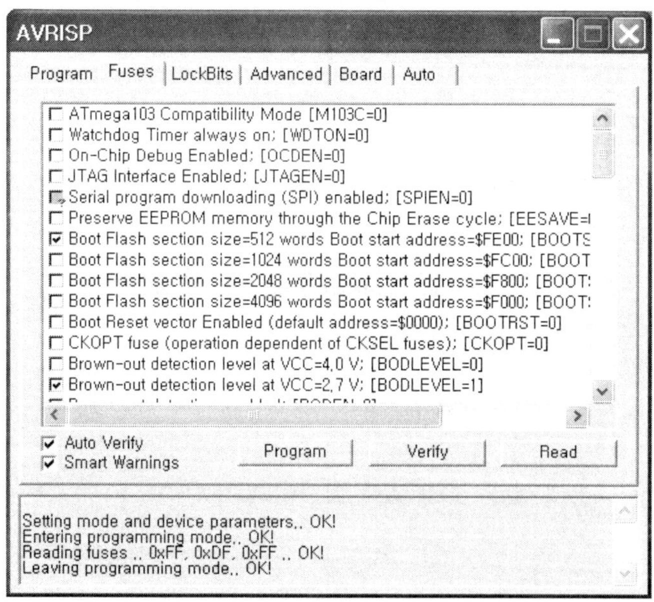

8. 기능에 맞도록 적당히 셋팅한 후 "Program" 버튼을 클릭한다. 필드의 주요 항목에 대한 설명은 다음과 같다.

- ATmega103 Compatibility Model[M103C=0] → 103을 쓸 때 체크함

- Watchdog Timer always on; [WDTON=0] → WatchDog Timer On

- On-Chip Debug Enabled; [OCDEN=0]

- JTAG Interface Enabled; [JTAGEN=0] → JTAG을 사용하여 에뮬레이션할 때 사용

- Serial program downloading (SPI) enabled; [SPIEN=0] → 다운로드를 위해 항상 On 되어 있어야 함

- Preserve EEPROM memory through the Chip Erase cycle; [EESAVE=0] → 이 비트가 체크되어 있으면 칩 Erase 시 EEPROM 데이터를 안 지움

- Boot Flash section size=4096 words Boot start address=$F000; [BOOTSZ=00] default value → SelfProgramming 기능을 사용할 때 부트로더 크기 지정

- Boot Reset vector Enabled (default address=$0000); [BOOTRST=0] → 이 비트가 체크가 안 되어 있으면 위의 부트로더 크기는 상관 없음. 셀프프로그래밍 기능을 안 쓰면 체크하지 않음

- Brown-out detection enabled; [BODEN=0] → BOD 기능의 사용여부와 레벨을 설정. BOD 기능은 외부 공급전압이 선택한 레벨 이하면 CPU가 시작되지 않다가 설정한 전압 레벨을 넘는 순간 CPU가 리셋되어 정상 동작하게 된다. 외부 리셋 조건이 안 좋아서 CPU가 영향을 받는다면 적당한 레벨을 선택하도록 한다.

- CKOPT fuse(operation dependent of CKSEL fuses); [CKOPT=0] → Cryastal이나 Resonator의 발진 스윙폭과 관계 있는 필드로, 16MHz를 쓸 때에는 체크해야 한다(4MHz면 체크 안 해도 됨).

- 나머지 항목들은 데이터 시트를 참고
  - USB-ISP 보드에서 다운로드할 경우에는 보드 위에 존재하는 스위치들(S1, S6)을 모두 'SPI'에 맞춘 후 위의 순서를 따라야 한다.
  - 만약 USB-ISP 보드를 사용하여 시리얼 통신을 할 경우에는 스위치들(S1, S6)을

모두 'UART'에 맞춘 후 PC와 시리얼 통신을 시도해야 한다.

- AVR-ISP 보드에서 다운로드할 경우에는 보드 위에 존재하는 스위치를 'ISP'에 맞춘 후 위의 순서를 따라야 한다. 이때, 모트의 전원은 꼭 켜져 있어야 한다.

- 만약 AVR-ISP 보드를 사용하여 시리얼 통신을 할 경우에는 스위치를 'UART'에 맞춘 후 PC와 시리얼 통신을 시도해야 한다. 이때, 모트의 전원은 꼭 켜져 있어야 한다.

TinyOS 2.X와 NesC

TinyOS는 미국 UC Berkeley 대학에서 개발된 무선 센서 네트워크를 위한 전용 운영체제이다. 이름에서도 알 수 있듯이, TinyOS 기반의 프로그램들은 매우 작은 용량의 크기(대부분 30Kbytes 이하)로 컴파일되며, 무선 센서 노드의 일반적인 특징(최소한의 하드웨어, 작은 메모리, 낮은 CPU 성능 그리고 한정된 에너지)을 고려하여 설계된 운영체제이다. 본 교재의 모든 예제 및 설명들은 TinyOS를 기반으로 하기 때문에 유저는 TinyOS에 대한 기본적인 내용을 확실히 숙지할 필요가 있다. TinyOS는 보다 편리한 프로그램 개발을 위해 클래스 형태의 컴포넌트(component) 구조를 갖는 NesC 언어로 구현되어 있다. 이번 장에서는 TinyOS와 TinyOS의 프로그램 언어인 NesC에 대해서 공부해 보도록 할 것이다.

4.1 TinyOS의 특징 및 디렉터리 구조

4.1.1 TinyOS의 특징

TinyOS는 event driven 기반의 운영체제로서, 제한된 메모리 공간의 효율적인 이용과 프로세싱의 동시성 등을 지원해 주는 운영체제이다. TinyOS에서는 시스템 자원의 제약들 때문에 기존의 IP 프로토콜, 소켓, 쓰레드 개념들을 사용하지 않는다.

TinyOS의 특징은 크게 아래 세 가지로 구분해 볼 수 있다.

- 하드웨어 추상화부터 상위 수준 소프트웨어까지 모두 재사용 가능한 소프트웨어 컴포넌트 기반의 운영체제이며, 애플리케이션은 하드웨어 컴포넌트의 입/출력을 연결하듯 소프트웨어 컴포넌트의 입/출력 인터페이스를 연결함으로써 작성된다.

- event 기반의 구조를 가지는 운영체제로, 각각의 event는 TinyOS의 컴포넌트가 제어한다. 각 컴포넌트의 command와 event type의 함수들을 통해 컴포넌트 간의 프로세싱이 빠르게 전이될 수 있다.

- 센서 노드의 중요한 요구사항의 하나인 저전력 소모를 구현하기 위해 사용되지 않는 CPU의 사이클 동안은 Sleep 상태로 들어가 불필요한 전력소모를 줄인다.

4.1.2 TinyOS 2.0

TinyOS의 초기버전이라 할 수 있는 TinyOS 1.x는 90년대 말부터 최근까지 많은 대학과 연구소에서 널리 사용되었던 센서 네트워크용 운영체제였다. 하지만 사용자가 늘어나고 TinyOS 1.x가 올라가는 하드웨어도 점차 복잡해짐에 따라 처음 설계 당시 예상하지 못했던 프로그램적 요구사항들이 증가하게 되었다. 이러한 요구 사항들과 보다 다양한 기능들을 지원하기 위해 최근 미국 UC Berkeley 대학에서는 TinyOS 1.x를 TinyOS 2.x로 업그레이드하였고, 현재 www.tinyos.net 홈페이지에서 무료로 배포하고 있다. TinyOS 2.x는 기존 TinyOS 1.x 비교하여 보다 다양한 컴포넌트들을 제공하고, 프로그래머의 실수를 줄이기 위한 업그레이드된 Task 관리 기법을 지원한다. 또한, 컴포넌트의 선언 및 재사용 그리고 컴포넌트 간의 인터페이스 연결을 보다 사람들이 인식하는 데 친숙하도록 디자인하여 처음 센서 네트워크 프로그래밍을 학습하는 사람이라도 TinyOS를 쉽게 배울 수 있도록 노력하였다. 이렇듯 TinyOS 2.x에서는 많은 부분들이 변경되거나 추가되었기 때문에, 현재 배포되어 많이 사용되고 있는 이전 1.x 버전과는 아쉽게도 호환되지 않는다. 즉, 기존 1.x에서 작성한 프로그램은 2.x에서 컴파일되지 않으므로 기존 코드를 2.x에 맞게 고쳐야만 한다. 하지만 미국 UC Berkeley 대학에서 TinyOS 2.x를 설계할 때 중심적으로 고려했던 측면 중 하나는 1.x 코드를 2.x용으로 변경할 때 수정되어야 할 사항들을 최소화하도록 하는 것이었다. 따라서, TinyOS 1.x의 프로그램을 2.x로 전환하는 데 그렇게 많은 작업이 필요하지는 않다. 2.x에 대한 상세한 내용들은 부분별로 나누어진 TEPs(TinyOS Enhancement Proposals)라는 문서에 기술되어 있고, 해당 파일들은 TinyOS 홈페이지(www.tinyos.net)에서 쉽게 찾을 수 있다.

1) 플랫폼/하드웨어 추상화

TinyOS 2.x를 구성하는 컴포넌트들 중 거의 90%는 하드웨어와 독립적인 동작되는 소프트웨어적 프로그램 코드들이고, 나머지 10% 정도는 TinyOS 2.x가 동작시킬 하드웨어 관련 컴포넌트들과 위 두 계층을 이어주는 추상화 계층 코드들이다. TinyOS에서는 1.x 버전 때부터 하드웨어의 독립적인 소프트웨어 컴포넌트와 하드웨어를 제어하는 컴포넌트로 구분하여 관리하고 있다. 이러한 구분은 다음과 같은 상황에서 매우 큰 장점을 갖는다. 만약 어떤 회사나 연구소에서 홈 네트워크나 산불관리와 같은 USN 응용을 위해 새로운 하드웨어를 특별히 디자인하였고, 이 하드웨어에 TinyOS를 포팅하기로 했다고 가정하자. 만약 TinyOS가 앞에서 설명한 것처럼 계층 구분이 되어 있지 않다면, 개발자는 이 하드웨어를 위해 TinyOS의 전체 코드를 확인해가며 자신의 하드웨어서 동작될 시 이상이 없을지 여부를 일일이 체크해야 할 것이다. 하지만 하드웨어의 독립적인 소프트웨어 컴포넌트와 하드웨어를 제어하는 컴포넌트의 구분을 통해 개발자는 약간의 하드웨어 제어 컴포넌트들과 두 계층을 이어주는 추상화 계층 코드만 잘 수정한다면 쉽게 나머지 TinyOS의 소프트웨어 코드들을 사용할 수 있다. 나머지 90%의 TinyOS 코드들은 모두 하드웨어에 독립적이고, 추상화 계층을 통해 하드웨어 제어 컴포넌트와 연결되기 때문에 개발자가 따로 수정할 필요는 없는 것이다. 다시 말하면 약간의 하드웨어 제어 컴포넌트들만 디자인한다면 TinyOS가 제공하는 네트워킹, task 관리, 시리얼 통신, 패키지, queuing 등의 전체 기능을 모두 사용할 수 있는 것이다. TinyOS 2.0에서 사용되는 이러한 컴포넌트의 구분을 HAA(Hardware Abstraction Architecture)라고 부르며, 표 4-1과 같이 3단계 계층으로 나누어진다.

표 4-1 ▌하드웨어 추상화 3계층

위치	계층명	내용
하위단	HPL(Hardware Presetation Layer)	입출력 핀(pin)이나 레지스터 같은 하드웨어를 제어하는 계층이다. 칩 이름 앞에 Hpl이란 접두어를 붙여 명명한다. 예를 들어, CC2420 RF 칩과 관련된 HPL 컴포넌트 파일들은 HplCC2420 형식으로 파일 이름이 시작된다.
중간단	HAL(Hardware Abstration Layer)	여러 HPL 컴포넌트들을 HIL 컴포넌트와 연결시켜 주기 위한 계층이다. 여러 가지 하드웨어의 컴포넌트들의 인터페이스를 HIL과 미리 약속한 인터페이스로 정리해 주는 추상화 기능을 담당한다. CC2420의 HAL 컴포넌트는 CC2420으로 시작한다.
상위단	HIL(Hardware Independent Layer)	하드웨어와는 독립적인 소프트웨어적 계층이다. 예를 들어, 무선통신과 관련된 프로그램을 작성하고 싶을 경우, RF 칩이 뭐가 되었던 HIL 계층의 컴포넌트인 ActiveMessageC를 이용하여 RF 통신 코드를 작성한다.

하드웨어 제어와 관련된 컴포넌트인 HPL 파일들은 tos/platform 디렉터리나 tos/chips 디렉터리 안에 존재한다. 여기서 platform이란 TinyOS가 올라가는 USN 보드(USN에서는 일반적으로 mote라고 칭함)를 의미한다. 이 mote에는 CPU나 RF 칩과 같은 다양한 하드웨어 칩셋들이 부착되어 있을 것이다. tos/platform 디렉터리 안에는 하드웨어 플랫폼의 전반적인 제어와 사용되는 칩 선택 및 설정 등을 담당하는 컴포넌트들이 존재하고, tos/chips 디렉터리 안에는 USN에서 사용되는 대표적인 하드웨어 칩셋들을 제어할 수 있는 컴포넌트들이 존재한다. 예를 들어, ZigbeX 플랫폼은 CC2420 RF 칩과 ATmega128 마이크로컨트롤러를 사용하게 된다. tos/platform 디렉터리에는 각 플랫폼 이름별로 폴더가 존재하며, 각 폴더 안에는 해당 플랫폼이 사용하는 하드웨어 컴포넌트의 위치를 기술한 .platform 파일이 있다. 이 파일을 열면 해당 플랫폼에서 사용되는 칩셋을 제어하기 위해 링크되는 HPL 컴포넌트의 위치와 컴파일러의 종류 등이 기술되어 있는 것을 확인할 수 있다. 이 파일을 참조하면 해당 플랫폼이 어떠한 칩셋들을 사용하고 있는지 그리고 어떠한 컴파일러를 사용하고 있는지 쉽게 알 수 있다. 만약 새로운 하드웨어 플랫폼이나 새로운 칩셋을 사용하고 싶을 경우는 tos/platform이나 tos/chips 디렉터리 안에 원하는 컴포넌트를 새로 제작하고 .platform 파일에 제작한 폴더의 위치를 기술해 주면 된다.

tos/platform/zigbex 디렉터리에 있는 .platform 파일

```
push( @includes, qw(
  // 링크되는 HPL 컴포넌트들의 폴더 위치
  %T/platforms/mica
  %T/platforms/zigbex/chips/cc2420
  %T/chips/cc2420
  %T/chips/atm128
  %T/chips/atm128/adc
  %T/chips/atm128/pins
  %T/chips/atm128/spi
  %T/chips/atm128/i2c
  %T/chips/atm128/timer
  %T/lib/timer
  %T/lib/serial
  %T/lib/power
  %T/sensorboards/zigbex_sensor
  %T/sensorboards/zigbex_sensor/sht11
```

```
) );

@opts = qw(
  -gcc=avr-gcc // 사용되는 컴파일러
  -mmcu=ATmega128 // CPU 종류
  -fnesc-target=avr
  -fnesc-no-debug
  -fnesc-scheduler=TinySchedulerC,TinySchedulerC.TaskBasic,TaskBasic,...
);
push @opts, "-mingw-gcc" if $cygwin;
```

TinyOS는 일반적으로 사용되는 리눅스나 윈도우와 같이 정교한 스케줄링 방식을 지원하지 않는다. 일반적인 운영체제는 CPU에서 동작되는 각각의 task들을 프로세스별로 관리하여 각 task의 메모리 영역 및 하드웨어 자원을 보호해 준다. 하지만 USN과 같이 초소형 임베디드 장비를 기반으로 동작되는 네트워크에서는 이러한 복잡한 프로세스 및 스케줄링 관리가 오히려 코드 사이즈를 증가시키고 CPU의 자원을 소모하는 부담으로 작용될 수 있다. 따라서 TinyOS에서는 프로세스 및 메모리 관리를 모두 포기하고 함수 단위의 task와 비선점형[1] FIFO 스케줄링 정책을 사용하고 있다. TinyOS에서는 하드웨어적 자원 정보를 가지는 프로세스 단위가 아니라 함수 단위의 task를 기반으로 스케줄링을 하기 때문에 task들 간의 우선 순위가 없이 먼저 스케줄링 Queue에 들어간 task가 먼저 실행되는 FIFO(First In First Out) 스케줄링을 사용한다.

스케줄링 단위인 task 함수에 대해 좀 더 알아보자. TinyOS에서 사용되는 함수 및 컴포넌트들은 C에서 사용되는 함수들과 같이 코드에 기술된 순서대로 수행되게 된다. 하지만 Task void fun() 형태로 선언된 task 함수들은 코드에 기술된 순서대로 동작되는 것이 아니라 스케줄 Queue에 들어가 FIFO 순서대로 동작되도록 디자인되어 있다. 일반 함수와 task형 함수의 실행 방식 및 차이에 대해 다음 코드를 예로 들어 설명해 보도록 하겠다. (다음 코드는 보다 쉬운 예제 설명을 위해 printf 문을 사용하였으나 mote와 같은 임베디드 하드웨어서 동작되는 TinyOS에서는 printf 출력함수를 사용할 수 없으니 주의하길 바란다.)

---

[1] 어떤 task가 높은 우선 순위를 가지고 있을 경우, 현재 CPU에서 실행 중인 다른 task를 멈추고 자기가 CPU에 먼저 실행되는 것을 선점형 스케줄링이라고 하며, 이러한 선점을 금지하는 것이 비선점형(non-preemptive) 스케줄링이라고 한다.

```
void general_fun()
{
 printf("general fun start");}

void main()
{
  printf("Main start\n");
  general_fun()
}
```

위 코드가 main 함수부터 실행된다고 가정했을 때, print되는 문장은 컴파일된 순서대로 "Main start"와 "general fun start"가 될 것이다. 위 코드를 수정하여 ex_task란 이름의 새로운 task형 함수를 넣어보도록 하겠다. task 함수를 호출할 때는 post란 예약어를 앞에 붙여서 사용하니 주의하길 바란다.

```
void general_fun() {
 printf("general fun start");}

task void ex_task() {
 printf("ex_task start");}

void main() {
  printf("Main start\n");
  post ex_task(); // task형 함수를 호출할 경우 post를 앞에 붙인다.
  general_fun()
}
```

위 예제를 C 문법의 컴파일 순서대로 기술할 경우, 출력되는 문장은 "Main start", "ex_task start", "general fun start"가 될 것이다. 하지만 TinyOS에서 task형 함수는 앞에서 언급한 것처럼 컴파일 순서대로 실행되는 것이 아니라, post란 명령을 통해 스케줄링 FIFO queue에 들어가게 된다. 즉, 위 예제의 main 함수에서 printf("Main start\n")를 실행하고 post ex_task(); 문장을 통해 ex_task 함수를 FIFO queue에 넣은 후, 바로 general_fun() 함수를 호출하는 것이다. CPU는 현재 처리되고 있는 일들이 모두 끝난 후 더 이상 처리할 사항이 없을 경우, Queue에 저장된 Task들을 FIFO 순서로 처리한다. 이때 비로서 ex_task 함수가 실행되는 것이다. 위 예제가 TinyOS에서 실행될 경우 출력 문장은 "Main start", "general fun start", "ex_task start" 순서가 된다. 이렇게 함수 형태의 task를 두는 이유는 TinyOS가 Event Driven형 OS(evnet가 발생해야지만 CPU에서 처리할 코드가 호출되는 OS)이기 때문이다. TinyOS는 RF 신호를 받거나 센서 값이 측정되었다는 등의 event가 발생할 경우 인터럽트 신호를 통해 해당 내용들을 적절히 처리하도록 설계되어 있다. 하지만 처리해야 할 내용이 많을 경우 문제가 발생할 수도 있다. 예를 들어 RF 신호를 처리하는 코드가 매우 길다면, RF 신호를 처리하기도 전에 다른 여러 인터럽트가 중복적으로 걸릴 수도 있다. TinyOS는 이러한 상황을 줄이기 위해 인터럽트가 발생되었을 시, 정말 처리해야 할 부분만 처리하고 나머지 복잡한 연산 부분은 task 형태의 함수로 만들어 Queue에 넣어버리는 것이다. 즉, 인터럽트가 발생하자마자 필수적인 부분만 간단한 코드로 처리하고 나머지 복잡한 연산은 task화시켜 다른 인터럽트가 발생해도 이상이 없도록 하는 것이다. 인터럽트 처리와 관련된 루틴이 CPU에서 모두 끝났을 때, FIFO queue에 들어 있는 task들을 순서대로 처리된다. 이러한 방식을 통해 TinyOS는 매우 간단한 스케줄링만으로도 USN에서 발생되는 여러 인터럽트를 효과적으로 처리할 수 있다.

TinyOS 2.0에서는 모든 task가 FIFO Queue에 저장될 시 고유한 ID를 갖도록 디자인되어 있으며, 이미 저장된 task와 같은 ID의 task는 FIFO Queue로 post될 수 없도록 업그레이드되었다. 이렇게 각 task마다 ID를 할당한 이유는 프로그래머의 구현 실수로 같은 task가 여러 번 post되어 FIFO Queue에 쌓이는 것을 방지하기 위해서이다. 예를 들어, RF 데이터를 받았을 경우 그 내용을 처리하는 부분을 task로 만들었다고 가정하자. 하지만 프로그래머의 실수로 RF를 받았을 때, 해당 task가 여러 번 post되게 된다면 하나의 패킷을 여러 번 처리하여 예상치 못한 에러나 오동작을 유발할 것이다. 이러한 부분은 1.x에 비해 상당히 진보된 것으로 응용 프로그래머의 실수를 많은 부분 덮어주게 된다. 만약 같은 task를 여러 번 post할 일이 있을 경우라면, task 함수 내부에서 자신을 다시 post하는 형태로 구현할 수 있다. task 함수가 실행된다는 의미는 FIFO Queue에서 자신이 CPU에서 실행될 차례라는 의미이고, 이때 post되는 task가 현재 CPU에서 실행 중인 task와 같은 ID를 가진 것이라도 Queue 안에 들어가도록 허용하고 있다. 즉, 다음 코드와 같이 task 함수를 작성하면 같은 task를 여러 번 post할 수 있는 것이다.

```
post processTask();
...
task void processTask() {
  // do work
  if (같은 Task를 다시 post할 경우)
    post processTask();// 내부에서 자신을 post함
}
```

2) 부팅과 초기화

TinyOS는 프로그래밍 언어로 NesC를 사용하지만 컴파일 과정에서 결국 C로 변경된 후, Object 코드로 컴파일된다. C에서 프로그램이 시작되는 함수는 main() 함수이기 때문에, TinyOS에서 처음 시작되는 곳도 main() 함수가 들어 있는 tos/system/RealMainP.nc 파일이 된다. 해당 파일의 main 함수 코드를 살펴보면, 먼저 TinyOS의 스케줄러와 하드웨어 그리고 소프트웨어 등을 초기화하고 그 과정에서 생성된 task들은 While (call Scheduler.runNextTask()); 라인을 통해 처리한다. 초기화와 관련된 task들을 모두 처리한 후, __nesc_enable_interrupt() 함수를 통해 인터럽트를 활성화시키고 사용자가 작성한 프로그램으로 Boot.booted 이벤트를 시그널한다. 사용자는 자신이 작성한 컴포넌트에서 이 이벤트에 대한 처리를 프로그램의 시작으로 받아들이고 프로그래밍하면 된다. 마지막으로 main 함수는 call Scheduler.taskLoop(); 함수를 통해 task가 발생하였을 때 처리되도록 loop를 돌게 된다. RealMainP.nc 파일의 main 함수의 실제 내용은 다음과 같다.

```
int main() __attribute__ ((C, spontaneous))
{
    // 처음으로 Scheduler를 초기화
    call Scheduler.init();

    //하드웨어 설정을 초기화시키고, 그 과정에서 생성된 Task를 처리
    call PlatformInit.init();
    while (call Scheduler.runNextTask());

    // 소프트웨어를 초기화시키고, 그 과정에서 생성된 Task를 처리
    call SoftwareInit.init();
    while (call Scheduler.runNextTask());
```

```
    // 인터럽트 활성화
    __nesc_enable_interrupt();

    //프로그래머가 작성한 컴포넌트에게 초기화가 끝났음을 알려줌
    signal Boot.booted();

    /// 생성된 task가 있을 시 처리하도록 Loop를 돔
    call Scheduler.taskLoop();

    return -1;
}
```

3) 타이머

일반적으로 Timer는 주기적인 동작이나 일정 시간 후의 동작을 프로그래밍하기 위해 사용되는데, TinyOS 2.0에서는 Timer 제어와 관련하여 다양한 기능들을 제공하고 있다. TinyOS에서 제공되는 Timer 컴포넌트는 일반적으로 정교한 1밀리(약 0.001초) 타이머를 지원하며, 프로그램에 따라서 1마이크로(약 0.000001초) 단위의 고정밀 타이머도 사용할 수 있다. TinyOS 2.0에서 사용되는 일반적인 Timer 컴포넌트의 이름은 TimerMilliC이고, Timer란 이름의 인터페이스를 제공하고 있다. 여기서 인터페이스란 컴포넌트에서 제공하는 함수들의 모음을 의미한다. TimerMilliC 컴포넌트는 기본적으로 밀리초 단위로 Timer를 설정하고 제어할 수 있다. TimerMilliC에는 내부적으로 1밀리초마다 변하는 시간 변수를 가지고 있는데, 이 변수를 통해 전체 Timer의 시간 경과를 조정한다. 사용자는 Timer 인터페이스에서 제공되는 함수들을 통해 원하는 시간을 설정할 수 있고, Timer 내부에 있는 시간 변수를 확인할 수 있다.

4) 가상화

하나의 유용한 컴포넌트는 TinyOS 2.0을 구성하는 여러 컴포넌트들에서 중복적으로 사용될 수 있을 것이다. 예를 들어, Timer 컴포넌트인 TimerMilliC는 주기적인 동작되는 라우팅, MAC 프로토콜, Queue 등의 컴포넌트들에서 사용된다. 또한 사용자도 프로그램을 작성할 시 필요하다면 TimerMiliC 컴포넌트를 이용해야 한다. 만약 사용자가 TimerMiliC 컴포넌트를 사용하여 일정 시간을 설정할 경우, 그 시간 후에는 만기되었

다는 event 함수가 자동으로 호출될 것이다. 하지만 사용자 프로그램뿐만 아니라 TimerMilliC를 사용하는 다른 모든 컴포넌트에게 이 event가 전달된다면 어떻게 될 것인가? 아마도 해당 컴포넌트들은 자신이 설정한 시간과 관계없이 시간이 만기되었다는 even 함수를 받게 될 것이다. 또한 다른 컴포넌트가 설정한 시간이 만기된 후, 그 정보가 내가 만든 컴포넌트에게 event 함수로 전달된다면 내가 생각한 동작과 전혀 다른 동작이 수행될 수 있을 것이다. 이와 같이 여러 컴포넌트들에서 동시에 사용하는 컴포넌트들은 각 프로그램마다 독립적으로 동작되도록 디자인되어야 한다. TinyOS 2.0에서는 이렇게 여러 프로그램들로부터 호출될 수도 있는 컴포넌트들을 generic 컴포넌트로 구분하여 각 프로그램마다 마치 독립적으로 동작되는 것처럼 만드는 가상화 기능을 제공한다. 이러한 가상화 기능은 generic 컴포넌트들에서 제공하는 인터페이스를 배열화시킴으로써 가능해진다. 즉, TimerMiliC 컴포넌트에서 제공하는 Timer interface는 1개가 아니라 TimerMiliC를 사용하는 프로그램 수만큼의 Timer interface를 가지게 되는 것이다. 이를 통해 1번 Timer interface에서 설정된 시간은 1번 Timer interface를 사용하는 프로그램에게 만기된 event를 보내 줄 수 있고, 2번 Timer interface에서 설정하는 만기 event는 2번 interface를 사용하는 프로그램에게 보내지는 것이다. 이와 같은 기법을 기반으로 TinyOS 2.0에서는 유용한 컴포넌트들을 여러 프로그램에서 동시에 사용할 수 있도록 허용한다. Generic과 관련된 컴포넌트는 NesC1.2 버전 이상에서만 사용 가능하다. Generic 컴포넌트를 사용하기 위해서는 다음과 같이 new라는 예약어를 사용하여 한다.

```
// 일반적인 컴포넌트 선언
components MainC, BlinkC ... ;

// generic 컴포넌트 선언
components new TimerMilliC();
```

5) 통신

TinyOS 2.0에서 RF 통신이나 PC와의 serial 통신을 위해 message_t라는 구조체를 사용한다. message_t 구조체의 원형은 tos/types/message.h 파일에 기술되어 있는데, 그 내용을 살펴보면 다음과 같다.

```
typedef nx_struct message_t {
  nx_uint8_t header[sizeof(message_header_t)];
  nx_uint8_t data[TOSH_DATA_LENGTH]; //Data 영역은 28byte로 정의된다.
  nx_uint8_t footer[sizeof(message_footer_t)];
  nx_uint8_t metadata[sizeof(message_metadata_t)];
} message_t;
```

message_t 구조체의 헤더 부분은 특별한 필드로 되어 있는 것이 아니라 nx_uint8_t header[sizeof(message_header_t)] 형태의 배열로 선언되어 있다. 이렇게 정확한 필드가 아닌 배열 형태로만 message_t 구조체를 정의하는 이유는 앞에서 설명한 TinyOS의 플랫폼/하드웨어 추상화 기능 때문이다. TinyOS가 지원하는 RF 칩은 CC1000과 CC2420이 대표적이고, 그 밖에도 사용자가 원한다면 다양한 RF 칩을 TinyOS에 장치할 수 있다. 하지만 각 RF 칩마다 사용되는 패킷의 구조체 형태는 다를 수밖에 없기 때문에, TinyOS 2.0에서는 통신 구조체인 message_t의 헤더 부분을 배열로 선언하여 적당한 헤더가 컴파일 시 assign되도록 한 것이다. nx_uint8_t header의 정확한 내용 및 message_header_t의 크기는 사용되는 플랫폼의 RF 칩 하드웨어 폴더에 기술된다. 이를 통해 사용자가 선택할 하드웨어에 맞는 통신 구조체는 컴파일 시 자동을 해당 RF 칩의 구조체와 연결된다. 사용자가 프로그램을 작성할 때는 구체적인 RF 칩의 구조체를 알 필요 없이 message_t 구조체의 data 영역에 전송할 패킷을 넣어 프로그램하기만 하면 된다. 나머지 다른 필드들은 RF 통신과 관련된 HPL과 HAL 계층에서 자동으로 설정해 줄 것이다. 시리얼 통신을 시도할 경우에도 마찬가지로 message_t 구조체를 사용하면 된다. 나머지 시리얼 통신에 필요한 적절한 헤더 및 필드들은 모두 시리얼 통신과 관련된 HPL과 HAL 계층에서 자동으로 설정한다.

하지만 사용자가 프로그래밍 시 통신에서 사용되는 message_t 의 헤더의 어떤 특정한 필드값을 보고 싶을 경우를 대비해, TinyOS 2.0에서는 통신 구조체에 맞추어 원하는 필드 정보를 반환할 수 있는 함수들을 제공하고 있다. 이 함수들이 모인 인터페이스를 통해 사용자는 RF 헤더의 정확한 구조를 알 필요 없이, 각 메시지 헤더의 공통 필드 영역을 쉽게 접근할 수 있다. 예를 들어, CC1000 RF 칩을 사용하는 Mica2 하드웨어와 CC2420 RF를 사용하는 ZigbeX 하드웨어에서 실제 사용되는 RF 패킷의 구조체는 다르지만, 두 RF 칩의 통신 구조체가 갖는 공통의 필드를 반환해 주기 위해 AMPacket 라는 공통의 인터페이스를 갖는다. 사용자는 이러한 하드웨어적 특성과 상관없이 프로그램에서 AMPacket라는 공통의 인터페이스를 사용하여 원하는 필드를 얻을 수 있다. 예를 들어, AMPakcet 인터페이스 함수 중에 하나인 AMPacket. destination(message_t 변수); 함수를 호출하면 현재 사용되는 RF 칩의 구조체에서 목적지 주소에 해당하는 필드 정보를 받아볼 수 있다.

TinyOS는 RF 통신을 위해 ActiveMessageC 컴포넌트를 제공하고, PC와의 serial 통신을 위해 SerialActiveMessageC 컴포넌트를 제공한다. 이 중 ActiveMessageC 컴포넌트는 각 하드웨어가 사용하는 RF 칩 컴포넌트를 선택해 주는 역할을 수행한다. 사용자가 프로그램한 코드를 컴파일할 때, 자신의 하드웨어 플랫폼을 지정하도록 되어 있기 때문에 컴파일러는 해당 정보에 따라 각 하드웨어의 ActiveMessageC 컴포넌트를 자동으로 호출해 준다.

6) 센서

TinyOS 2.0에서 센서와 관련된 컴포넌트들을 tos/sensorboards 폴더에 모아서 따로 관리하고 있다. 대부분의 센서는 CPU의 ADC(Analog to Digital Convertor) 포트를 통해 측정되는 아날로그 센서들이지만, CPU와 디지털 통신이 필요한 센서일 경우에는 tos/chips 폴더에 해당 제어 컴포넌트가 구현되어 있을 것이다. 보통 각 센서 컴포넌트들은 Read 인터페이스를 통해 측정한 센서 값을 프로그램에게 돌려준다. 다음 코드는 Read 인터페이스의 함수 내용을 기술하고 있다.

```
interface Read<val_t> {

  // Read 인터페이스가 구현된 컴포넌트의 센서 값을 읽도록 명령하는 함수
  command error_t read();

  // read() 함수를 받게 되었을 경우, 해당 센서 값을 반환해 주는 Event 함수
  event void readDone( error_t result, val_t val );

}
```

7) 에러 코드

TinyOS 1.x에서 리턴 코드는 SUCCESS(0이 아닌 값 = 1)와 FAIL(0 값)만을 가지고 있

었다. 하지만 이 두 가지 상태만으로는 실패 시 보다 정확한 원인을 파악할 수 없다는 문제점이 있다. 이를 보완하기 위해 TinyOS 2.0에서는 error_t 구조체를 두어 SUCCESS, FAIL, EBUSY, ECANCEL 등의 값을 상황에 맞게 리턴하도록 업그레이드되었다.

대부분 1.x에서는 다음과 같은 코딩을 하였다.

```
if (call X.y()) {
   // call X.y() is success;
}
```

하지만 2.0에서는 다음과 같이 코딩하여야 한다.

```
if (call X.y() == SUCCESS) {
   // call X.y() is success;
}
```

8) 전원 관리

TinyOS 2.0에서 전원 관리는 마이크로컨트롤러의 전원 상태와 디바이스의 전원 상태로 나누어져 있다. 마이크로컨트롤러 전원 관리는 McuSleepC라는 컴포넌트를 통해 이루어지는데, CPU에서 처리해야 할 Task나 Event가 없을 경우, 인터럽트 부분을 제외한 CPU의 전원을 차단하여 전력 소비를 최소화하는 기능을 제공한다.

4.1.3 디렉터리 구조

TinyOS의 핵심이 되는 여러 컴포넌트들은 대부분 /opt/tinyos-2.x/tos 폴더에 구현되어 있다. tos 폴더는 다시 하드웨어 플랫폼에 독립적으로 설계된 여러 컴포넌트들이 모인 system 폴더와 여러 공통 인터페이스들이 선언된 interface 폴더, 여러 라이브러리들이 존재하는 lib 폴더, 센서를 제어하는 컴포넌트들을 담고 있는 sensorboards 폴더, 하드웨어 칩셋과 관련된 컴포넌트들을 받고 있는 chips 폴더 그리고 하드웨어 플랫폼과 관련된 컴포넌트들을 기술하고 있는 platform 폴더로 구분할 수 있다. 다음 표 4-2는 TinyOS의 디렉터리 구조를 정리해서 보여주고 있다.

표 4-2 ▎TinyOS의 디렉터리 구조

디렉터리	구성하는 컴포넌트들의 특징
system	일반적이고 다양한 커널 컴포넌트 및 몇 개의 유틸리티
interface	여러 종류의 interface 선언 파일들이 모인 폴더
lib	다양한 high level 라이브러리들이 모인 폴더
sensorboards	센싱과 관련된 컴포넌트들이 모인 폴더
chips	하드웨어 칩셋과 관련된 컴포넌트들이 모인 폴더
platform	하드웨어 플랫폼에 관련된 컴포넌트들이 모인 폴더

4.2 NesC

NesC는 TinyOS의 실행 모델과 구조적인 개념을 표현하기 위하여 C언어를 확장하여 만든 새로운 프로그래밍 언어이다. NesC와 같은 컴포넌트 모델 언어는 여러 개의 컴포넌트 블록(block)들을 컴파일 시 연결하여 하나의 애플리케이션 형태로 조합한다. 또한 센서 노드에 올라갈 하나의 애플리케이션을 위해 꼭 필요한 라이브러리 및 시스템 컴포넌트들만을 선택하여 컴파일하기 때문에 매우 효과적으로 코드 크기를 줄일 수 있다. NesC의 문법은 기존에 많이 사용되고 있는 C언어와 비슷하지만, 표 4-3과 같은 특징이 있다.

표 4-3 ▎NesC의 특징

	NesC의 특징
형 태	컴포넌트 기반
장 점	• 기존 C에 비해 편리함 - 필요한 컴포넌트들만 연결해 주면 원하는 프로그램 작성 가능 • 동시성 모델 지원 - "Task"와 "H/W Event Handler" 사용 • 데이터 경쟁 조건 - 두 종류의 task간의 선점(Preemption)으로 발생할 수 있는 데이터 경쟁 조건(Data Race Condition)을 컴파일 시에 감지 가능
코드 사이즈	매우 작음 - 소규모 임베디드 장비에 최적화
제한점	동적 메모리 할당 없음

컴포넌트는 어려운 개념이 아니고, C++나 자바와 같은 객체지향 언어에서 사용하는

클래스와 비슷한 의미라고 생각하면 이해하기 편할 것이다. 다음은 NesC에서 사용하는 컴포넌트 관련 용어들에 대하여 정리하였다.

표 4-4 ▌NesC에서 사용하는 용어들

용 어	내 용
Application	하나 이상의 컴포넌트로 구성되며, 실제 센서 노드에서 실행 가능한 하나의 프로그램
Interface	두 개의 컴포넌트 사이를 연결하기 위해 정의된 함수들의 모임으로, 컴포넌트는 여러 개의 interface를 사용할 수 있으며 이 interface를 이용하여 command 및 event가 처리된다. 두 컴포넌트 사이의 인터페이스를 연결하는 것을 Wiring이라고 한다.
Component	Component - NesC Application을 구성하는 기본 블록으로, 컴포넌트를 정의하는 configuration과 module로 구분된다.
	Configuration - 하나의 NesC Application에 사용되는 컴포넌트들을 선언하고, 이들간의 연결(Wiring)을 어떻게 정의할 것인가에 대해 기술한다.
	Module - 새로운 컴포넌트의 동작 및 다른 컴포넌트들과의 연동을 실제로 구현하는 곳이다.

표 4-4 외에 다음과 같은 키워드가 사용된다.

① provides : 정의된 인터페이스가 해당 컴포넌트에 의하여 제공된다.

② uses : 정의된 인터페이스가 모듈에서 프로그램 시 사용된다.

③ command : 상위 컴포넌트에게 제공하는 인터페이스 함수

④ event : 상위 컴포넌트에게 signal해주는 인터페이스 callback 함수

4.2.1 인터페이스

NesC에서 인터페이스(interface)는 양방향성을 가지며, 제공자(provider)와 사용자(user)가 되는 컴포넌트를 연결하는 포트의 역할을 수행한다. interface는 커맨드(command)와 이벤트(event) 타입의 함수로 정의되며, 일반적인 기술 형태는 다음과 같다.

```
interface identifier{
        command result_t function_name(…);
        event result_t function_name(…);
}
```

여기서 기술된 identifier는 이 인터페이스의 이름을 의미하고, function_name은 이 인터페이스가 제공하는 함수 이름을 의미한다. 제공되는 인터페이스의 형태는 커맨드(command)와 이벤트(event)로 나눌 수 있는데, 그 차이는 표 4-5에 기술되어 있다.

표 4-5 ▌인터페이스의 선언 형

Command	Event
- 이 인터페이스를 제공하는 컴포넌트의 module 부분에 구현된다. - 현 컴포넌트를 사용하는 상위 컴포넌트에서 'call' 명령을 통해 호출된다.	- 이 인터페이스를 사용하고 있는 컴포넌트에 원형이 구현된다. - 인터럽트나 조건이 만족될 경우, 어떤 정보를 상위 컴포넌트에게 전달하기 위해 'signal' 명령을 통해 호출된다.

다음은 앞에서 언급한 TimerMilliC 컴포넌트의 인터페이스가 정의된 Timer.nc 파일을 예로 들어 설명하겠다.

```
interface Timer<precision_tag>
{
  // 밀리초 단위의 시간마다 주기적으로 알려주도록 설정하는 함수
  command void startPeriodic(uint32_t dt);

  // 밀리초 단위의 시간 후에 한 번만 알려주도록 설정하는 함수
  command void startOneShot(uint32_t dt);

  // 설정한 시간을 취소하는 함수
  command void stop();

  // startPeriodic(uint32_t dt)와 startOneShot(uint32_t dt) 함수에서
  // 설정된 시간 후에 시간이 만기되었음 알려주는 함수
  event void fired();
  ...
}
```

TimerMilliC 컴포넌트는 이 컴포넌트를 사용하는 상위 컴포넌트로부터 일정 시간을 입력받고, 그 시간 후에 Timer가 종료되었다는 정보를 전달하는 역할을 한다. TimerMilliC 컴포넌트는 위에서 기술한 Timer 인터페이스를 가지고 있다. Timer 인터페이스에 존재하는 command void startPeriodic(uint32_t dt), command void startOneShot(uint32_t dt)

그리고 command void stop() 함수 등은 상위 컴포넌트에서 TimerMilliC 컴포넌트에게 시간 설정 정보나 timer의 동작 중단을 명령하기 위해 구현된 커맨드 타입 함수이다. 커맨드 함수는 상위 컴포넌트로부터 호출되고, 그 구현 내용은 TimerMilliC 컴포넌트의 실제 동작을 기술하고 있는 TimerMilliC의 모듈 파일에 존재해야 한다. 하지만 이 벤트로 정의된 event void fired() 함수는 특정 시간이 지난 후 TimerMilliC 컴포넌트가 상위 컴포넌트에게로 시간이 완료되었음을 알려주기 위해 존재하는 event 형태의 함 수이다. 그림 4-1과 같이 연결된 상위 컴포넌트에서 호출할 수 있는 인터페이스는 커 맨드 타입으로 정의되며, 현 컴포넌트에서 상위 컴포넌트로 특정 정보를 전달하기 위 해서 호출되는 인터페이스는 event 타입으로 정의한다.

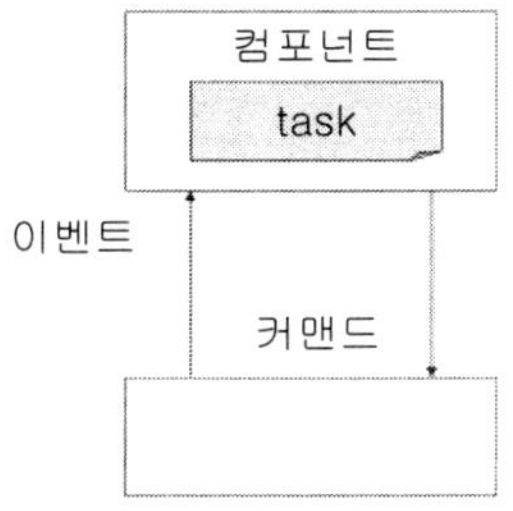

그림 4-1 ▌ 이벤트와 커맨드 타입 인터페이스

표 4-6은 TinyOS에 사용되는 대표적인 인터페이스에 대해 설명하고 있다.

표 4-6 ▌ 인터페이스 종류

인터페이스 종류	설 명
Read.nc	ADC에 인터페이스
I2CPacket.nc	I2C버스 프로토콜 인터페이스
Leds.nc	LED 추출 인터페이스
LogWrite.nc	저장장치에 logging 데이터를 위한 인터페이스
Radio.nc	무선 하드웨어를 위한 비트 레벨 인터페이스
Receive.nc	일반적인 메시지 인터페이스 수신
Send.nc	일반적인 메시지 인터페이스 송신
StdControl.nc	표준 component 제어 인터페이스
Timer.nc	일반적인 타이머 제어 인터페이스

4.2.2 컴포넌트

TinyOS에서는 앞에서 설명한 인터페이스를 통해 다른 컴포넌트(component)와의 연결 및 서로간의 함수 호출이 가능하다. 이제부터 실제 컴포넌트를 만드는 방법에 대해 알아보도록 하겠다. 하나의 컴포넌트는 자신이 사용할 하위 컴포넌트들을 선언하고, 그들간의 연결을 정의하는 configuration 파일과 자신의 구현내용을 기술하고 있는 모듈 파일로 이루어진다. 일반적으로 <컴포넌트 이름>.nc 또는 <컴포넌트 이름>C.nc와 같은 파일의 이름은 인터페이스나 configuration을 위해 사용되며, <컴포넌트 이름>P.nc 혹은 <컴포넌트 이름>M.nc 같은 형식은 모듈을 위해 사용되는 파일 이름이다.

1) Configuration 파일

configuration은 다른 컴포넌트와의 연결에 대한 내용을 정의하고 있는데, 연결에 사용할 컴포넌트를 나열하고 그들간의 연결을 기술하는 방법은 다음과 같다.

```
configuration identifier {
    provides {
          interface interface_name1;
    }
}
implementation {
    components identifierM, com1, com2 ...
    interface_name1 =  identifierM.interface_name1
    identifierM.interface_name2 →com1.identifierM.interface_name3
    com1. identifierM.interface_name3 <-identifierM.interface_name2
}
```

configuration 뒤에 기술된 identifier는 선언된 컴포넌트의 이름을 의미하며, 그 안에는 현 컴포넌트에서 제공하는 인터페이스(interface_name1)가 선언되어 있다. 그리고 그 밑에 기술된 implementation 부분에는 현 컴포넌트에서 사용할 하부 컴포넌트들(identifierM, com1, com2 ...)이 차례대로 선언된다. 그 중 identifierM이라는 이름의 컴포넌트는 현 컴포넌트의 실제 구현 부분인 모듈 파일을 나타내고 있는 것으로 다른 하부 컴포넌트인 com1, com2와 구별된다.

그 밑에 문장들은 컴포넌트 간의 연결을 기술하고 있다. 컴포넌트들 사이의 연결을 Wiring이라고 하는데, 그 종류는 다음과 같은 세 가지 타입이 있다.

와이어 링 종류	->, <-, =

* ❖ interface1 = interface2
  * 2개의 인터페이스가 같음을 의미하며, 해당 인터페이스가 provide될 때 사용된다.
* ❖ interface1 -> interface2
  * 인터페이스의 구성함수가 링크되어 있음을 의미한다. 즉, interface1에서 사용한 인터페이스 함수들은 interface2에 구현되어 있음을 나타낸다.
* ❖ interface <- interface2
  * interface2 -> interface1과 동일한 표기 방법이다.

Wiring은 모듈 사이의 인터페이스를 연결하는 것을 의미하며, 이때 연결되는 인터페이스들 간의 이름은 같아야 한다. 컴파일 시, 인터페이스 함수의 매개변수가 다음 조건에 해당하면 에러가 발생한다.

* 매개변수가 정수가 아닌 경우
* 한쪽의 인터페이스만 매개변수를 가진 경우
* 매개변수 값이 원하는 값보다 크거나 작은 경우
* 타입이 맞지 않을 경우

일단 Wiring이 되면 인터페이스에 정의된 커맨드, 이벤트 함수의 사용이 가능하게 된다. 보다 빠른 이해를 돕기 위해서 LED를 제어하는 LedsC 컴포넌트의 configuration 파일을 예로 들어 설명하겠다. LedsC 컴포넌트의 configuration을 간략화하여 표현하면 다음과 같다.

```
configuration LedsC {
  provides interface Leds;
}
implementation {
  components LedsP, PlatformLedsC;

  Leds = LedsP;

  ...
  LedsP.Led0 → PlatformLedsC.Led0;
  LedsP.Led1 → PlatformLedsC.Led1;
  LedsP.Led2 → PlatformLedsC.Led2;
}
```

위 configuration 파일에는 LedsC라는 컴포넌트가 정의되어 있음을 알 수 있다. LedsC 컴포넌트는 Leds라는 인터페이스를 가지며, 그 인터페이스 안에는 세 개(red, green, yellow)의 LED를 On/Off하는 함수들이 선언되어 있다. LedsC가 사용하고 있는 컴포넌트들은 LedsC의 모듈 파일이 구현되어 있는 LedsP와 실제 LED를 동작시키는 하드웨어적 코드가 기술된 PlatformLedsC이다.

이제 이들간의 Wiring에 대해 알아보도록 하자. 위 코드 중 "LedsP.Led0 → PlatformLedsC.Led0;" 형태의 문장을 통해 LedsP에서 사용하는 Led0 인터페이스가 PlatformLedsC의 Led0 인터페이스와 Wiring됨을 알 수 있다. 이 말의 의미는, LedsP에서 프로그래밍을 할 때 PlatformLedsC에서 제공하는 Led0 인터페이스를 호출해서 사용하겠다는 의미가 된다. 위와 같이 선언됨으로써, LedsP는 Led0, Led1, Led2 인터페이스의 함수들을 통해 PlatformLedsC에게 명령을 내리고 원하는 LED를 제어할 수 있다. 만약 "LedsP.Led0 → PlatformLedsC.Led0;" 문장과 같이 인터페이스 간의 이름이 같다면 "LedsP.Led0 → PlatformLedsC;" 혹은 "LedsP → PlatformLedsC.Led0;"나 "LedsP → PlatformLedsC;"으로 그 내용을 간략하게 표현할 수 있다.

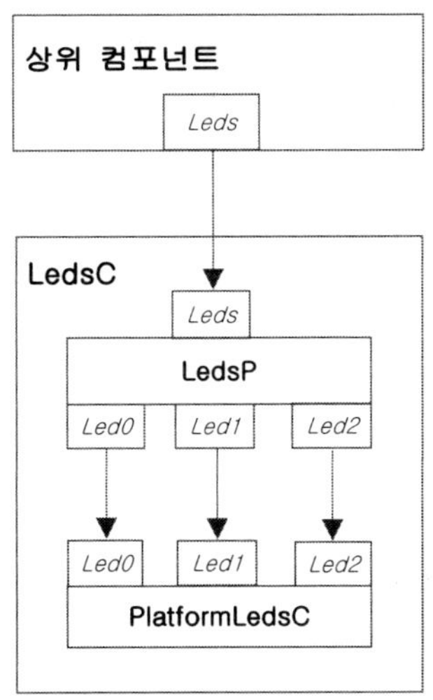

그림 4-2 ▮ LedsC의 컴포넌트 구성도

2) 모듈(module)

모듈 파일에는 해당 컴포넌트의 실제 구현에 대한 내용이 기술되어 있다. 모듈의 기술 방법은 다음과 같다(두 방법 모두 같은 의미로 사용된다).

```
module identifier {
  provides {
        interface a;
        interface b;
  }
  uses {
        interface x;
        interface y;
  }
} implementation {
  ...
  ...
}
```

```
module identifier {

  provides interface a;
  provides interface b;
  uses interface x;
  uses interface y;

} implementation {
  ...
  ...
}
```

모듈 뒤의 identifier는 구현할 컴포넌트의 이름을 의미하며, 그 아래의 {} 안에는 모듈 에서 제공(provide)하는 인터페이스와 사용(use)할 인터페이스를 정의한다. provide에 기술된 인터페이스의 커맨드 함수들은 implementation{} 부분에 꼭 구현되어야 한다.

LedsC 컴포넌트의 모듈 파일을 예로 들어 설명하겠다. 다음 코드는 LedsC 컴포넌트의
module인 LedsP.nc의 내용을 간략화하여 표현한 것이다.

```
 1: module LedsP {

 2:  provides {
 3:    interface Init;
 4:    interface Leds;
 5:  }
 6: uses {
 7:    interface GeneralIO as Led0;
 8:    interface GeneralIO as Led1;
 9:    interface GeneralIO as Led2;
10:  }
11:} implementation {
   // LED의 하드웨어 초기화를 위한 함수
12:  command error_t Init.init() {
   ...
13:    return SUCCESS;
14:  }

   // DBGLED는 디버깅용 함수이다.
15:  #define DBGLED(n) ...

   //0번 LED를 On 함수
16:  async command void Leds.led0On() {
17:    call Led0.clr();
18:    DBGLED(0);
19:  }

   //0번 LED를 Off 함수
20 :  async command void Leds.led0Off() {
21:    call Led0.set();
22:    DBGLED(0);
23:  }

   //0번 LED의 현재 상태가 On일 때 Off하고, Off일 때 On시키는 함수
24:  async command void Leds.led0Toggle() {
25:    call Led0.toggle();
26:    DBGLED(0);
27:  }
   ...
28: }
```

LedsP 컴포넌트에서는 Init과 Leds 인터페이스를 provide로 선언하여 상위 컴포넌트에게 제공하고 있다. 인터페이스 Leds(코드 4라인)는 상위 컴포넌트에서 LedsP 컴포넌트의 동작을 실행시키기 위해 정의된 인터페이스로서 Led0On, Led0Off, Led0Toggle, Led1On, Led1Off … 등의 함수들을 갖는다. 그들의 구현은 LedsP 컴포넌트의 implementation 부분에 자세히 기술되어 있다. LedsP 컴포넌트가 사용하기 위해 uses 형태로 선언한 인터페이스는 interface GeneralIO as Led0;, interface GeneralIO as Led1;, interface GeneralIO as Led2; 이 세 가지(코드 7~9라인)이다. 이 인터페이스가 사실상 구현된 곳은 LedsC configuration 파일에서 선언된 PlatformLedsC 컴포넌트이다. PlatformLedsC 컴포넌트는 GeneralIO 인터페이스 세 개를 provides하고 있으며, 각 인터페이스는 LED0, LED1, LED2를 제어하도록 구현되어 있다. 즉, provide 형태로 선언된 인터페이스의 원형은 상위 컴포넌트에게 제공하기 위해 자기 컴포넌트 내에서 구현해야 하는 것이며, uses로 선언된 형태의 인터페이스는 하부 컴포넌트의 기능을 사용하기 위해 호출하는 것이다. 여기서 한 가지 주의할 점은 세 개의 LED를 제어하는 인터페이스의 원형 이름이 모두 interface GeneralIO로 통일되어 있다는 점이다(코드 7~9라인). 이와 같이 사용해야 할 인터페이스들의 이름이 같을 경우 어떤 interface가 어떤 LED를 제어하는지 알기가 힘들다. 이러한 혼란을 방지하기 위해서 NesC에서는 as라는 예약어를 두고 있다. as를 통해 interface의 이름을 변경될 수 있는데 사용방식은 다음과 같다.

```
interface 인터페이스 이름 as 변경될 이름
```

LedsP 컴포넌트에서도 as를 사용하여 세 가지 GeneralIO 인터페이스를 Led0, Led1, Led2로 분류하여 선언하였다(코드 7~9라인). 이를 통해 프로그래머나 컴파일러 모두 혼돈 없이 작업을 진행할 수 있을 것이다.

4.2.3 Task와 이벤트

TinyOS에서 처리되는 작업들은 크게 Task와 이벤트(Event)로 나누어진다. TinyOS에서의 Task는 간단한 컴퓨팅 연산이나 함수 호출 등에 사용되는 프로세스로서 FIFO 큐를 통해 차례로 실행된다. TinyOS에서는 저장된 모든 Task가 끝난 후, 큐가 비어 있을 경우에는 다른 Task가 생성되기 전까지 CPU의 전원을 최소화하여 소모 에너지를 낮추는 기법을 가지고 있다. Task는 다른 Task에 의해 선점되지 않지만 이벤트에 의해서는 선점된다. 이벤트는 특정 하드웨어 인터럽트나 특정 조건을 만족했을 경우 호출되는 작업들로서 다른 Task보다 먼저 실행되는 특징이 있다. 일반적으로 인터럽트에 의해 어떤 이벤트가 발생되면 연결된 컴포넌트들에 따라 연속적으로 상위 컴포넌트들에 연결된 event 함수가 호출되며, 동시에 그에 따른 처리 함수들이 Task 형태로 만들어져 큐(Queue)에 저장된다. 즉, TinyOS는 이벤트가 발생함으로써 처리해야 할 작업들이 생성되는 event driven OS 형식을 취하게 된다.

4.2.4 레이스 컨디션

TinyOS는 코드 작성의 관점에서 보면 다음과 같이 두 가지 형태로 구분된다. 하나는 인터럽트에 의해서 발생되어 진행되는 비동기적 코드이고, 다른 하나는 FIFO 큐에 의해 순서대로 진행되는 동기적 코드이다. 비동기적 코드는 인터럽트에 의해서 갑작스럽게 시작되기 때문에, 전역 변수를 사용하는 경우에는 레이스 컨디션(race condition)이 발생할 수 있다.

레이스 컨디션을 제거하는 방법은 다음과 같다.

1. 전역 변수를 사용하지 않는다.
2. 인터럽트를 사용하지 않는다.
3. 코드를 짧게 구성하여 인터럽트로부터 자유로운 코드를 구성한다.
4. atomic을 사용한다.
5. 레이스 컨디션을 유발하는 변수 앞에 norace를 붙인다.

atomic 안에 기술된 프로그램은 선점되지 않고 실행되기 때문에 레이스 컨디션 문제를 피할 수 있다. atomic의 사용법은 다음과 같다.

```
atomic {
      sharedvar = sharedvar + 1;
      ...
}
```

4.2.5 TinyOS 명명법

이 절에서는 TinyOS 명명법(Naming Convention)에 대해서 알아보도록 하겠다. 명명법을 익혀두면, 기존의 코드의 분석 및 개발하는 코드의 가독성을 높이는 데 도움이 될 것이다. 명명법은 표 4-7에 요약되어 있다.

표 4-7 ▌ TinyOS 명명법

종류	명명법	예
Interfaces	동사나 명사가 사용되며, 여러 단어를 조합할 경우 각 단어의 첫 번째 글자는 대문자로 표기한다.	ADC Range SendMsg
Components	명사가 사용되며, 여러 단어를 조합할 경우 각 단어의 첫 번째 글자는 대문자로 표기한다. 컴포넌트 중 다음의 특별한 두 종류가 있다. - 대문자 C로 끝나는 이름 - 대문자 M으로 끝나는 이름 이는 인터페이스와 컴포넌트, Configuration과 모듈을 각각 구분하기 위함이다. 대문자 C는 "Component"를 나타내며, 인터페이스와 구분하기 위함이다(예. Timer vs. TimerC). 대문자 M은 "Module"를 나타내며, 하나의 컴포넌트가 configuration과 모듈 모두를 가질 때 서로를 구분하기 위해 사용된다(예. TimerM vs. TimerC).	Counter IntToRfm IntToRfmM TimerC TimerM UARTM
Files	모든 파일 이름은 파일 안에 포함된 타입(Type)의 이름을 사용하며, 모든 nesC 파일은 ".nc"로 끝난다.	Counter.nc IntToRfm.nc IntToRfmM.nc TimerC.nc
Applications	대문자 C가 제거된 최상위 레벨 컴포넌트 이름을 사용한다. - 만약 TinyOS 코드를 테스트하기 위한 목적이라면 파일 이름이 "Test"로 시작되어야 한다. - 만약 TinyOS 하드웨어를 테스트하기 위한 목적이라면 파일 이름이 "Verify"로 시작되어야 한다. - 만약 데모(Demonstration)를 위한 목적이라면 파일 이름이 "Demo"로 시작되어야 한다.	CntToRfm Chirp DemoTracking TestTinyAlloc VerifyMicaHW TestTimer
Commands, Events, and Tasks	동사를 사용하며, 여러 단어를 조합할 경우 첫 번째 단어를 제외한 각 단어의 첫 번째 글자는 대문자로 표기한다. 만약, 커맨드가 직접적으로 하드웨어에 접근한다면 파일 이름은 "TOSH_"로 시작되어야 한다.	sendMsg outputComplete putDone fired TOSH_SET_RED_LED_PIN( );
Variables	명사를 사용하며, 여러 단어를 조합할 경우 첫 번째 단어를 제외한 각 단어의 첫 번째 글자는 대문자로 표기한다. 변수 이름은 서술적이어야 한다.	bool state uint16_t lastCount result_t writeRresult
Constants	항상 대문자이어야 하며, "_"는 각 단어 사이에 사용된다.	TOS_UART_ADDR TOS_BCAST_ADDR TOS_LOCAL

 4.3 TinyOS 서브시스템 및 툴

TinyOS는 시스템 컴포넌트들 이외에도 부가적인 서비스를 위한 서브시스템(Sub-System)과 툴(Tool)들을 제공하고 있다. 본 절에서는 NesC 소스를 분석해 주는 컴파일 방법과 가상머신에서 동작시키기 위한 컴파일 방법에 대해 소개하도록 하겠다.

4.3.1 NesC 소스 문서화

NesC 컴파일러는 NesC 소스코드를 자동으로 문서화하는 기능을 제공해 준다. 생성된 문서는 기본적으로 컴포넌트를 기반으로 생성되며, 각 소스 파일마다 하나의 HTML 파일이 생성된다. 다만, C 파일이나 헤더 파일에 포함된 내용은 문서화되지 않는다.

이때, 프로그래머는 특별한 형태의 코멘트(Comment)를 넣음으로써 생성된 문서에도 코멘트를 넣을 수 있다. NesC에서 문서 코멘트(Documentation Comment)는 "/**"로 시작되어 "**/"로 끝난다. 문서 코멘트 안에서 첫 번째 문장은 문서 상단부분의 요약 에 나타날 해당 아이템의 설명이 된다. 문서화 파서(Parser)는 문서 코멘트 안에서 다 음의 커맨드를 인식한다.

인식 커맨트	설 명
@param paramname text text text	함수의 파라미터를 설명한다
@return text text text	함수의 리턴값을 설명한다
@author text text text	파일 저자를 열거한다. 여러 저자를 위해 반복된 @author 커맨드를 사용한다.
@modified text text text	수정사항을 설명한다.

NesC 소스 문서화는 예제 폴더 안에서 "make docs zigbex" 명령을 통해 doc 폴더 안 에 생성된다.

4.3.2 TOSSIM

TOSSIM은 TinyOS 기반의 이벤트 시뮬레이터이다. 개발한 TinyOS 애플리케이션을 센서 노드를 위해 컴파일하지 않고 TOSSIM 프레임워크를 위해 컴파일함으로써, PC에서 개발한 애플리케이션의 동작을 확인해 볼 수 있다. 이는 사용자가 실제 센서 노드 없이도 개발된 애플리케이션이나 알고리즘을 설정된 환경 속에서 디버깅, 테스트, 그리고 분석을 반복적으로 수행함으로써 개발 시간을 단축시키고 프로그램의 안정성을 증대시킨다.

TOSSIM의 주요 목적은 TinyOS 애플리케이션에 충실한 시뮬레이션을 만드는 것이기 때문에 하드웨어가 아닌 소프트웨어 레벨의 TinyOS 코드와 애플리케이션을 시뮬레이션하는 것에 집중되어 있다. 따라서 TOSSIM이 실제 모트에서 일어날 수 있는 현상을 이해하는 데 도움이 될 수는 있지만 모든 문제를 예상하거나 절대적인 평가를 하기는 힘들다. 다음은 TOSSIM의 특징을 나열하였다.

- **충실도(Fidelity)**: 기본적으로 TOSSIM은 최하위 레벨(Very Low Level)에서의 TinyOS 행동을 시뮬레이션한다. 예를 들어, 실제 하드웨어 통신, 센서 값 측정 등 실제 하드웨어에서 일어나는 행동들이 시뮬레이션되며 나머지 다른 TinyOS의 동작은 모두 실제 코드를 따라 실행된다.

- **시간(Time)**: TOSSIM은 시스템 인터럽트의 정확한 시간을 측정하지만 실행 시간(Execution Time)을 모델링하지는 않는다. 즉, 가상 시간(4MHz)을 중심으로 동작되도록 설계되었다.

- **모델(Models)**: TOSSIM 자체는 실제 세계를 모델링하지 않는다. 대신에, bit 에러와 같은 몇몇 실제 세계에서 일어나는 현상을 추상화한다. 예를 들어, TOSSIM은 Radio Propagation을 모델링하지는 않지만 두 센서 노드 사이의 양방향성의 독립적인 bit 에러를 추상화한다.

- **빌드(Building)**: TOSSIM은 TinyOS 코드로부터 바로 빌드된다. TOSSIM은 예제 폴더 안에서 "make pc" 명령을 통해 생성할 수 있다.

Task를 이용한 LED 제어

이번 장은 본격적으로 ZigbeX 모트를 제어하기 위한 첫 번째 장으로서 TinyOS에서 제공하는 LED 컴포넌트를 사용하여, 모트의 Red, Yellow, Green 세 개의 LED를 제어하는 방법과 그 구조에 대해 공부해 보도록 하겠다.

- 모트의 LED 제어 대해서 이해하고 예제 프로그램 작성을 통해 모트의 LED를 직접 동작시켜 본다.
- TinyOS에서 제공하고 있는 LedsC 컴포넌트 구조를 이해한다.
- Blink 예제에서 사용된 여러 하부 컴포넌트를 이해한다.

1.1 기본 지식

1.1.1 모트의 LED의 일반적인 사용 용도

일반적으로 모트의 LED는 센서 노드의 상태나 특정 동작의 수행 여부를 확인하기 위해 주로 사용된다. 예를 들어, 모트의 센서가 동작될 경우에는 Red LED를, 데이터를 무선 통신으로 보낼 때는 Yellow LED를, 그리고 그 데이터를 받을 때에는 Green LED를 동작시킴으로써 특별한 디버깅 모드를 사용하지 않더라도 육안으로 센서 노드의 동작을 확인할 수 있다.

1.1.2 LedsC 컴포넌트

우선 TinyOS에서 제공하고 있는 LedsC 컴포넌트를 분석해 보도록 하겠다. LED를 제어하는 컴포넌트가 구현된 파일은 \opt\tinyos-2.x\tos\system 폴더에 있는 LedsC.nc 파일이다. LedsC 컴포넌트는 인터페이스로 Leds를 사용하며, 모트에 내장된 세 가지 LED를 제어하기 위해 다음과 같은 command 함수들을 제공하고 있다.

표. 1-1 ▌Leds 인터페이스에서 제공하는 command들

	Leds 컴포넌트에서 제공하는 함수들
전체 LED 제어	Leds.get() - 현재 Led의 상태를 가져온다. (bit0=led0, bit1=led1, bit2=led2) Leds.set(uint8_t) - Led의 상태를 입력된 값으로 설정. (bit0=led0, bit1=led1, bit2=led2)
Red LED	Leds.led0On() - Red LED를 On한다. Leds.led0Off() - Red LED를 OFF한다. Leds.led0Toggle() - Red LED를 현재 상태와 반대로 변경한다. (흔히 LED를 깜빡 거릴 때 사용)
Green LED	Leds.led1On() - Green LED를 On한다. Leds.led1Off() - Green LED를 OFF한다. Leds.led1Toggle() - Green LED를 현재 상태와 반대로 변경한다. (흔히 LED를 깜빡거릴 때 사용)
Yellow LED	Leds.led2On() - Yellow LED를 On한다. Leds.led2Off() - Yellow LED를 OFF한다. Leds.led2Toggle() - Yellow LED를 현재 상태와 반대로 변경한다. (흔히 LED를 깜빡거릴 때 사용)

1.2 Blink 예제의 구성

앞에서 언급한 LedsC 컴포넌트를 이용하여 모트에 장치되어 있는 Red, Green, Yellow LED들을 제어하는 예제 프로그램을 만들어 보도록 하겠다. 먼저 하나의 애플리케이션을 만들기 위해서는 configuration과 module 파일을 만들어야 한다. 일단 예제 컴포넌트를 Blink라 명명하고, configuration과 module을 위해 Blink.nc와 BlinkM.nc 파일을 구성한다.

Blink.nc 파일은 Blink 프로그램의 configuration으로 사용할 여러 컴포넌트의 선언 및 서로간의 연결을 나타내 주며, BlinkM.nc 파일은 Blink 예제의 실제 동작 부분을 기술한 module 파일이다. 이 예제에서는 Yellow와 Green LED를 제어하는 방법에 대해서 기술하고 있다.

본 예제 프로그램은 TinyOS가 설치된 다음 폴더에서 찾을 수 있다.

Cygwin 설치폴더 \opt\tinyos-2.x\contrib\zigbex\Blink\ 폴더에 있는 Bink.nc와 BlinkM.nc 파일을 참조.

1.2.1 Blink.nc 파일

Blink 예제에서 사용한 여러 하부 컴포넌트들이 어떻게 서로 연결되어 있는지 확인하기 위해서는 configuration 파일인 Blink.nc를 살펴보아야 한다.

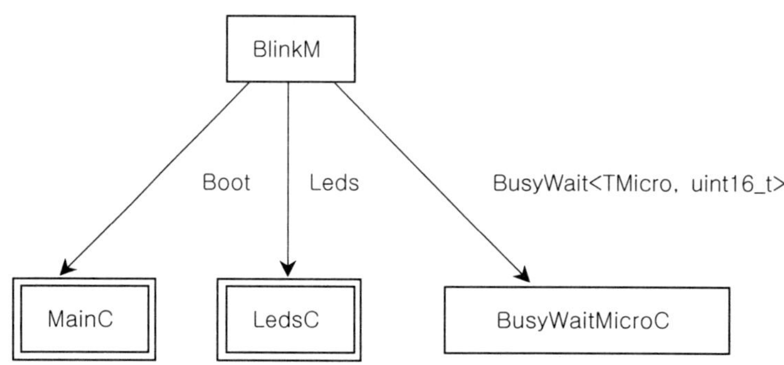


```
1:    configuration Blink {
2:    }
3:    implementation {
4:      components MainC, BlinkM, LedsC, BusyWaitMicroC;

5:      BlinkM.Boot → MainC;
6:      BlinkM.Leds → LedsC;
7:      BlinkM.BusyWait →BusyWaitMicroC;
8:    }
```

4: components 키워드 뒤에 사용되는 모듈은 MainC와 BlinkM, 그리고 Led를 제어하기 위한 LedsC 그리고 us 단위의 지연시간을 주기 위한 BusyWaitMicroC 컴포넌트를 사용한다.

5: TinyOS 1.x와 달리 StdControl 인터페이스로 MainC 모듈과 연결되지 않고 Boot라는 인터페이스와 MainC 모듈이 연결되어 있다. 2.x에서는 MainC 컴퍼넌트에서 TinyOS에 관련된 설정이 끝나면 프로그램이 시작할 수 있도록 StdControl 인터페이스의 init과 start함수를 호출하였으나 2.x에서는 Boot라는 인터페이스의 booted 이벤트를 발생시켜 줌으로써 프로그램이 시작할 수 있도록 해준다.

event void booted( )	MainC 컴포넌트에 의해 TinyOS가 초기화된 후 프로그램이 실행될 수 있도록 이벤트를 발생

6: 모듈 BlinkM의 인터페이스인 Leds와 하부 컴포넌트인 LedsC의 인터페이스 Leds를 연결한다.

7: us 단위의 지연시간을 주기 위한 BusyWait 인터페이스와 BusyWaitMicroC 컴포넌트를 연결한다. BusyWait 인터페이스의 wait 함수는 다음과 같은 형식을 가진다.

command void wait (size_type dt)	입력된 us 단위의 dt만큼 Delay시킨다.

1.2.2 BlinkM.nc 파일

Blink의 module인 BlinkM.nc 파일을 살펴보도록 하겠다. BlinkM.nc 파일을 열면 다음과 같은 소스코드를 확인할 수 있다.

```
1:    module BlinkM {
2:    uses {
3:      interface Boot;
4:      interface Leds;
5:      interface BusyWait<TMicro,uint16_t>;
6:    }
```

```
 7:   }
 8:   implementation {
 9:    task void led_task();

10:    event void Boot.booted() {
11:     post led_task();
12:    }

13:    task void led_task(){
14:     int i;
15:     for(i=0; i<10; i++)
16:     {
17:        call Leds.led2On();
18:        call BusyWait.wait(30000);
19:        call Leds.led1Toggle();
20:        call Leds.led2Off();
21:     }
22:    }
23:   }
```

2~6: Module 파일에 uses로 선언된 인터페이스들을 살펴보면, 프로그램의 시작을 알려 주는 Boot 인터페이스와 Led 제어를 위한 Leds 인터페이스, 그리고 us 단위의 Delay 를 주기 위한 BusyWait 인터페이스를 선언하고 있다. BusyWait의 <> 안의 내용 중, TMicro는 시간단위를 us 단위로 하며 설정하는 시간 변수의 형식은 uint16_t로 하겠 다는 의미이다.

9: task로 실행하고 싶은 특정 함수를 선언하기 위해서는 함수의 앞에서 task라는 키워 드를 붙이고, 파라미터가 없는 형식의 함수를 정의해야 한다. 9라인에 있는 led_task 의 원형은 13라인에서 정의된다.

10~12: TinyOS가 시작 준비를 마치게 되면, MainC 컴포넌트에 의해 Boot.booted() 함 수가 호출된다. 이 함수에서는 9번 라인의 led_task로 선언한 태스크 함수를 호출하 기 위해 post 키워드를 사용하였다. booted 함수가 종료되면 스케줄러에 의해서 led_task() 태스크 함수가 호출된다.

13~22: led_task()가 호출되어 led2(황색 LED)를 키고 30ms의 지연시간을 가진 후에 led1(녹색 LED)을 Toggle시키고 led2(황색 LED)를 끄는 동작을 10회 반복하게 된다.

1.3 Blink 실습

1.3.1 실습 준비물

Host PC, 모트 1개, ISP 프로그램 툴, 다운로드 케이블

1.3.2 실습 시스템 구성

먼저 Cygwin을 시작한다. 다음과 같이 입력하여 예제 폴더로 이동한다.

```
cd /opt/tinyos-2.x/contrib/zigbex
cd Blink
```

이제 make zigbex를 입력하여 컴파일을 한다.

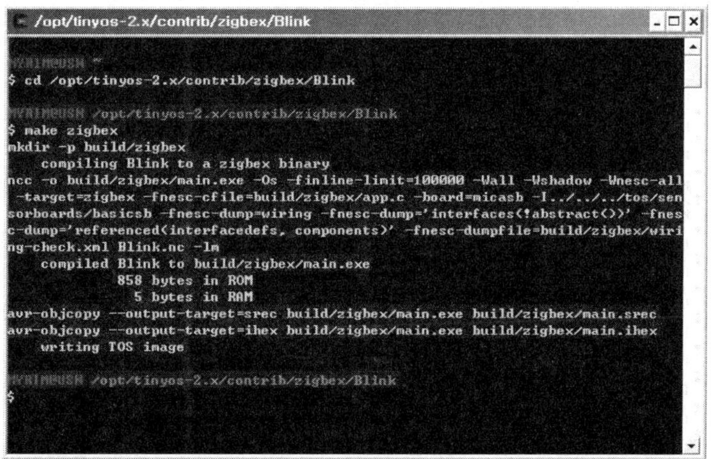

그림 1-1 ▮ "make zigbex"의 결과

컴파일한 후 build/zigbex라는 폴더가 만들어지고, 그 안에 main.hex라는 파일이 생성된다.

❖ PonyProg ISP를 이용하여 ZigbeX로 프로그램 다운로드
〈옛 버전의 ZigbeX를 가지고 있는 유저에 해당〉

컴파일된 main.hex를 ISP 프로그램 툴을 이용하여 모트에 설치한다. 이를 위해, PonyProg 프로그램을 실행한 후 main.hex 파일을 열기 위해 해당 경로로 찾아간다. 이때 모트와 PC는 프린트 케이블에 의해 연결되어 있어야 하고, 모트의 전원도 켜져 있어야 한다.

main.hex의 파일의 경로는 다음과 같다.

Cygwin 설치폴더 \opt\tinyos-2.x\contrib\zigbex\Blink\ build\zigbex

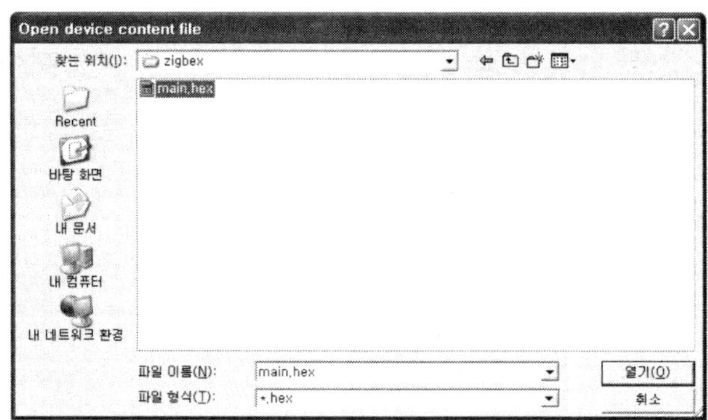

그림 1-2 ▌열기 버튼을 이용한 hex 파일 열기

열기 버튼을 누른다. main.hex가 로드되면서 박스에 hex가 표시된다.

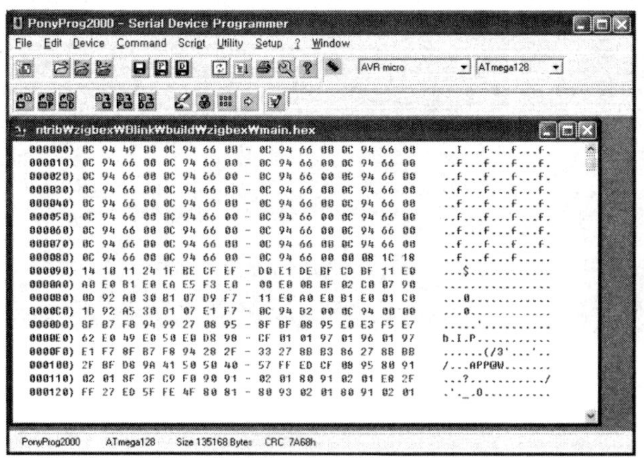

그림 1-3 ▌main.hex를 읽은 결과

이제 command 메뉴에서 write program을 선택하면 main.hex가 ZigbeX 모트로 프로그램된다.

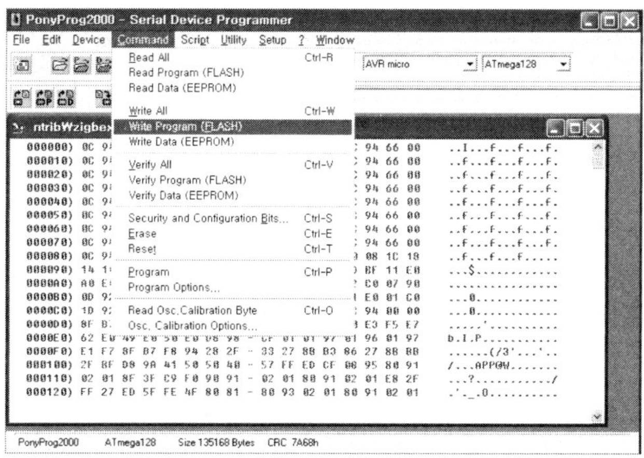

그림 1-4 ▌프로그램하기 위한 풀다운 메뉴의 사용법

❖ USB_ISP 혹은 AVR_ISP 보드를 이용하여 ZigbeX로 프로그램 다운로드
〈**최근 버전의 ZigbeX를 가지고 있는 유저에 해당** 〉

- AVR Studio를 실행한다.
- AVR Studio에서 Tools → Program AVR → Auto Connect 메뉴를 선택하여 USB-ISP에 접속한다.
- 연결이 정확하면 다음과 같은 다운로드 화면이 나타난다.

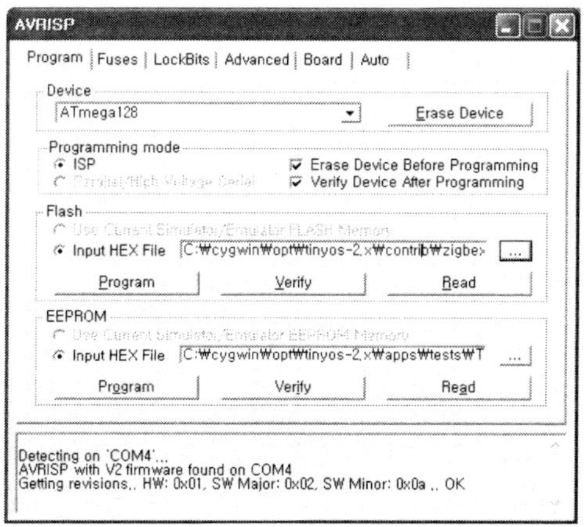

그림 1-5 ▌AVR-ISP 프로그램

- "..." 버튼을 클릭하여 원하는 hex 파일을 선택한 다음 "Program" 버튼을 클릭하면 프로그램된다. 위 순서를 실행하기 전에 모트와 연결된 ISP 보드의 스위치는 반드시 'SPI' 모드(AVR-ISP는 'ISP' 모드)로 되어 있어야 하며, PC와 USB 케이블로 연결되어 있어야 한다(AVR-ISP를 이용 시 모트의 전원을 On하여야 한다.)

1.4 실습 결과

위의 순서에 따른 실습을 마쳤다면, 한백전자 모트의 Yellow LED는 켜지고, 30ms마다 Green LED의 On/Off가 변경되는 것을 확인할 수 있다. Blink 예제는 ISP를 이용한 다운로드가 끝난 후 바로 동작되기 때문에, LED의 동작을 눈으로 확인하지 못할 수도 있다. 그 경우에는 모트의 전원을 Off한 후 다시 On시켜서 LED의 동작을 확인한다. 만약 모트가 계속 PC와 USB 케이블을 통해 연결된 상태라면, 분리한 후 전원 스위치를 On/Off해보길 바란다.

실습 Timer를 이용한 LED 제어

이번 장에서는 특정 시간 후 Timer.fired( ) event를 받을 수 있는 Timer 컴포넌트를 이용하여 일정 시간마다 ZigbeX 모트의 Red LED를 On/Off하는 실습을 해보도록 하겠다.

실습목표

- 모트의 Timer를 이용한 LED 제어에 대해서 이해하고 예제 프로그램 작성을 통해 모트의 LED 동작을 직접 제어해 본다.
- Timer 컴포넌트의 기능과 구조를 이해한다.

2.1 BlinkTimer 예제

2.1.1 BlinkTimer 예제의 구성

BlinkTimer 응용 예제는 configuration인 BlinkTimer.nc 파일과 module 부분인 BlinkTimerM.nc 파일로 구성된다.

BlinkTimer.nc는 BlinkTimer 예제에서 사용되는 컴포넌트 간의 연결을 기술해 주는 configuration 파일이고, BlinkTimerM.nc는 실제 예제를 동작시키기 위한 프로그래밍을 기술하는 module 파일이다.

본 예제 프로그램은 TinyOS가 설치된 다음 폴더에서 찾을 수 있다.

Cygwin 설치폴더 \opt\tinyos-2.x\contrib\zigbex\BlinkTimer\ 폴더 참조.

2.1.2 BlinkTimer.nc 파일

BlinkTimer 예제에서 사용하는 컴포넌트 간의 연결 구성은 configuration 파일인 BlinkTimer.nc를 통해 확인할 수 있다.

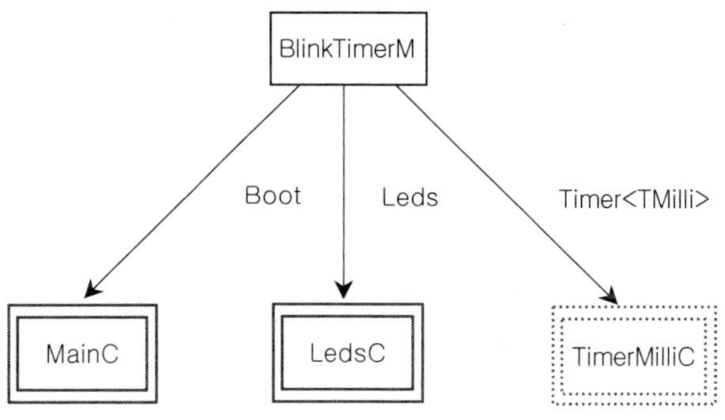


```
1: configuration BlinkTimer {
2: }
3: implementation {
4: components MainC, BlinkTimerM,LedsC, new TimerMilliC();
5:   BlinkTimerM.Boot  → MainC; //MainC.Boot에서 Boot가 생략된 상태
6:   BlinkTimerM.Leds  → LedsC; //LedsC.Leds에서 Leds가 생략된 상태
7:   BlinkTimerM.Timer → TimerMilliC; //Timer가 생략된 상태
8: }
```

3: implementation 부분에서는 각 컴포넌트 간의 연결을 기술한다.

4: BlinkTimer.nc에서는 BlinkTimer 예제의 동작을 위해 MainC, BlinkTimerM, LedsC, new TimerMilliC() 등 4개의 컴포넌트들을 components라는 예약어 다음에 선언하였다.

5~7: 하부 컴포넌트들의 인터페이스와 모듈 파일의 인터페이스를 wiring한다. MainC 와 BlinkTimerM.Boot 인터페이스가 wiring되며, BlinkTimerM에서 사용하는 Leds 인터페이스는 LedsC와 wiring된다. 그리고 TimerMilliC 컴포넌트의 Timer 인터페이스 는 BlinkTimerM의 Timer 인터페이스와 연결된다. 앞에서 언급했듯이 인터페이스의 원형 이름이 같은 경우에는 생략할 수 있는데, 위 파일에서는 모두 생략된 경우이 다(5, 6, 7라인).

TimerMilliC의 경우에 여러 컴포넌트들에게 독립적인 타이머들을 제공할 수 있다. 이론 장 에서 공부했듯이 여러 컴포넌트들로부터 동시에 사용되는 특별한 컴포넌트들은 generic으 로 선언되며, 사용 시 new라는 예약어를 통해 쓴다고 언급했었다. 코드 4라인에서 보듯 이 TimerMillic가 다른 컴포넌트와 다르게 new라는 예약어를 사용하는 이유는 TimerMillic 컴포넌트가 generic 컴포넌트이기 때문이다. 다음의 표 2-1은 Timer 인터페이스 함수들을 정리해서 보여주고 있다. (startOneShot (uint32_t dt) 함수와 startPeriodic (uint32_t dt) 함 수가 가장 많이 사용된다.)

표 2-1 ▌TimerMilliC에서 제공하는 Timer 인터페이스의 함수들

command uint32_t getdt()	설정된 타이머의 주기를 리턴한다.
command uint32_t getNow()	현재 시간을 리턴한다.
command uint32_t gett0()	타이머가 호출된 시간인 t0를 리턴한다. (t0시 간부터 설정시간 후에 이벤트가 발생한다)
command bool isOneShot()	한 번 호출로 종료되는 타이머인지 확인
command bool isRunning()	현재 타이머가 설정되어 실행 중인지 확인
command bool startOneShot(uint32_t dt)	dt 시간 후에 한번 이벤트를 발생시킨다.
command bool startOneShot(uint32_t t0,uint32_t dt)	t0+dt 시간 후에 이벤트를 발생시킨다.
command bool startPeriodic(uint32_t dt)	dt시간을 주기로 해서 계속 반복하여 이벤트 를 발생한다.
command bool startPeriodic(uint32_t t0,uint32_t dt)	t0후부터 dt주기로 반복하여 이벤트 발생
command void stop()	현재 진행 중인 timer를 정지시킨다.

2.1.3 BlinkTimerM.nc 파일

BlinkTimer의 module인 BlinkTimerM.nc 파일을 살펴보도록 하자. BlinkTimerM.nc 파일
을 열면 다음과 같은 소스코드를 확인할 수 있다.

```
 1: module BlinkTimerM {
 2:   uses {
 3:         interface Boot;
 4:         interface Timer<TMilli>;
 5:         interface Leds;
 6:   }
 7: }
 8: implementation {

 9:   event void Boot.booted() {
10:       call Timer.startPeriodic(1000);
11:   }

12:   event void Timer.fired()  {
13:       call Leds.led0Toggle();
14:   }
15: }
```

1~7: 사용할 인터페이스들을 선언하고, implementation 부분은 실제 동작에 관련된 내
용들을 기술한다.

4: Timer<TMilli> 인터페이스 안에 있는 TMilli 파라미터는 현재 Timer가 ms 단위임을
나타낸다.

9~11: TinyOS가 시작 준비를 마치게 되면, MainC 컴포넌트에 의해 Boot.booted( ) 함수가 호출
된다. booted( ) 이벤트 함수에서 1초마다 반복적인 동작을 위해 Timer.startPeriodic(1000)
을 호출한다. 이 함수를 통해 1000ms(1초)마다 주기적으로 T Timer.fired( ) event 함
수가 호출되게 된다.

12~14: Timer.fired 이벤트 함수에서는 led0(Red)을 Toggle하여 1초 주기마다 적색 Led
가 깜박거리게 한다.

2.2 BlinkTimer 실습

2.2.1 실습 준비물

Host PC, 모트 1개, ISP 프로그램 툴, 다운로드 케이블

2.2.2 실습 시스템 구성

먼저 Cygwin을 시작한다. 다음과 같이 입력하여 예제 폴더로 이동한다.

```
cd /opt/tinyos-2.x/contrib/zigbex
cd BlinkTimer
```

이제 make zigbex를 입력하여 컴파일을 한다.

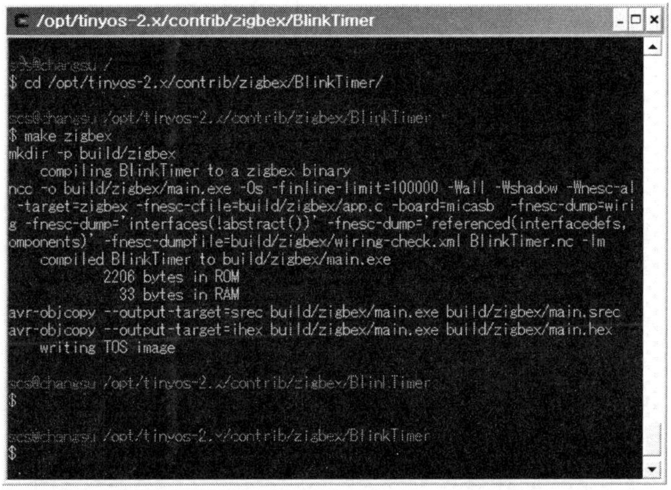

그림 2-1 ▌ "make zigbex"의 결과

컴파일한 후, build/zigbex라는 폴더가 만들어지고 그 안에 main.hex라는 파일이 생성된다.

❖ **PonyProg ISP를 이용하여 ZigbeX로 프로그램 다운로드**

컴파일된 main.hex를 ISP 프로그램 툴을 이용하여 모트에 설치한다. 이를 위해, PonyProg 프로그램을 실행한 후 main.hex 파일을 열기 위해 해당 경로로 찾아간다. 이때 모트와 PC는 프린트 케이블에 의해 연결되어 있어야 하고, 모트의 전원도 켜져 있어야 한다.

main.hex의 파일의 경로는 다음과 같다.

Cygwin 설치폴더 \opt\tinyos-1.x\contrib\zigbex\BlinkTimer\build\zigbex

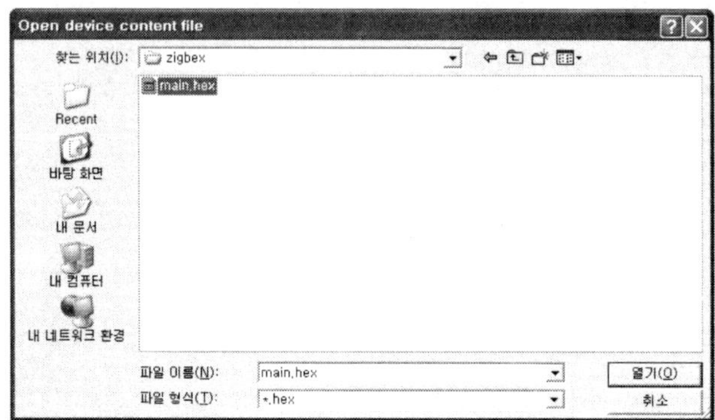

그림 2-2 ▌ 버튼을 이용한 hex 파일 열기

열기 버튼을 누른다. main.hex가 로드되면서 박스에 hex가 표시된다.

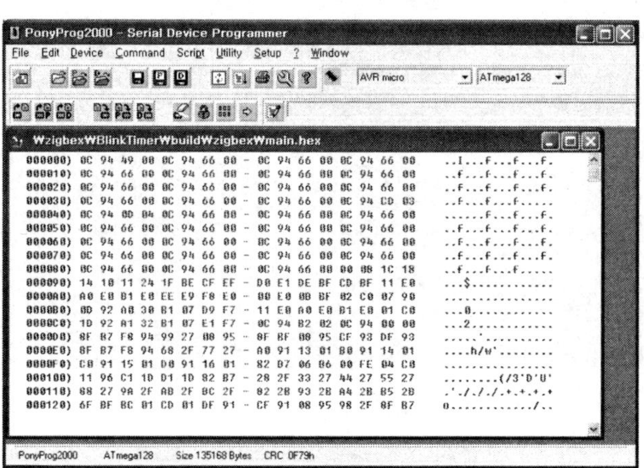

그림 2-3 ▌ main.hex를 읽은 결과

이제 command 메뉴에서 write program을 선택하면 main.hex가 ZigbeX 모트로 프로그램된다.

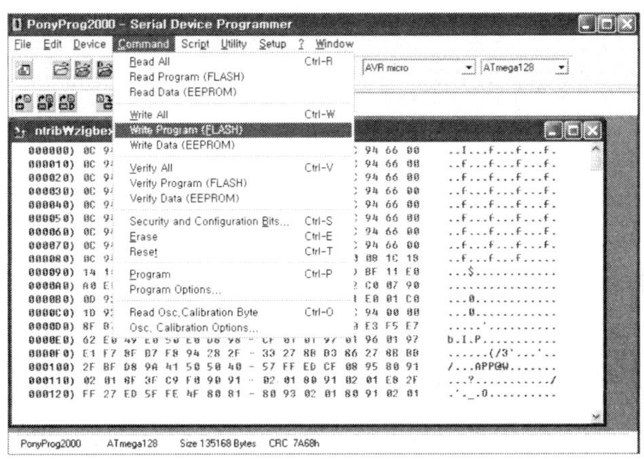

그림 2-4 ▮ 프로그램하기 위한 풀다운 메뉴의 사용법

❖ **USB_ISP 혹은 AVR_ISP를 이용하여 ZigbeX로 프로그램 다운로드**

- AVR Studio를 실행한다.
- AVR Studio에서 Tools → Program AVR → Auto Connect 메뉴를 선택하여 USB-ISP에 접속한다.
- 연결이 정확하면 다음과 같은 다운로드 화면이 나타난다.

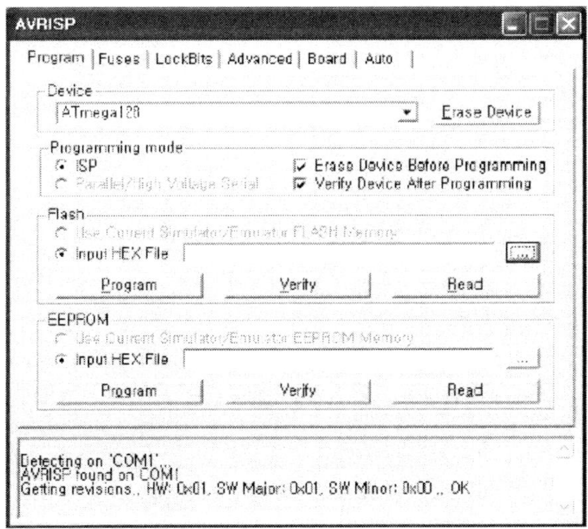

그림 2-5 ▮ AVR ISP 프로그램

- "..." 버튼을 클릭하여 원하는 hex 파일을 선택한 다음 "Program" 버튼을 클릭하면 프로그램된다. 위 순서를 실행하기 전에 모트와 연결된 ISP 보드의 스위치는 반드시 'SPI' 모드(AVR-ISP는 'ISP' 모드)로 되어 있어야 하며, PC와 USB 케이블로 연결되어 있어야 한다(AVR-ISP를 이용 시 모트의 전원을 On하여야 한다).

2.3　실습 결과

위의 순서에 따른 실습을 통해 모트의 Timer를 이용한 LED 제어에 대해서 이해하고, 실제 실습을 통해 1초마다 Red LED의 On/Off가 변경되는 것을 확인함으로써 LED 동작 및 Timer의 사용법을 숙지할 수 있다.

LED를 이용한 HelloWorld

개요

이번 장에서는 앞에서 배운 LED 제어 컴포넌트와 Timer 컴포넌트를 응용하고, ZigbeX
에 장치되어 있는 LED의 On/Off를 모스부호화하여 "hello,world"라는 단어를 출력하
는 예제에 대해 공부해 보겠다.

3.1 모스부호와 LED

이번 장에서 실습할 HelloWorld 애플리케이션은 "hello,world" 문자를 모스부호로 바
꾸어 LED에 표시하는 프로그램이다. 모스부호는 단점(dot)과 단점의 3배 길이인 장점
(dash)으로 구성되며, 문자와 기호 사이에는 3단점 길이의 간격을 취한다. 국문의 경우
자(字)와 자 사이는 5단점의 길이를 둔다. 영문자를 모스부호로 표시하면 다음과 같다.

표 3-1 ▌모스부호

A	.-	N	-.	0	-----
B	-...	O	---	1	.----
C	-.-.	P	.--.	2	..---
D	-..	Q	--.-	3	...--
E	.	R	.-.	4	....-
F	..-.	S	...	5	.....
G	--.	T	-	6	-....

H	....	U	..-	7	--...
I	..	V	...-	8	---..
J	.---	W	.--	9	----.
K	-.-	X	-..-	Fullstop	.-.-.-
L	.-..	Y	-.--	Comma	--..--
M	--	Z	--..	Query	..--..

위에서 정의된 모스부호를 LED의 On/Off에 활용하여 "hello,world" 단어를 만들어 보도록 하겠다.

3.2 HelloWorld 예제

HelloWorld 애플리케이션은 "hello,world" 문자를 모스부호로 바꾸어 LED에 표시하는 프로그램이다.

본 예제 프로그램은 TinyOS가 설치된 다음 폴더에서 찾을 수 있다.

Cygwin 설치폴더 \opt\tinyos-2.x\contrib\zigbex\Helloworld\ 폴더 참조.

3.2.1 HelloWorld.nc 파일

HelloWorld 예제에서 사용하는 컴포넌트들의 선언 및 연결 구성은 configuration 파일인 HelloWorld.nc에서 확인할 수 있다.

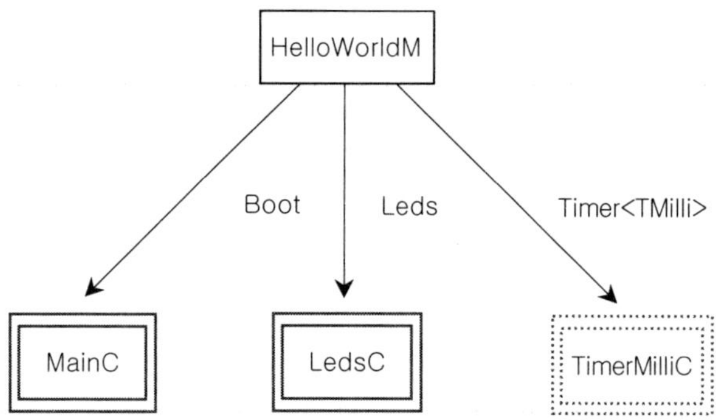

```
1: configuration HelloWorld {
2: }
3: implementation {
4:       components MainC, HelloWorldM, LedsC,new TimerMilliC();

5:       HelloWorldM.Boot → MainC;
6:       HelloWorldM.Leds → LedsC;
7:       HelloWorldM.Timer → TimerMilliC;
8: }
```

3: implementation 부분에서는 각 컴포넌트 간의 연결을 기술한다.

4: HelloWorld.nc에서는 시간 setting과 LED의 On/Off 제어를 위해서 MainC, HelloWorldM, LedsC, new TimerMilliC() 등 4개의 컴포넌트들을 components라는 예약어 다음에 선언한다.

5~8: 하부 컴포넌트의 인터페이스를 자신의 Module인 HelloWorldM 컴포넌트의 인터페이스들과 연결시킨다.

3.2.2 HelloWorldM.nc 파일

실제 HelloWorld 프로그램이 구현되어 있는 module 파일인 HelloWorldM.nc 파일을 살펴보도록 하겠다. HelloWorld.nc 파일을 열면 다음과 같은 소스코드를 확인할 수 있다.

```
1: #define MORSE_WPM 12
2: #define MORSE_UNIT ( 1200 / MORSE_WPM )

3: module HelloWorldM {
4:    uses {
5:       interface Boot;
6:       interface Timer<TMilli>;
7:       interface Leds;
8:    }
9: }

10: implementation {
11:   event void Boot.booted() {
12:      call Leds.led0Off();
13:      call Leds.led1Off();
```

```
14:        call Leds.led2Off();
15:        call Timer.startOneShot(1000);
16:    }

17:    event void Timer.fired() {
    // static char *morse 변수에 hello,world 문자열의 포인터를 저장한다.
18:        static char *morse = ".... . .-.. .-.. ─ ─..─ .─ ─ .─. .-...─. " ;
19:        static char *current;

20:      if( !current )
21:        current = morse;
22:      switch( *current ) {
23:       case ' ': // pause: 두 번의 모스 units 시간 동안 off한다.
24:           dbg( DBG_USR1, "Morse: pause\n" );
25:           call Timer.startOneShot( 2 * MORSE_UNIT );
26:           current++;
27:           break;

28:      case '.':
       // dot: 한 번의 모스 unit 동안 on하고 한 번의 unit 동안 off한다.
29:           if( (call Leds.get()&LEDS_LED0) ) {
30:              dbg( DBG_USR1, "Morse: dot\n" );
31:              call Leds.led0On();
32:                  call Timer.startOneShot( MORSE_UNIT );
33:           } else {
34:                  call Leds.led0Off();
35:                  call Timer.startOneShot( MORSE_UNIT );
36:                  current++;
37:           }
38:           break;

39:      case '-':
       // dash: 세 번의 모스 unit 동안 on하고 한 번의 unit 동안 off한다.
40:           if( (call Leds.get()&LEDS_LED0) ) {

41:              dbg( DBG_USR1, "Morse: dash\n" );
42:                  call Leds.led0On();
43:                  call Timer.startOneShot( 3 * MORSE_UNIT );
44:           } else {
45:                  call Leds.led0Off();
46:                  call Timer.startOneShot( MORSE_UNIT );
47:                  current++;
48:           }
49:           break;
```

```
50:     default:
        // 잘못된 문자(ignore) : 이 외의 문자 입력 시 오류메시지를 출력한다.
51:             dbg( DBG_USR1, "Morse: illegal character!\n" );
52:             break;
53:     }
        // 문자열의 마지막(NULL 문자)에 오면 return한다.
54:     if( !*current )
55:             current = morse;
56:             return;
57:     }
58: }
```

11~16: Main 컴포넌트에 의해 처음 실행되는 것은 HelloWorldM의 Boot.booted() 함수이다. 이 함수 안에는 LED에 대한 초기화 및 Off에 대한 명령어가 실행된다.

15: Helloworld 예제는 BlinkTimer예제와 비슷하게 Timer를 이용하여 LED On/Off를 모스부호에 맞게 제어하기 때문에, Timer 인터페이스를 사용해야 한다. Timer 인터페이스의 함수들 중 Timer.startOneShot()는 입력한 파라미터 시간(1000msec = 1sec) 후에 한 번 Timer.fired 이벤트를 발생시키는 함수이다. 이 함수를 이용하여 모스부호의 시간을 제어한다.

17~57: Timer.fired() 함수에서는 static 포인트 변수인 morse에 저장되어 있는 'hellow,world' 모스 값에 따라 적색 LED의 On/Off를 명령하게 된다. 예를 들어, 모스부호 공백 ' '에서는 3*MORSE_UNIT 시간 동안 LED에 아무런 변화를 주지 않고, 모스부호 점 '.'에서는 MORSE_UNIT 시간 동안 적색 LED를 On한 후, 다시 MORSE_UNIT 시간 동안 적색 LED를 Off한다. 이런 식으로 각각의 모스부호에 따른 동작을 수행한 후, 변수 current를 ++시켜 다음 모스부호로 넘어간다. 이와 같은 동작에 의해 Helloworld 프로그램이 설치된 센서 노드에서는 적색 LED를 이용하여 'Hello,world'의 모스부호를 차례대로 출력한다.

3.3 HelloWorld 실습

3.3.1 실습 준비물

Host PC, 모트 1개, ISP 프로그램 툴, 다운로드 케이블

3.3.2 실습 시스템 구성

먼저 Cygwin을 시작한다. 다음과 같이 입력하여 예제 폴더로 이동한다.

```
cd /opt/tinyos-2.x/contrib/zigbex
cd Helloworld
```

이제 make zigbex를 입력하여 컴파일을 한다.

그림 3-1 ┃ "make zigbex"의 결과

컴파일한 후, build/zigbex라는 폴더가 만들어지고 그 안에 main.hex라는 파일이 생성된다.

❖ **PonyProg ISP를 이용하여 ZigbeX로 프로그램 다운로드**

컴파일된 main.hex를 ISP 프로그램 툴을 이용하여 모트에 설치한다. 이를 위해, PonyProg 프로그램을 실행한 후 main.hex 파일을 열기 위해 해당 경로로 찾아간다. 이때 모트와 PC는 프린트 케이블에 의해 연결되어 있어야 하고, 모트의 전원도 켜져 있어야 한다.

main.hex의 파일의 경로는 다음과 같다.

Cygwin 설치폴더 \opt\tinyos-2.x\contrib\zigbex\helloworld\build\zigbex

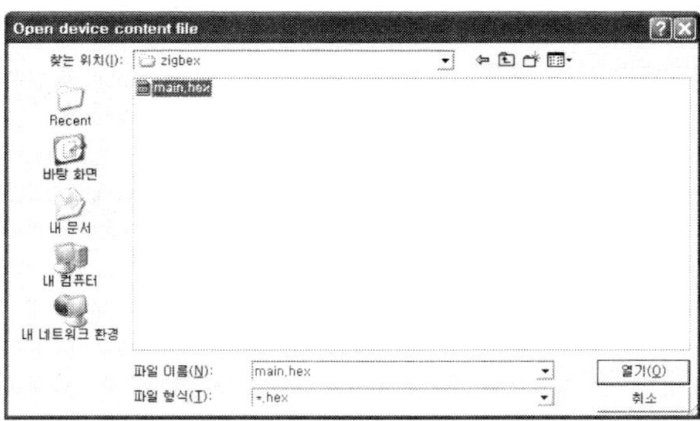

그림 3-2 ▌버튼을 이용한 hex파일 열기

열기 버튼을 누른다. main.hex가 로드되면서 박스에 hex가 표시된다.

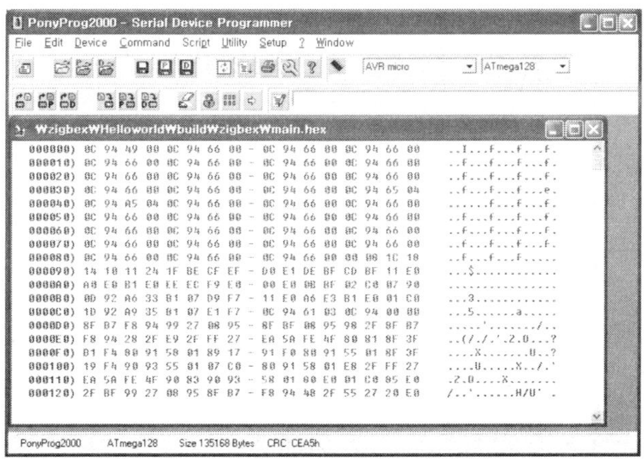

그림 3-3 ▌main.hex를 읽은 결과

이제 command 메뉴에서 write program을 선택하면 main.hex가 ZigbeX 모트로 프로그램된다.

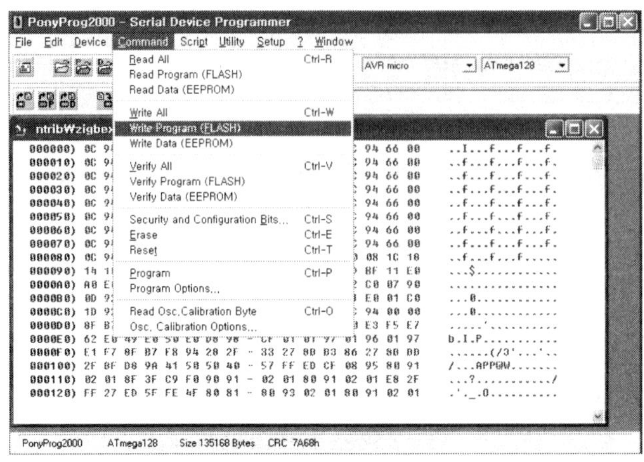

그림 3-4 ▌프로그램하기 위한 풀다운 메뉴의 사용법

▶ 이번 장 이하부터는 <PonyProg ISP를 이용하여 ZigbeX로 다운로드>는 생략하도록 하겠다.

❖ USB_ISP 혹은 AVR_ISP 보드를 이용하여 ZigbeX로 프로그램 다운로드

- AVR Studio를 실행한다.
- AVR Studio에서 Tools → Program AVR → Auto Connect 메뉴를 선택하여 USB-ISP에 접속한다.
- 연결이 정확하면 다음과 같은 다운로드 화면이 나타난다.

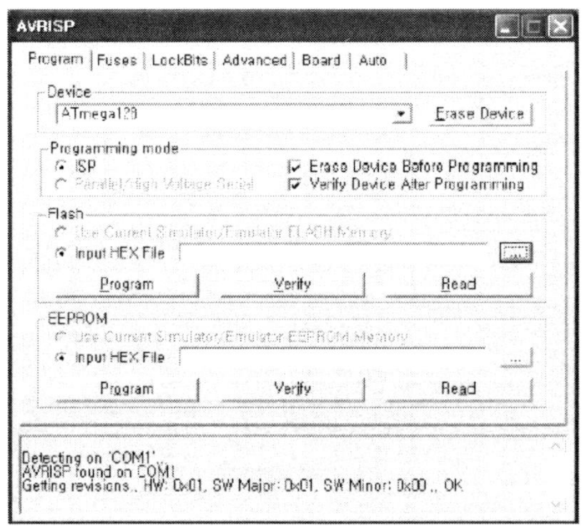

그림 3-5 ▌AVR ISP 툴

- "..." 버튼을 클릭하여 원하는 hex 파일을 선택한 다음 "Program" 버튼을 클릭하면 프로그램된다. 위 순서를 실행하기 전에 모트와 연결된 ISP 보드의 스위치는 반드시 'SPI' 모드(AVR-ISP는 'ISP' 모드)로 되어 있어야 하며, PC와 USB 케이블로 연결되어 있어야 한다(AVR-ISP를 이용 시 모트의 전원을 On하여야 한다).

▶ 이번 장 이하부터는 <USB_ISP 혹은 AVR_ISP 보드를 이용하여 ZigbeX로 프로그램 다운로드>는 생략하도록 하겠다.

3.4 실습 결과

HelloWorld 예제 프로그램이 모트에 다운로드된 후, 모트는 반복적으로 'Hello,world'의 모스부호를 LED를 통해 표현하는 것을 눈으로 확인할 수 있다.

이번 장에서는 모트에 장치되어 있는 센서들 중에서 빛의 광량을 측정하는 조도 센서의 동작 및 해당 센싱 데이터의 처리과정에 대해 공부하고, TinyOS의 Oscilloscope 프로그램을 통해 측정된 조도값을 확인하는 방법에 대해 알아보도록 하겠다.

- 모트에 포함된 조도 센서의 작동 원리 및 데이터 처리 과정을 학습하고 이해할 수 있다.
- 예제 프로그램을 포팅하고 시리얼을 통해 조도 센서 값을 모니터링한다.
- TinyOS의 Oscilloscope 프로그램을 이용하여 수집된 데이터를 분석, 활용할 수 있다.

4.1 기본 지식

4.1.1 조도 센서

모트에 장치되어 있는 조도 센서 CDS는 CPU의 ADC0(Analog to Digital Convertor)

포트에 연결되어 있다. 조도 센서인 CDS는 주변의 광량에 따라 저항값이 변하게 되는데, INT0으로부터 들어오는 3V 전압이 광량에 따라 변화하는 CDS의 저항에 의해 영향을 받아 출력 전압값이 변동된다. 출력 전압값을 측정하는 ADC0에서는 변화된 전압의 양에 의해 광량을 감지할 수 있다. 다음 그림은 조도 센서와 CPU의 연결을 보여주는 회로도이다.

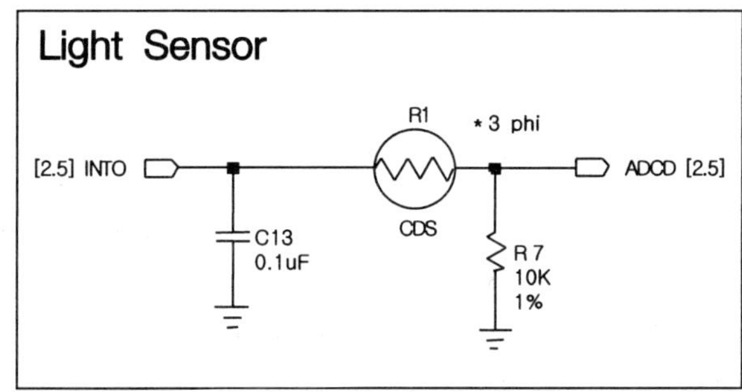

그림 4-1 ▌ 조도 센서와 CPU 사이의 인터페이스

TinyOS에서는 조도 센서를 제어하기 위해 PhotoSensorC 컴포넌트를 제공하고 있다. PhotoSensorC 컴포넌트에서는 Read 인터페이스를 통해 ADC0로 들어오는 조도 센서의 광량값을 디지털화하여 사용자에게 반환해 준다.

4.1.2 Oscilloscope 예제를 이용하여 조도값 측정

Oscilloscope 예제는 256ms마다 조도 센서로부터 측정값을 받은 후, 그 내용을 시리얼 케이블을 통해 PC로 전달하는 프로그램이다. Oscilloscope는 OscilloscopeAppC.nc와 OscilloscopeC.nc, OscopeMsg.h 총 세 개의 파일로 구성되어 있다. OscilloscopeAppC.nc는 각 컴포넌트 간의 연결 관계를 나타내는 configuration 파일이며, OscilloscopeC.nc는 실제 예제의 동작이 기술된 module 파일이다. OscopeMsg.h는 Oscilloscope 예제에서 사용하는 define 문 및 패킷 포맷에 대한 정의가 기술되어 있다.

Osilloscope 예제는 크게 PC와의 시리얼 통신을 위한 SerialActiveMessageC 컴포넌트와 조도 센서 값을 얻기 위한 PhotoSensorC 컴포넌트, 주기적인 동작을 위한 new TimerMilliC() 그리고 동작 상태를 LED를 통해 표시하기 위한 LedsC 컴포넌트로 구성된다.

4.2 Oscilloscope 예제

4.2.1 OscilloscopeAppC.nc 파일

OscillosocpeAppC.nc 파일에는 Oscilloscope 예제에서 사용할 컴포넌트들의 선언 및 그 들간의 연결에 대한 내용이 기술되어 있다.

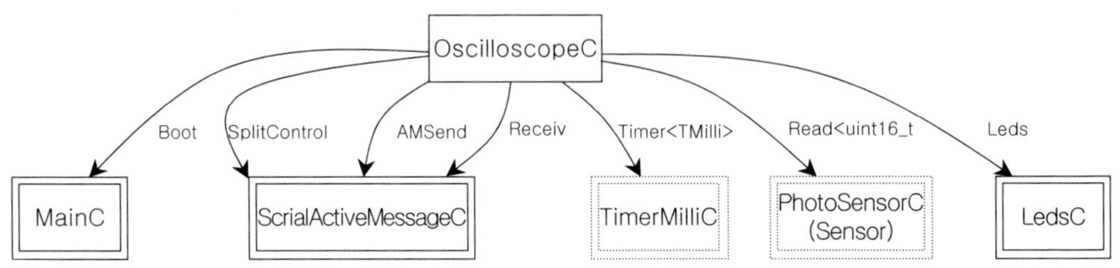


```
 1:    configuration OscilloscopeAppC { }
 2:    implementation
 3:    {
 4:      components OscilloscopeC, MainC,  LedsC,
 5:      new TimerMilliC(), new PhotoSensorC() as Sensor
 6:      ,SerialActiveMessageC as Comm;

 7:    OscilloscopeC.Boot → MainC;
 8:    OscilloscopeC.SerialControl → Comm;
 9:    OscilloscopeC.AMSend→Comm.AMSend[AM_OSCILLOSCOPE];
10:    OscilloscopeC.Receive →  Comm.Receive[AM_OSCILLOSCOPE];
11:    OscilloscopeC.Timer → TimerMilliC;
12:    OscilloscopeC.Read → Sensor;
13:    OscilloscopeC.Leds → LedsC;
```

4~6: 사용되는 컴포넌트는 OscilloscopeC(모듈 파일)과 MainC, 사용자가 작업의 처리를 알 수 있도록 표시하는 LedsC와 일정 주기마다 동작하기 위한 TimerMilliC, CDS 센서의 값을 가져오기 위한 PhotoSensorC 그리고 PC와 통신하기 위한 SerialActiveMessageC로 구성된다. 위 코드에서 컴포넌트 선언 시 사용한 as는 인터페이스에서 사용한 것처럼 컴포넌트 이름을 별칭으로 변화시켜 주는 역할을 한다.

7: Boot라는 인터페이스를 통해 MainC 모듈이 연결된다.

8~10: 시리얼로 TinyOS 2.x 메시지를 전송하기 위해서는 SerialActiveMessageC 컴포넌트를 사용해야 하며, SerialActiveMessageC는 컴포넌트를 초기화하기 위한 SplitControl 인터페이스(현재 코드에서는 as를 통해 SerialControl로 변경되어 wiring되었다)와 데이터 송신에 관련된 AMSend 인터페이스 그리고 데이터 수신과 관련된 Receive 인터페이스를 제공한다. 메시지 송/수신과 관련된 AMSend와 Receive 인터페이스는 배열로서 선언되었는데([AM_SOCILLOSCOPE]), 이는 메시지 type을 구분하여 같은 type의 인터페이스 간에만 송/수신할 수 있도록 하기 위해서다.

11~13: TimerMilliC, Sensor, LedsC 컴포넌트들을 각각의 인터페이스에 연결시킨다.

4.2.2 OscilloscopeC.nc 파일

이제 Oscilloscope 예제 프로그램의 module인 OscilloscopeC.nc 파일을 살펴보도록 하겠다. OscilloscopeC.nc 파일을 열면 다음과 같은 소스코드를 확인할 수 있다.

```
 1:    #include "Timer.h"
 2:    #include "Oscilloscope.h"

 3:    module OscilloscopeC
 4:    {
 5:     uses {
 6:       interface Boot;
 7:       interface SplitControl as SerialControl;
 8:       interface AMSend;
 9:       interface Receive;
10:       interface Timer<TMilli>;
11:       interface Read<uint16_t>;
12:       interface Leds;
13:     }
14:    }
15:    implementation
16:    {
17:     message_t sendbuf;
18:     bool sendbusy;
19:     oscilloscope_t local;
20:     uint8_t reading;
21:     bool suppress_count_change;
```

```
22:     void report_problem() {
23:       call Leds.led0Toggle();
24:     }
25:     void report_sent() {
26:       call Leds.led1Toggle();
27:     }
28:     void report_received() {
29:       call Leds.led2Toggle();
30:     }

31:     event void Boot.booted()
32:     {
33:       local.interval = DEFAULT_INTERVAL;
34:       local.id = TOS_NODE_ID;
35:       if (call SerialControl.start() != SUCCESS)
36:         report_problem();
37:     }

38:     void startTimer()
39:     {
40:       call Timer.startPeriodic(local.interval);
41:       reading = 0;
42:     }

43:     event void SerialControl.startDone(error_t error) {
44:       startTimer();
45:     }

46:     event void SerialControl.stopDone(error_t error) {
47:     }

48: event message_t* Receive.receive(message_t* msg, void*
      payload, uint8_t len) {
49:       oscilloscope_t *omsg = payload;
50:       report_received();
51:       if (omsg->version > local.version)
52:       {
53:           local.version = omsg->version;
54:           local.interval = omsg->interval;
55:           startTimer();
56:       }
57:       if (omsg->count > local.count)
58:       {
59:           local.count = omsg->count;
60:         suppress_count_change = TRUE;
```

```
61:     }

62:    return msg;
63:   }
64:  event void Timer.fired() {
65:    if (reading == NREADINGS)
66:    {
67:       if (!sendbusy && sizeof local <= call
          AMSend.maxPayloadLength())
68:     {
69:       memcpy(call AMSend.getPayload(&sendbuf), &local,
        sizeof local);
70:       if (call AMSend.send(AM_BROADCAST_ADDR, &sendbuf,
        sizeof local) == SUCCESS)
71:          sendbusy = TRUE;
72:     }
73:    if (!sendbusy)
74:        report_problem();

75:    reading = 0;

76:     if (!suppress_count_change)
77:     local.count++;
78:     suppress_count_change = FALSE;
79:    }
80:   if (call Read.read() != SUCCESS)
81:      report_problem();
82:  }

83:  event void AMSend.sendDone(message_t* msg, error_t error) {
84:    if (error == SUCCESS)
85:        report_sent();
86:    else
87:        report_problem();

88:    sendbusy = FALSE;
89:  }
90:  event void Read.readDone(error_t result, uint16_t data) {
91:    if (result != SUCCESS)
92:    {
93:      data = 0xffff;
94:       report_problem();
95:    }
96:    local.readings[reading++] = data;
97:    report_received();
```

```
98:    }
99:  }
```

소스 설명에 앞서 OscilloscopeC.nc에서 사용하는 인터페이스들의 함수에 대하여 설명하겠다.

SerialControl 인터페이스(원형은 SplitControl인데 as로 변경된 것임)

함 수	기 능
command error_t start()	호출하는 컴포넌트의 하부 컴포넌트 시작
command error_t stop()	호출하는 컴포넌트의 하부 컴포넌트 중지
event void startDone(error_t error)	시작이 완료되면 이벤트를 발생함
event void stopDone(error_t error)	중지가 완료되면 이벤트를 발생함

AMSend 인터페이스

함 수	기 능
command error_t cancel (message_t *msg)	msg의 전송을 취소한다.
command void* getPayload (message_t *msg)	msg의 payload 영역의 포인터를 반환한다.
command uint8_t maxPayloadLength()	tinyOS에서 설정된 payload가 가지는 최대 크기를 반환한다.
command error_t send (am_addr_t addr, message_t *msg, uint8_t len)	addr 주소로 len만큼의 payload 길이를 갖는 msg를 addr로 전송한다.
event void sendDone (message_t* msg, error_t error)	메시지의 전송이 완료되었을 경우 호출된다.

Receive 인터페이스

함 수	기 능
command void *getPayload (message_t *msg, uint8_t *len)	msg의 Payload 영역의 포인터를 리턴한다.
command uint8_t payloadLength(message_t *msg)	msg의 Payload 영역의 길이를 리턴한다.
event message_t *receive (message_t *msg, void *payload, uint8_t len)	데이터가 수신되어 있을 때 발생하는 이벤트로 수신된 메시지인 msg, payload, 그리고 payload 길이를 전달한다.

Read 인터페이스

함 수	기 능
command error_t read()	해당 센서의 측정값을 요청한다.
event void readDone (error_t result, val_t val)	측정된 값을 val변수에 넣어 이벤트 함수로 반환한다.

1~2: OscilloscopeC.nc에서는 먼저 include 명령어를 통해 Timer.h, Oscilloscope.h에 있는 내용을 참조한다.

5~13: uses에는 Module 파일에서 사용할 인터페이스들을 기술하고 있다.

17~21: 사용될 구조체 변수 및 각종 변수들을 선언한다.

22~24: 해당 함수 호출 시 Leds 인터페이스의 command 함수인 led0Toggle()을 호출하여 적색 LED를 토글시킨다.

25~27: 해당 함수 호출 시 led1Toggle()을 호출하여 녹색 LED를 토글시킨다.

28~30: 해당 함수 호출 시 led2Toggle()을 호출하여 황색 LED를 토글시킨다.

31~38: 시작을 의미하는 이벤트 함수인 Boot.booted 함수에는 oscilloscope.h 헤더 파일에 정의된 oscilloscope_t 구조체 변수 local의 interval과 id를 초기화한다. 이어서 Serial 통신을 하기 위해 SerialControl.start()를 호출하여 시리얼 컴포넌트를 시작한다. 시리얼 start 함수 호출 시 성공하지 못했을 경우에는 report_problem() 함수를 호출하여 적색 LED를 토글시킨다.

43~45: 시리얼 컴포넌트의 시작이 완료되면 SerialControl.startDone() 이벤트 함수가 호출된다. 이제 시리얼이 초기화되어 통신이 가능하므로 여기에 주기적인 동작을 위해 Timer를 시작한다.

64~82: 설정한 타이머가 만기될 때마다 Timer.fired() 이벤트 함수가 호출되고, 이 함수에서는 oscilloscope_t 구조체의 데이터를 저장하는 readings 변수에 10개의 CDS 데이터가 다 입력됐을 경우, AMSend.send 함수를 통해 데이터를 전송한다. 성공 시 bool형 변수인 sendbusy에 TRUE 값을 준다. 성공하지 못했을 경우에는

report_problem()를 호출하여 적색 LED를 토글시킨다. TinyOS 1.x와 달리 Payload에 접근할 때 AMSend.getPayload(&sendbuf)를 호출하면 Payload의 시작주소를 리턴하게 된다. 그리고 함수의 마지막에 Read.read()를 호출하여 CDS 센서의 ADC 값을 요청한다. 실패 시에는 report_problem()를 호출하여 적색 LED를 토글시킨다.

90~98: 조도 측정이 완료되면 Read.readDone 이벤트 함수가 호출되고, 파라미터로 넘어온 조도 ADC 값을 local 구조체의 readings 필드에 입력한다. 그런 후 report_received( ) 함수를 호출하여 황색 LED를 토글시킨다.

48~63: PC로부터 데이터를 수신했을 경우, Receive.receive 이벤트 함수가 호출되며 수신한 메시지의 Payload 영역에 저장한 oscilloscope_t 구조체의 데이터에 따라 센싱 타이머 주기와 count 필드의 값을 변경하게 된다.

4.2.3 OscopeMsg.h 파일

OscilloscopeC.nc 파일에서 사용한 oscilloscope 데이터 포맷을 정의하는 헤더 파일로 실제 코드는 다음과 같다.

```
#ifndef OSCILLOSCOPE_H
#define OSCILLOSCOPE_H

enum {
  /* Number of readings per message. If you increase this, you may have to
     increase the message_t size. */
  NREADINGS = 10,

  /* Default sampling period. */
  DEFAULT_INTERVAL = 256,

  AM_OSCILLOSCOPE = 0x93
};

typedef nx_struct oscilloscope {
  nx_uint16_t version; /* Version of the interval. */
  nx_uint16_t interval; /* Samping period. */
```

```
  nx_uint16_t id; /* Mote id of sending mote. */
  nx_uint16_t count; /* The readings are samples count * NREADINGS onwards */
  nx_uint16_t readings[NREADINGS];
} oscilloscope_t;

#endif
```

4.3 Oscilloscope 실습

4.3.1 실습 준비물

Host PC, 모트 1개, ISP 프로그램 툴, 다운로드 케이블

4.3.2 실습 시스템 구성

먼저 Cygwin을 시작한다. 다음과 같이 입력하여 예제 폴더로 이동한다.

```
cd /opt/tinyos-2.x/contrib/zigbex
cd Oscilloscope
```

주 / 의 / 사 / 항

한백전자에서 제공하는 TinyOS 2.X는 ZigbeX 2.X 버전(배터리 3개 사용)을 위해 만들어졌다. 하지만 예전에 구입한 ZigbeX 1.X 버전 (배터리 2개 사용)을 이용하여 TinyOS 2.X를 공부하는 유저라면, ZigbeX 1.X 하드웨어에 장치된 조도 센서 값을 측정하기 위해 시스템 파일 하나를 약간 변경해 줘야 한다.

변경할 파일은 다음과 같다.

\opt\tinyos-2.x\tos\sensorboards\zigbex_sensor\PhotoDeviceP.nc 파일

```
 1: configuration PhotoDeviceP {
 2:  provides {
 3:    interface ResourceConfigure;
 4:    interface Atm128AdcConfig;
 5:  }
 6: }implementation {
 7:  components PhotoP, HplAtm128GeneralIOC as Pins, ZigbexBusC;
 8:  ResourceConfigure = PhotoP;
 9:  Atm128AdcConfig = PhotoP;
10:  //PhotoP.PhotoPin → Pins.PortE4; //for ZigbeX 1.X version
11:  PhotoP.PhotoPin → Pins.PortB6; //for ZigbeX 2.X version
12:  PhotoP.PhotoAdc → ZigbexBusC.Adc0;
13:}
```

ZigbeX 1.X 버전을 사용하는 유저는 10번과 11번의 주석을 변경해야 한다(ZigbeX 2.X를 버전을 사용하는 유저는 변경할 필요가 없다.)

[기존]

```
10:  //PhotoP.PhotoPin → Pins.PortE4; //for ZigbeX 1.X version
11:  PhotoP.PhotoPin → Pins.PortB6; //for ZigbeX 2.X version
```


[변경 후]

```
10:  PhotoP.PhotoPin → Pins.PortE4; //for ZigbeX 1.X version
11:  //PhotoP.PhotoPin → Pins.PortB6; //for ZigbeX 2.X version
```


조도값 측정과 관련된 예제들에서만 특별히 위 파일을 한 번 수정하면 되고, 나머지 다른 예제들에서는 특별히 수정할 코드가 없다.

이제 make zigbex를 입력하여 컴파일을 한다.

❖ **PonyProg ISP를 이용하여 ZigbeX로 프로그램 다운로드**

PonyProg를 실행한 후, 실습 1~3장의 <PonyProg ISP 프로그램을 이용하여 ZigbeX로 다운로드>를 참조하여 실습 예제를 ZigbeX로 다운로드한다.

❖ **USB_ISP 혹은 AVR_ISP 보드를 이용하여 ZigbeX로 프로그램 다운로드**

AVR Studio4를 실행한 후, 실습 1~3장의 <USB_ISP 보드를 이용하여 ZigbeX로 다

운로드>를 참조하여 실습 예제를 ZigbeX로 다운로드한다.

4.3.3 자바 애플리케이션 실행

시리얼 케이블을 통해 프로그램된 모트로부터 주기적으로 전송되는 조도 데이터를 확
인하기 위해서 오실로스코프 자바 애플리케이션을 실행해 보도록 하겠다.

자바 애플리케이션을 크게 두 가지로 나눠지는데, 하나는 모트가 전송한 데이터를 시리얼 포
트로부터 받아 처리하는 SerialForwarder 프로그램이고, 다른 하나는 SerialForwarder 프로그램
이 분석한 정보를 바탕으로 화면에 비주얼하게 보여주는 자바 프로그램(Oscilloscope/java
폴더 안에 존재)이다. 먼저 /opt/tinyos-2.x/contrib/모트이름/Oscilloscope/java로 이동하
여 다음 명령을 기술한다.

```
java net.tinyos.sf.SerialForwarder -comm serial@COMX:57600
```

위 명령에서 COMX는 현재 모트가 사용하는 시리얼 포트를 의미한다. 장치 관리자에
서 현재 모트가 사용하는 COM 번호를 찾아 위 명령을 잘 설정하도록 한다(시리얼 젠
더를 사용할 경우 COM1이 된다.)

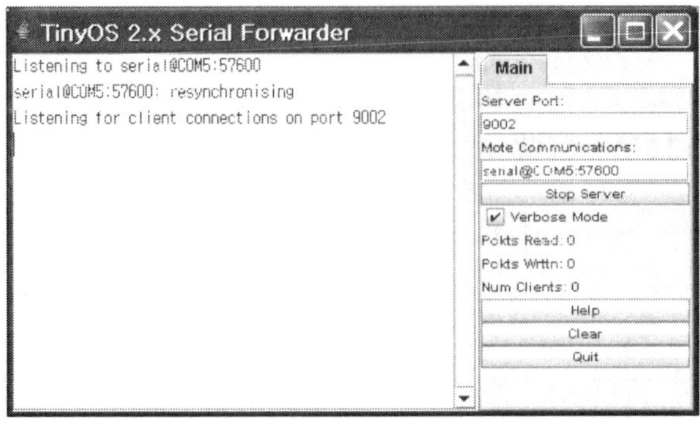

그림 4-2 ▌ SerialForwarder 실행

SerialForwarder를 실행시켰다면, 다음으로 새로운 Cygwin 창을 열어 모트가 전송하는 시리얼 데이터를 화면에 출력할 수 있는 애플리케이션을 실행하도록 한다. Cygwin에서 /opt/tinyos-2.x/contrib/모트이름/Oscilloscope/java 폴더로 이동하다. 해당 폴더에서 다음과 같이 입력한다.

```
make
./run
```

올바로 명령이 실행되었다면 그림 4-3과 같은 화면을 볼 수 있다.

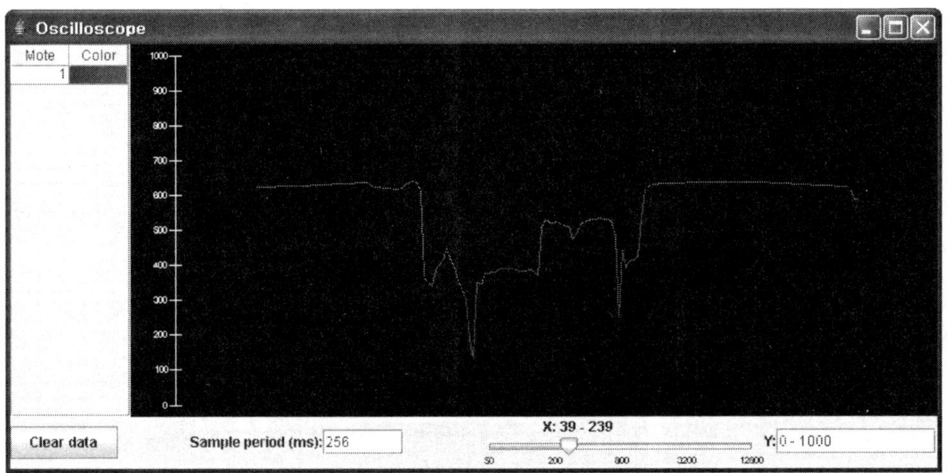

그림 4-3 ▌ 조도값을 보여주는 자바 애플리케이션

4.4 실습 결과

자바 애플리케이션을 통해 조도 데이터가 시리얼로 전달되는 것을 확인할 수 있고, 손으로 조도 센서의 빛을 가릴 경우 데이터를 나타내는 그래프가 변화되는 것을 확인할 수 있다.

온/습도 센서 제어

개요

온도와 습도 센서는 거의 모든 USN 응용에 기본적으로 활용되는 센서들이다. 이들 센서의 동작을 실습해 보는 것은 향후 센서 네트워크 관련 과제 수행 시 매우 유용한 경험이 될 것이다. 한백전자 모트에는 온도와 습도값을 측정할 수 있는 SHT11 센서가 장치되어 있다. 이번 예제에서는 SHT11의 작동원리 및 데이터 처리 과정에 대해 알아보고, 얻어진 온/습도 결과를 시리얼 통신을 통해 PC로 전달하는 예제에 대해 공부해 보도록 하겠다.

실습목표

- 온/습도 센서 SHT11의 작동 원리 및 데이터 처리 과정을 학습하고 이해할 수 있다.
- TinyOS의 Oscilloscope 프로그램을 이용하여 수집된 데이터를 분석, 활용할 수 있다.

5.1 기본 지식

5.1.1 USN에서의 온/습도 센서의 활용

온/습도 센서는 유비쿼터스 센서 네트워크 구현에 있어서 가장 일반적으로 쓰이는 센서이다. 실제로 사람과 밀접한 관련을 맺는 홈 네트워크에서부터 기상 환경 모니터링, 농/축산물 관리, 환경 감시에 이르기까지 다양한 응용에 사용되고 있다. 일정 지역의 온도 및 습도는 유비쿼터스 컴퓨팅 의사 결정에 매우 중요한 의미를 가지는 지표이므로 대부분의 센서 노드에는 온/습도 센서가 기본적으로 장치되어 있는 경우가 많다.

5.1.2 온/습도 센서 SHT11

Sensirion 사의 SHT11 습도 센서는 29종류의 내구성 테스트와 수차례의 장기 안정성 테스트를 통해 높은 수준의 신뢰성을 보장하는 대표적인 온/습도 센서이다.

주변의 온도 및 습도값을 측정할 수 있는 SHT11 센서는 모트의 CPU PIN과 직접적으로 연결되어 있다. SHT11 센서는 측정한 온/습도 값을 디지털 신호로 바꾸어 주는 ADC 기능을 자체적으로 가지고 있어, 센싱한 데이터를 바로 CPU에 전송할 수 있다. SHT11은 2개의 선을 통해 클럭(Clock)과 데이터(Data)를 모트 CPU에 전송한다.

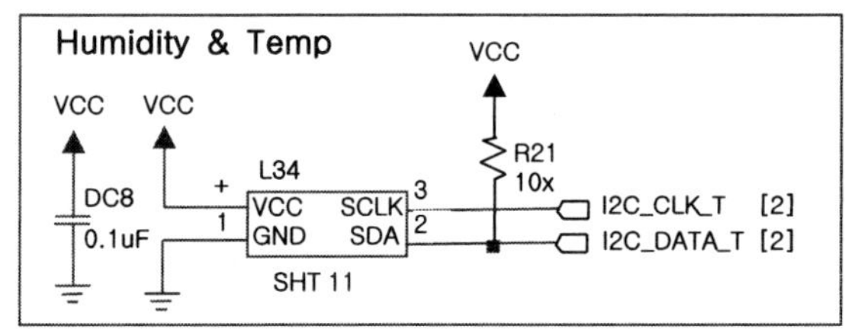

그림 5-1 ▌온/습도 센서와 모트 CPU PIN과의 인터페이스

1) SHT11로부터 데이터 읽기

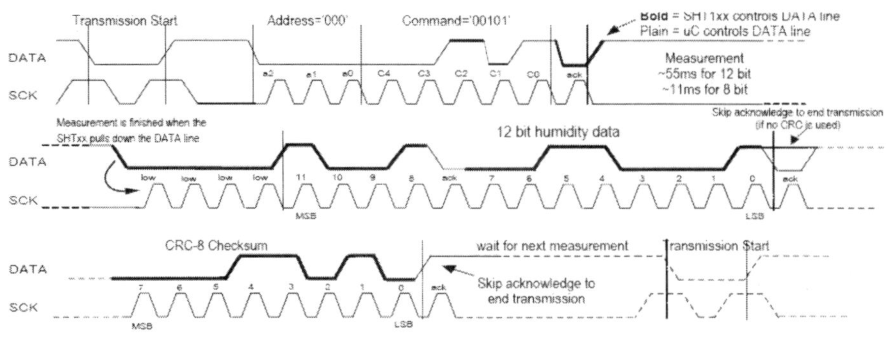

그림 5-2 ┃ SHT11 온/습도 센서의 데이터 형태

SHT11로부터 측정된 센싱 값을 읽기 위해서는 CPU와 연결된 두 라인을 통해 일정한 클럭과 명령어를 입력시켜야 한다. 위 그림은 CPU에서 센서로부터 측정된 데이터를 받기 위한 클럭 타이밍과 명령어의 입력 방식을 표현한 것이다.

CPU는 데이터 라인을 통해 비트 단위의 명령어를 SHT11 센서와 주고받은 후, 실제 센싱 값을 얻어온다. 데이터 라인은 클럭 신호가 HIGH일 때만 값을 읽어오는데, 이때 데이터 라인의 신호는 변하지 않아야 한다.

전송을 시작하기 전 전송 시작을 알리는 펄스를 먼저 입력한 후, 주소 비트와 명령어를 SHT11에 보내고 사용자가 원하는 데이터를 읽어온다. 주소 비트는 현재 '000'만 사용하고 있으며, SHT11 칩에 전송하는 명령어는 다음 표에 정리하였다. 만약 습도 데이터를 읽어오고 싶다면 주소 비트 000 다음으로 00101 명령어를 데이터 라인으로 보내주면 된다.

표 5-1 ┃ SHT11 온/습도 센서의 명령어 코드

Command	Code
Reserved	0000x
Measure Temperature	00011
Measure Humidity	00101
Read Status Register	00111
Write Status Register	00110
Reserved	0101x-1110x
Soft reset	11110

CPU는 명령어를 전송한 후, SHT11 센서가 습도 측정을 완료할 때까지 기다린다. 12비트의 습도 데이터를 얻기 위해서는 약 55ms 정도의 시간이 소요된다. 측정이 완료되면 SHT11은 데이터 라인을 LOW로 만들어 준 후, CPU에게 데이터를 전송한다. CPU는 데이터 라인을 통해 12비트의 측정된 데이터를 읽어온 후, CRC 에러 체크 필드의 내용에 따라 ACK 전송 여부를 결정한다.

만약 데이터를 읽어올 수 없다면 SHT11과의 접속을 RESET시킨다.

SHT11 센서를 제어하는 컴포넌트는 각 모트에 따라 다른 폴더에 위치하지만, 이름은 SensirionSht11C.nc와 SensirionSht11LogicP.nc로 통일되어 있다. 이 두 파일에는 위에서 설명한 통신 방식이 구현되어 있다.

2) 온/습도 제어 컴포넌트

표 5-2 ▌ SensirionSht11C 컴포넌트에서 제공하는 command들

	SensirionSht11C 컴포넌트에서 제공하는 함수들
습도값 얻기	Humidity.read() - SHT11 센서에게 command 명령으로 습도값을 요청한다. Humidity.readDone(…) - SH11 센서가 측정한 습도값을 event 형태로 반환한다.
온도값 얻기	Temperature.read() - SHT11 센서에게 command 명령으로 온도값을 요청한다. Temperature.readDone(…) - SH11 센서가 측정한 온도값을 event 형태로 반환한다.

사용자는 SensirionSht11C 컴포넌트를 이용하여 모트에 장치된 SHT11 센서의 온/습도 측정값을 얻을 수 있다. 표 5-2에서 기술된 것처럼, Humidity와 Temperature 인터페이스의 read() 함수를 이용하여 온/습도값을 요청하고, readDone() 함수를 통해 측정된 온/습도값을 반환받는다.

5.2 OscilloscopeSHT11 예제

OscilloscopeSHT11 예제는 앞에서 조도 측정을 위해 실습했던 Osilloscope 예제와 비슷하다. OscilloscopeSHT11 예제는 0.5초마다 SensirionSht11C 컴포넌트를 통해 SHT11

센서로부터 온/습도 측정값을 받은 후, #define GET_HUMIDITY_DATA의 값에 따라 온도 혹은 습도값을 시리얼을 통해 PC로 전달하는 프로그램이다.

본 예제 프로그램은 TinyOS가 설치된 다음 폴더에서 찾을 수 있다.

Cygwin 설치폴더 \opt\tinyos-2.x\contrib\zigbex\OscilloscopeSHT11 참조

5.2.1 OsilloscopeAppC.nc 파일

OscilloscopeSHT11 예제의 configuration 파일인 Oscillosocpe.nc에는 하나의 애플리케이션을 시작할 수 있는 Main 컴포넌트와 500ms마다 Timer.fired( ) 함수를 호출하기 위한 TimerC 컴포넌트, LED를 제어하기 위한 LedsC 컴포넌트, 온/습도의 측정값을 얻을 수 있는 HumidityC 컴포넌트 그리고 시리얼 통신을 위한 SerialActiveMessageC 컴포넌트가 선언되어 있다. 여기서 HumidityC 컴포넌트와 SerialActiveMessageC 컴포넌트는 각각 Sensor와 Comm이라는 변경된 이름으로 선언되어 사용된다.

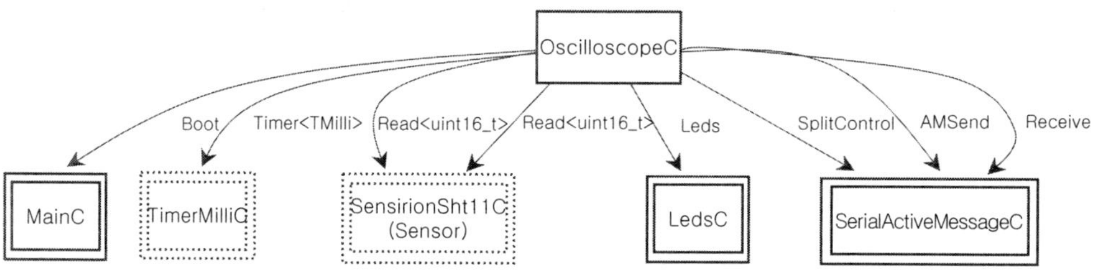


```
 1: configuration OscilloscopeAppC { }
 2: implementation
 3: {
 4:   components OscilloscopeC, MainC, LedsC,
         new TimerMilliC(), new SensirionSht11C() as Sensor,
         SerialActiveMessageC as Comm;

 5:   OscilloscopeC.Boot → MainC;
 6:   OscilloscopeC.Timer → TimerMilliC;
 7:   OscilloscopeC.Read_Humidity → Sensor.Humidity;
 8:   OscilloscopeC.Read_Temp → Sensor.Temperature;
 9:   OscilloscopeC.Leds → LedsC;
10:   OscilloscopeC.SerialControl → Comm;
```

```
11:    OscilloscopeC.AMSend →Comm.AMSend[AM_OSCILLOSCOPE];
12:    OscilloscopeC.Receive →Comm.Receive[AM_OSCILLOSCOPE];
13:
14:    }
```

4: 기본적인 형태는 이전 예제인 CDS를 전송하는 Oscilloscope와 동일하며 CDS 센서 값을 가져오는 PhotoSensorC 대신 온/습도를 제공하는 SensirionSht11C를 사용한다.

7~8: SensirionSht11C는 온도와 습도 각각의 Read(Humidity, Temperature) 인터페이스를 제공함으로 두 개의 인터페이스를 wiring해야 한다.

5.2.2 OscilloscopeC.nc 파일

다음으로 Oscilloscope 예제 프로그램의 module인 OscilloscopeC.nc 파일을 살펴보도록 하겠다. OscilloscopeC.nc 파일을 열면 다음과 같은 소스코드를 확인할 수 있다.

```
1: #include "Timer.h"
2: #include <stdio.h>
3: #include "Oscilloscope.h"
4: #define GET_HUMIDITY_DATA 0   //0이면 온도 1이면 습도
5: module OscilloscopeC
6: {
7:   uses {
8:     interface Boot;
9:     interface SplitControl as SerialControl;
10:    interface AMSend;
11:    interface Receive;
12:    interface Timer<TMilli>;
13:    interface Read<uint16_t> as Read_Humidity;
14:    interface Read<uint16_t> as Read_Temp;
15:    interface Leds;
16:  }
17:}

18: implementation {
19:    void calc_SHT11(uint16_t p_humidity ,uint16_t p_temperature);
20:    ...

21: event void Timer.fired() {
```

```
22:     if (reading == NREADINGS)
23:       {
24:           if(!sendbusy && sizeof local <=
               call AMSend.maxPayloadLength())
25:             {
26:                 memcpy(call AMSend.getPayload(&sendbuf),
                          &local, sizeof local);
27:             if(call AMSend.send(AM_BROADCAST_ADDR,
                 &sendbuf, sizeof local) == SUCCESS)
28:                   sendbusy = TRUE;
29:             }
30:     if (!sendbusy)
31:       report_problem();
32:     reading = 0;
33:     if (!suppress_count_change)
34:       local.count++;
35:     suppress_count_change = FALSE;
36:     }
37:   if(call Read_Temp.read() != SUCCESS)
38:     report_problem();
39:     }


40: event void Read_Humidity.readDone(error_t result, uint16_t data) {
41:     if (result == SUCCESS)
42:     {
43:         atomic{
44:            T_humi = data;
45:         }
46:       calc_SHT11(T_humi,T_temp);
47:       if(GET_HUMIDITY_DATA){
48:             local.readings[reading++] = myhumi;
49:         }
50:       else{
51:             local.readings[reading++] = mytemp;
52:         }
53:       }
54:     else{
55:         local.readings[reading++] = 0xffff;
56:         report_problem();
57:     }
58:   report_received();
59:     }


60: event void Read_Temp.readDone(error_t result, uint16_t data) {
61:     if (result == SUCCESS)
```

```
62:    {
63:         atomic T_temp = data;
65:         if(call Read_Humidity.read() != SUCCESS)
66:             report_problem();
67:    }
68:    else{
69:             report_problem();
70:             local.readings[reading++] = 0xffff;
71:    }
72: }

73: void calc_SHT11(uint16_t p_humidity ,uint16_t p_temperature) {
74:    const float C1=-4.0; // for 12 Bit
75:    ...
76: }
77:  }
```

3: OscilloscopeC.nc에서는 먼저 include 명령어를 통해 Oscilloscope.h에 있는 내용을 참조한다.

4: OscilloscopeSHT11 예제 소스는 #define 문의 정의에 따라서 온도값을 전송할지, 습도값을 전송할지 구분된다.

#define GET_HUMIDITY_DATA 0이면 온도값을 전송
#define GET_HUMIDITY_DATA 1이면 습도값을 전송

7~16: OscilloscopeC 내에서 사용할 인터페이스들을 uses 안에 기술한다.

18: implementation에서는 위에서 선언된 인터페이스를 이용하여 실제 프로그램을 기술한다.

21~76: SHT11 센서는 습도를 계산하기 전에 온도에 대한 정보를 필요로 한다. Timer.fired 이벤트 함수에서 call Read_Temp.read()를 호출하여 온도값을 요청하고, 해당 값이 반환되는 call Read_Temp.readDone() 이벤트 함수에서 습도값 요청을 위해 Read_Humidity.read()를 호출한다.

Read_Humidity.readDone( )에서 SHT11칩으로부터 읽어들인 온/습도 데이터를 이용하여 실제 온도를 산출하는 calc_SHT11( ) 함수를 호출한다(코드 46라인). 실제 온/습도값으로 변경된 데이터는 mytemp와 myhumi 변수에 저장된다. 변경이 끝났으면 GET_HUMIDITY_DATA 값에 따라 온도 혹은 습도값을 local.readings 배열에 저장한다(코드 47~52라인). 실제 저장한 데이터가 시리얼로 출력되는 코드는 Oscilloscoep 예제와 같이 Timer.expire 함수 안에 있다(코드 27라인).

5.3 OscilloscopeSHT11 실습

5.3.1 실습 준비물

Host PC, 모트 1개, ISP 프로그램 툴, 다운로드 케이블

5.3.2 실습 시스템 구성

먼저 Cygwin을 시작한다. 다음과 같이 입력하여 예제 폴더로 이동한다.

```
cd /opt/tinyos-2.x/contrib/zigbex
cd OscilloscopeSHT11
```

이제 make zigbex를 입력하여 컴파일을 한다.

❖ **PonyProg ISP를 이용하여 ZigbeX로 프로그램 다운로드**
   PonyProg를 실행한 후, 실습 1~3장의 <PonyProg ISP 프로그램을 이용하여 ZigbeX로 다운로드>를 참조하여 실습 예제를 ZigbeX로 다운로드한다.

❖ USB_ISP 혹은 AVR_ISP 보드를 이용하여 ZigbeX로 프로그램 다운로드

AVR Studio4를 실행한 후, 실습 1~3장의 <USB_ISP 보드를 이용하여 ZigbeX로 다운로드>를 참조하여 실습 예제를 ZigbeX로 다운로드한다.

5.3.3 자바 애플리케이션 실행

시리얼 케이블을 통해 프로그램된 모트로부터 주기적으로 전송되는 조도 데이터를 확인하기 위해서 오실로스코프 자바 애플리케이션을 실행해 보도록 하겠다.

주 / 의 / 사 / 항

구버전 ZigbeX 모트를 사용할 경우, 자바 애플리케이션을 시작하기 위해서는 시리얼 케이블과 시리얼 젠더를 이용하여 ZigbeX와 PC를 연결해야 한다. 프린트 케이블은 ISP 프로그램을 사용하여 프로그램을 ZigbeX 모트에 다운로드할 경우에만 사용한다. 나머지 시리얼 테스트나 자바 애플리케이션과의 연동을 위해서는 시리얼 케이블을 이용해야 한다.
USB-ISP나 AVR-ISP를 사용하는 ZigbeX(최근 모트) 유저는 보드의 스위치가 UART를 가리키도록 변경한다. 다운로드 시에는 스위치가 SPI 혹은 ISP를 가리켜야 하며, 시리얼 통신 시에는 UART를 가리켜야 한다.

자바 애플리케이션을 크게 두 가지로 나눠지는데, 하나는 모트가 전송한 데이터를 시리얼 포트로부터 받아 처리하는 SerialForwarder 프로그램이고, 다른 하나는 SerialForwarder 프로그램이 분석한 정보를 바탕으로 화면에 비주얼하게 보여주는 자바 프로그램(OscilloscopeSHT11/java 폴더 안에 존재)이다. 먼저 /opt/tinyos-2.x/contrib/모트이름/OscilloscopeSHT11/java로 이동하여 다음 명령을 기술한다.

```
java net.tinyos.sf.SerialForwarder -comm serial@COMX:57600
```

위 명령에서 COMX는 현재 모트가 사용하는 시리얼 포트를 의미한다. 장치 관리자에서 현재 모트가 사용하는 COM 번호를 찾아 위 명령을 잘 설정하도록 한다(시리얼 젠더를 사용할 경우 COM1이 된다.)

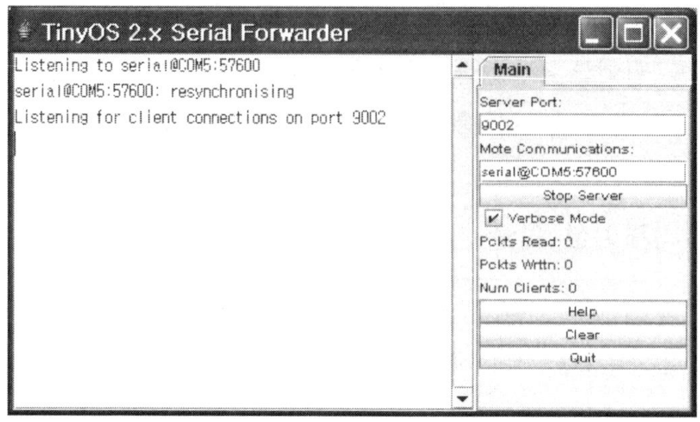

그림 5-3 ▌SerialForwarder 실행

SerialForwarder를 실행시켰다면, 다음으로 새로운 Cygwin 창을 열어 모트가 전송하는 시리얼 데이터를 화면에 출력할 수 있는 애플리케이션을 실행한다. Cygwin에서 /opt/tinyos-2.x/contrib/zigbex/OscilloscopeSHT11/java 폴더로 이동하다. 해당 폴더에서 다음과 같이 입력한다.

```
make
./run
```

명령이 올바로 실행되었다면 그림 5-4와 같은 화면을 볼 수 있다.

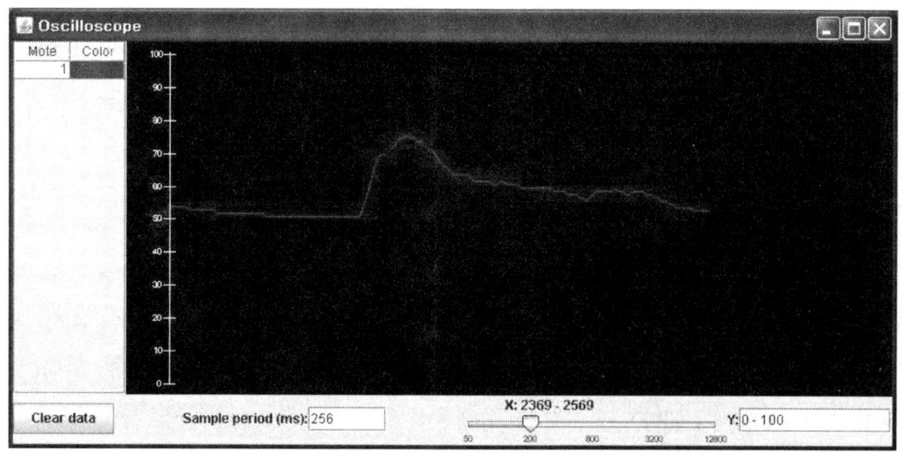

그림 5-4 ▌온도값을 보여주는 자바 애플리케이션

5.4 실습 결과

자바 애플리케이션을 통해 측정한 데이터가 시리얼로 전달되는 것을 확인할 수 있다. SHT11 센서에 입김이나 따뜻한 바람을 가하면 온도나 습도가 상승되는 것을 그래프를 통해 확인할 수 있다.

실습 Photo 센서 제어(RF 통신)

개 요

한백전자 모트에는 적외선 영역까지 감지할 수 있는 BS520 Photo 센서가 장치되어 있다. 이번 예제에서는 BS520 Photo 센서를 이용해서 주변의 빛과 적외선을 측정하고, 그 결과를 RF 무선통신을 통해 다른 노드에 전송하는 예제를 공부해 보도록 하겠다.

실습목표

- OscilloscopeUltraredRF 예제를 통한 Photo 센서를 구동한다.
- OscilloscopeUltraredRF 예제를 통한 RF 전송을 실습한다.
- BaseStation 예제를 통한 RF 수신을 실습한다.
- Oscilloscope 자바 애플리케이션을 통한 결과를 확인한다.

6.1 적외선 센서

한백전자 노드들에 탑재되어 있는 Photo 센서 BS520은 메인 CPU의 ADC1과 연결되어 있다. 적외선의 강약에 따라 BS520의 출력 AD가 변화하기 때문에, CPU는 ADC1로 들어오는 전압의 변화량에 따라 빛과 적외선 값을 측정할 수 있다.

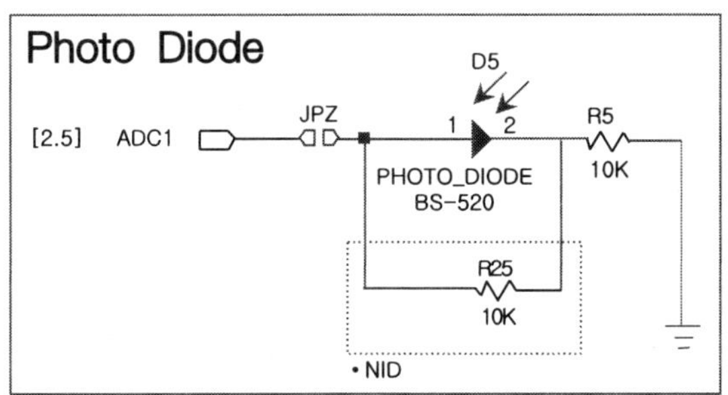

그림 6-1 ▌ 적외선 센시와 CPU의 인터페이스

TinyOS에서는 Photo 센서를 제어하기 위해 UltraredSensorC 컴포넌트를 제공한다. UltraredSensorC 컴포넌트는 조도 센서를 제어하는 PhotoSensorC 컴포넌트와 유사한 형태를 지니고 있다. 사용자는 Read 인터페이스의 read() 함수를 사용하여 ADC1으로 들어오고 있는 적외선 값을 요청할 수 있으며, readDone (…) event 함수를 통해 측정한 데이터를 받을 수 있다.

6.2 OscilloscopeUltraredRF 예제

앞에서 공부한 센서 예제들은 시리얼 통신을 통해 측정한 센서 값을 PC로 전달하였다. 하지만 OsilloscopeUltraredRF 예제는 측정한 센서 값을 시리얼 통신이 아닌 RF 무선통신으로 Sink 노드에게 전달한다. Sink 노드에는 BaseStation 프로그램을 다운로드하여 무선통신으로부터 받은 센싱값을 시리얼 통신을 통해 PC로 전달할 수 있도록 한다. 사용자는 PC상에서 앞에 예제에서 동작시켰던 자바 애플리케이션을 사용하여 해당 센싱값을 확인할 수 있다. 이번 예제의 구성도는 다음 그림과 같다.

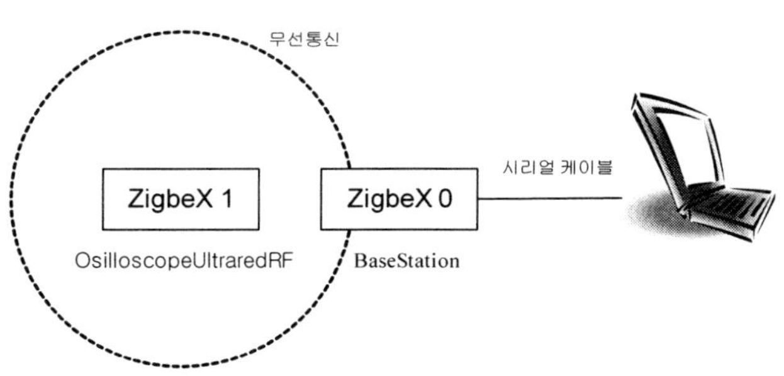

그림 6-2 ▌ OsilloscopeUltraredRF 예제 구성도

1번 노드에는 OsilloscopeUltraredRF 예제가 프로그램되어 256ms마다 측정한 Photo 값을 10번 모아 RF 무선통신을 통해 주위로 브로드캐스팅한다. 해당 RF 데이터를 수신한 0번 노드는 자신에게 프로그램된 BaseStation 프로그램에 의해 그 값을 시리얼로 연결된 PC에게 전송한다.

OsilloscopeUltraredRF 예제는 앞에 예제들과 마찬가지로 크게 3개의 파일로 구성된다 (OscilloscopeAppC.nc와 OscilloscopeC.nc, Oscilloscope.h).

전체적으로 OscilloscopeUltraredRF의 컴포넌트 구성도는 조도 센서에서 사용했던 Oscilloscope 컴포넌트 구성도와 매우 유사한다. 차이점은 시리얼 통신을 위해 사용했던 SerialActiveMessageC 컴포넌트 대신, RF 무선통신을 위한 ActiveMessageC, AMSenderC, AMReceiverC 컴포넌트들을 사용했다는 점과 조도 센서 대신 Photo 센서를 제어하는 UltraredC 컴포넌트를 사용한다는 점이다.

본 예제 프로그램은 TinyOS가 설치된 다음 폴더에서 찾을 수 있다.

Cygwin 설치폴더 \opt\tinyos-2.x\contrib\zigbex\OscilloscopeUltraredRF 참조

6.2.1 OscilloscopeAppC.nc 파일

OscilloscopeAppC.nc 파일은 OscilloscopeUltraredRF 예제에서 사용할 여러 컴포넌트들 및 그들간의 연결을 선언한 configuration 파일이다. 다음에 나오는 소스를 통해 알 수 있듯이, UltraredC 컴포넌트와 무선통신과 관련된 컴포넌트들을 선언하여 OscilloscopeC 파일에 연결함으로써 적외선 측정 및 RF 무선통신을 가능하게 한다.

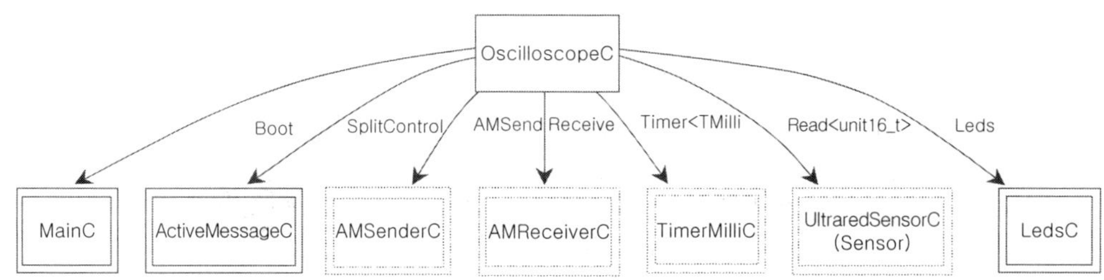

```
 1:   configuration OscilloscopeAppC {
 2:    implementation
 3:    {
 4:       components OscilloscopeC, MainC, LedsC,
 5:       new TimerMilliC(), new UltraredSensorC() as Sensor,
 6:       ActiveMessageC, new AMSenderC(AM_OSCILLOSCOPE), new
 7:       AMReceiverC(AM_OSCILLOSCOPE);

 8:        OscilloscopeC.Boot → MainC;
 9:        OscilloscopeC.RadioControl → ActiveMessageC;
10:        OscilloscopeC.AMSend → AMSenderC;
11:       OscilloscopeC.Receive → AMReceiverC;
12:       OscilloscopeC.Timer → TimerMilliC;
13:       OscilloscopeC.Read → Sensor;
14:       OscilloscopeC.Leds → LedsC;
15:    }
16: }
```

4~7: TinyOS 1.x와 달리 2.x에서는 RF로 message를 전송하기 위해 세 개의 컴포넌트 (ActiveMessageC, AMSender, AMReceiverC)들을 필요로 한다. ActiveMessageC에서 는 RF관련 상태 초기화를 위해 SplitControl 인터페이스를 사용하며, AMSenderC 와 AMReceiverC는 각각 message의 전송 및 수신을 담당한다.

AMSenderC 선언 시 입력 파라미터인 AM_OSCILLOSCOPE는 메시지의 type을 설정해 주는 값이다. 마찬가지로 AMReceiverC 선언 시 입력되는 파라미터를 근 거로 수신된 message의 type이 AM_OSCILLOSCOPE일 경우만 receive하게 된다.

8~14: OscilloscopeC에서 사용될 인터페이스들을 연결한다.

6.2.2 OscilloscopeC.nc 파일

OscilloscopeUltraredRF 예제 프로그램의 module 파일인 OscilloscopeC.nc 파일을 열면 다음과 같은 소스코드를 확인할 수 있다.

```
 1:   #include "Timer.h"
 2:   #include "Oscilloscope.h"
 3:   module OscilloscopeC
```

```
 4:   {
 5:     uses {
 6:       interface Boot;
 7:       interface SplitControl as RadioControl;
 8:       interface AMSend;
 9:       interface Receive;
10:       interface Timer<TMilli>;
11:       interface Read<uint16_t>;
12:       interface Leds;
13:     }
14:   }
15:   implementation
16:   {
17:     message_t sendbuf;
18:     bool sendbusy;
19:     oscilloscope_t local;
20:     uint8_t reading;
21:     bool suppress_count_change;
22:     void report_problem() { call Leds.led0Toggle(); }
23:     void report_sent() { call Leds.led1Toggle(); }
24:     void report_received() { call Leds.led2Toggle(); }
25:     event void Boot.booted() {
26:       local.interval = DEFAULT_INTERVAL;
27:       local.id = TOS_NODE_ID;
28:       If (call RadioControl.start() != SUCCESS)
29:         report_problem();
30:     }
31:     void startTimer() {
32:       call Timer.startPeriodic(local.interval);
33:       reading = 0;
34:     }
35:     event void RadioControl.startDone(error_t error) {
36:       startTimer();
37:     }

38:     event void RadioControl.stopDone(error_t error) {
39:     }
40:     event message_t* Receive.receive(message_t* msg, void*
        payload, uint8_t len) {
41:       oscilloscope_t *omsg = payload;
42:       report_received();
43:       if (omsg→version > local.version)
44:       {
45:           local.version = omsg→version;
46:           local.interval = omsg→interval;
```

```
47:             startTimer();
48:         }
49:        if (omsg→count > local.count)
50:        {
51:            local.count = omsg→count;
52:            suppress_count_change = TRUE;
53:        }
54:     return msg;
55:    }
56:    event void Timer.fired() {
57:      if (reading == NREADINGS)
58:      {
60:          If (!sendbusy && sizeof local <= call
         AMSend.maxPayloadLength())
61:          {
62:            memcpy(call AMSend.getPayload(&sendbuf), &local,
           sizeof local);
63:            if (call AMSend.send(AM_BROADCAST_ADDR,
           &sendbuf, sizeof local) == SUCCESS)
64:              sendbusy = TRUE;
65:          }
66:          if (!sendbusy)
67:            report_problem();
68:          reading = 0;
69:          if (!suppress_count_change)
70:            local.count++;
71:          suppress_count_change = FALSE;
72:      }
73:     if (call Read.read() != SUCCESS)
74:      report_problem();
75:      }
76:    event void AMSend.sendDone(message_t* msg, error_t error) {
77:     if (error == SUCCESS)
78:       report_sent();
79:     else
80:       report_problem();
81:     sendbusy = FALSE;
82:    }
83:    event void Read.readDone(error_t result, uint16_t data) {
84:      if (result != SUCCESS)
85:      {
86:        data = 0xffff;
87:        report_problem();
88:      }
89:     local.readings[reading++] = data;
```

```
90:     report_received();
91:   }
92: }
```

1~2: OscilloscopeC.nc에서는 먼저 include 명령어를 통해 Timer.h, Oscilloscope.h에 있는 내용을 참조한다.

3~14: Module 파일에 uses에는 사용할 인터페이스들을 기술하고 있다.

22: 해당 함수 호출 시 Leds 인터페이스의 command 함수인 led0Toggle()을 호출하여 적색 LED를 토글시킨다.

23: 해당 함수 호출 시 led1Toggle()을 호출하여 녹색 LED를 토글시킨다.

24: 해당 함수 호출 시 led2Toggle()을 호출하여 황색 LED를 토글시킨다.

25~30: Boot.booted 함수에서는 oscilloscope.h 헤더 파일에 있는 oscilloscope_t 구조체 변수 local의 interval과 id를 초기화하고, ActiveMessageC에서 제공하는 RadioControl.start() 를 호출하여 RF 통신을 위한 초기화를 수행한다.

35~37: 시리얼 컴포넌트의 초기화가 완료되면 RadioControl.startDone 이벤트 함수가 호출되고, 이제 시리얼이 초기화되어 통신이 가능하므로 여기에 센서 데이터를 읽어올 Timer를 시작한다.

56~75: 타이머 이벤트가 발생할 때마다 Timer.fired() 이벤트 함수가 호출된다. 이 함수에서는 oscilloscope_t 구조체의 데이터를 저장하는 readings 변수에 10개의 데이터가 다 입력됐을 경우, AMSend.send 함수를 통해 데이터를 전송한다. 성공 시 bool형 변수인 sendbusy에 TRUE 값을 준다. 성공하지 못했을 경우에는 report _problem()를 호출하여 적색 LED를 토글시킨다.

83~91: 데이터 전송이 완료되면 Read.readDone 이벤트 함수가 호출되고, ADC 값을 local 구조체의 readings 필드에 입력한다. 그런 후 report_received() 함수를 호출하여 황색 LED를 토글시킨다.

76~82: 메시지 전송이 완료되었을 경우 성공하면 report_sent( ) 함수를 호출하여 녹색 LED를 토글시키고, 실패 시에는 report_problem( ) 함수를 호출하여 적색 LED를 토글시킨다.

40~55: AM_OSCILLOSCOPE type을 갖는 데이터를 RF로부터 수신했을 경우 Receive.receive 이벤트 함수가 호출되며, 수신한 메시지의 Payload 영역에 저장한 oscilloscope_t 구조체 의 데이터에 따라 센싱 타이머 주기와 count 필드의 값을 수동으로 변경하게 된다.

6.2.3 BaseStation 프로그램

이번 예제에서는 RF를 수신하는 프로그램으로서 BaseStation이란 프로그램을 사용한다. 해당 프로그램은 무선으로부터 받은 데이터는 시리얼로 전송하고, 시리얼로부터 받은 데이터는 무선으로 전송하는 역할을 담당한다. BaseStation 프로그램은 \opt\ti-nyos-2.x\contrib\zigbex\BaseStation 폴더에서 찾을 수 있다. 본 교재에서는 BaseStation 에 대한 분석은 다루지 않도록 하겠다.

Cygwin 설치폴더 \opt\tinyos-2.x\contrib\zigbex\BaseStation 참조

6.3 OscilloscopeUltraredRF 실습

6.3.1 실습 준비물

Host PC, 모트 2개, ISP 프로그램 툴, 프린터 케이블, USB 케이블

6.3.2 실습 시스템 구성

먼저 Cygwin을 시작한다. 다음과 같이 입력하여 예제 폴더로 이동한다.

```
cd /opt/tinyos-2.x/contrib/zigbex
cd OscilloscopeUltraredRF
```

이제 make zigbex를 입력하여 컴파일을 한다.

❖ **PonyProg ISP를 이용하여 ZigbeX로 프로그램 다운로드**

PonyProg를 실행한 후, 실습 1~3장의 <PonyProg ISP 프로그램을 이용하여 ZigbeX로 다운로드>를 참조하여 실습 예제를 ZigbeX로 다운로드한다.

❖ **USB_ISP 혹은 AVR_ISP 보드를 이용하여 ZigbeX로 프로그램 다운로드**

AVR Studio4를 실행한 후, 실습 1~3장의 <USB_ISP 보드를 이용하여 ZigbeX로 다운로드>를 참조하여 실습 예제를 ZigbeX로 다운로드한다.

6.3.3 BaseStation 예제 실습 방법

RF로 송신되는 데이터를 수신하기 위해 BaseStation 예제를 다른 ZigbeX 모트에 프로그램을 하도록 하겠다. 먼저 앞에서 OscilloscopeUltraredRF를 설치한 모트를 USB 케이블과 분리하고 새로운 모트를 PC에 연결한다.

다음과 같이 입력하여 BaseStation 예제 폴더로 이동한다.

```
cd /opt/tinyos-1.x/contrib/zigbex
cd BaseStation
```

해당 경로로 이동한 다음 make zigbex로 컴파일을 한다.

컴파일 후 BaseStation 폴더에는 build/zigbex라는 폴더가 만들어지고, 그 안에 main.hex라는 파일을 ISP 프로그램이나 avr studio 명령을 실행하여 새로 연결된 모트에 다운로드한다.

6.3.4 자바 애플리케이션 실행

시리얼 케이블을 통해 BaseStation 모트로부터 주기적으로 전송되는 적외선 데이터를 확인하기 위해서 오실로스코프 자바 애플리케이션을 실행해 보도록 하겠다.

먼저 /opt/tinyos-2.x/contrib/zigbex/OscilloscopeUltraredRF/java로 이동하여 다음 명령을 기술한다.

```
java net.tinyos.sf.SerialForwarder -comm serial@COMX:57600
```

위 명령에서 COMX는 현재 모트가 사용히는 시리얼 포트를 의미한다. 장치관리자에서 현새 모트가 사용하는 COM 번호를 찾아 위 명령을 잘 설정하도록 한다.

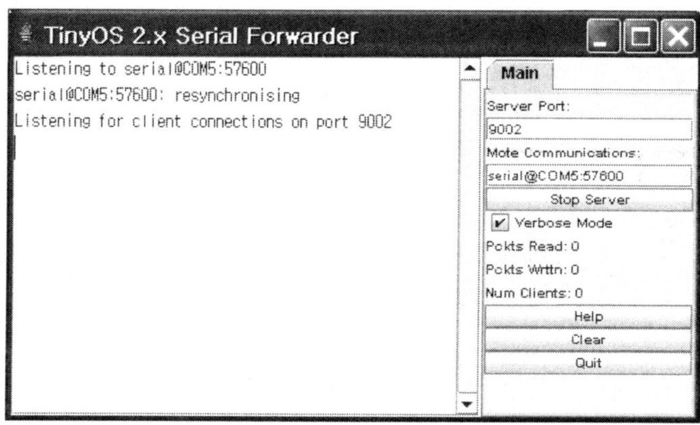

그림 6-3 ▌ SerialForwarder 실행

SerialForwarder를 실행시켰다면, 다음으로 새로운 Cygwin 창을 열어 모트가 전송하는 시리얼 데이터를 화면에 출력할 수 있는 애플리케이션을 실행한다. Cygwin에서 /opt/tinyos-2.x/contrib/zigbex/OscilloscopeUltraredRF/java 폴더로 이동하다. 해당 폴더에서 다음과 같이 입력한다.

```
make
./run
```

명령이 올바로 실행되었다면 그림 6-4와 같은 화면을 볼 수 있다.

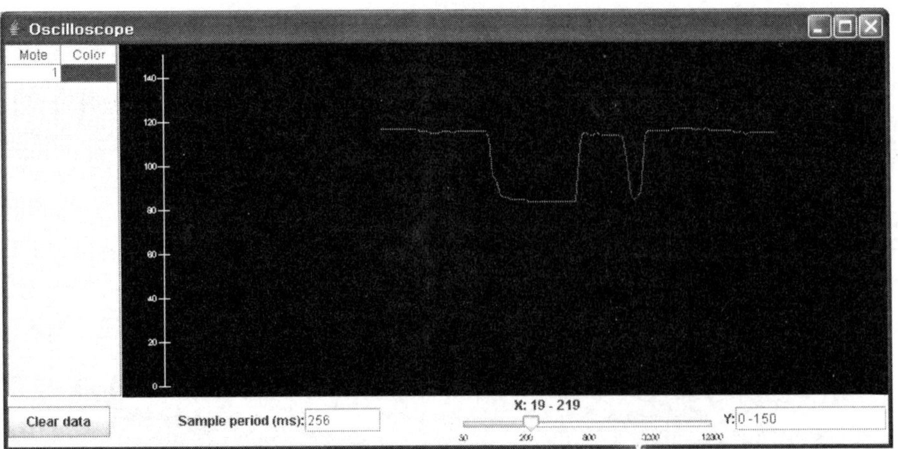

그림 6-4 ▮ 적외선 값을 보여주는 자바 애플리케이션

6.4 실습 결과

자바 애플리케이션을 통해 센싱 데이터가 시리얼로 전달되는 것을 확인할 수 있고,
OscilloscopeUltraredRF 프로그램이 다운로드된 센서를 손으로 가리면 자바 프로그램
에서 보이는 적외선 값이 감소되는 것을 확인할 수 있다.

인터럽트를 이용한 EEPROM 제어

개요

이번 장에서는 ZigbeX의 CPU인 ATmega128의 인터럽트 및 CPU 내부에 있는 EEPROM을 사용하는 방법에 대해서 알아보겠다. EEPROM이란 Electrically Erasable Programmable Read-Only Memory의 약자로 전원이 OFF된 상태에서도 데이터를 유지하는 메모리 소자이다. CPU의 인터럽트를 이용하여 EEPROM에 특정 데이터를 저장하고 읽어오는 예제를 실습해 보자.

실습목표

- ATmega128 레지스터의 종류 및 역할에 대해서 이해한다.
- ATmega128 메모리의 종류 및 역할에 대해서 이해한다.
- CPU 인터럽트의 동작을 학습하고 이해한다.
- 실습 1장에서 배운 LED를 응용하여 프로그램의 동작을 확인한다.

7.1 기본 지식

7.1.1 EEPROM의 필요성

EEPROM의 필요성을 따져보기 위해 ATmega128의 메모리 구조에 대해 알아보도록 하자. ATmega128은 프로그램을 저장하기 위해 128KB의 플래시 메모리를 가지고 있으며, 프로그램에서 사용하는 데이터를 임시 저장하기 위한 4K의 SRAM, 그리고 4K의 EEPROM을 가지고 있다. 플래시 메모리는 센서 노드에 탑재되는 OS 및 애플리케이션이 저장되는 공간이다. 앞에서 공부한 실습 과정에서 컴파일한 main.hex 파일을 센서 노드에 다운로드했었는데, 이 파일(main.hex)은 바로 플래시 메모리에 저장된다. SRAM은 센서 노드에서 프로그램이 실행되면서 필요한 변수 및 스택이 저장되는 임시 공간이다. PC의 RAM과 같은 역할을 하며, 전원이 꺼지면 삭제되는 특징을 가지고 있다. EEPROM은 플래시 메모리와 같이 전원이 꺼져도 데이터가 지워지지 않는 저장 공간이다. 센서 노드에서 플래시 메모리는 부트로더, OS 및 애플리케이션과 같은 프로그램이 저장되는 공간이라면, EEPROM은 반영구적인 데이터가 저장되는 공간이라고 볼 수 있다. 센서 노드의 플래시 메모리에 저장되는 OS 및 애플리케이션이 아무리 바뀌어도 EEPROM에 저장되어 있는 데이터는 바뀌지 않기 때문에 개발자의 편의에 따라 이를 사용할 수 있다. 이번 실습에서는 EEPROM에 개발자의 이름을 저장하는 애플리케이션을 작성해 보도록 한다.

7.1.2 ZigbeX의 EEPROM과 제어 레지스터

먼저 EEPROM을 제어하기 위해서는 ATmega128 내부의 여러 레지스터 및 인터럽트에 대해 알아야 한다. 저전력 초소형 CPU인 ATmega128 내부에는 4KB의 EEPROM이 장치되어 있다. EEPROM은 시스템 전원이 리셋되어 시스템 초기화 시, 펌웨어(부트로더)에서 사용하는 매개변수를 저장하는 용도로 많이 사용된다.

이 EEPROM을 제어하기 위해서는 기본적으로 ATmega128에서 사용하는 레지스터(register)에 대해 알고 있어야 한다. 이번 예제에서 사용할 ATmega128의 레지스터들을 표 7-1에 정리해 두었다.

표 7-1 ▮ 실습 7에서 사용하는 레지스터들

레지스터	크 기	기 능
EEARH와 EEARL	8/8bit	EEPROM의 주소를 가리키는 레지스터
EEDR	8bit	데이터를 저장하는 레지스터
EECR	8bit	EEPROM의 R/W 컨트롤 레지스터

그림 7-1의 레지스터 그림들은 ATmega128의 데이터 시트에서 발췌한 것이다. 좀 더 세부적인 내용은 데이터 시트를 참고하기 바란다.

**EEPROM Address Register –
EEARH and EEARL**

Bit	15	14	13	12	11	10	9	8	
	–	–	–	–	EEAR11	EEAR10	EEAR9	EEAR8	EEARH
	EEAR7	EEAR6	EEAR5	EEAR4	EEAR3	EEAR2	EEAR1	EEAR0	EEARL
	7	6	5	4	3	2	1	0	
Read/Write	R	R	R	R	R/W	R/W	R/W	R/W	
	R/W	R/W	R/W	R/W	R/W	R/W	R/W	R/W	
Initial Value	0	0	0	0	X	X	X	X	
	X	X	X	X	X	X	X	X	

그림 7-1 ▌EEPROM 주소 레지스터

그림 7-1에 나와 있는 EEARH와 EEARL 8비트 레지스터는 ATmega128에 장치되어 있는 EEPROM의 주소를 나타내는 레지스터이다. 이 두 레지스터를 통해 4KB 메모리 안에 있는 주소에 접근할 수 있다.

그림 7-1의 레지스터를 보면 해당하는 레지스터의 크기가 11 ~ 0까지 총 12비트인 것을 알 수 있다. 하나의 비트는 0과 1로 나타낼 수 있기 때문에, 12개의 비트로 나타낼 수 있는 총 숫자는 2^{12}인 4096(10진수)이 된다. 그러므로 EEPROM에 접근할 수 있는 레지스터의 크기는 4KB가 되며, 실질적으로 ATmega128에 장치되어 있는 EEPROM 크기도 4KB이다.

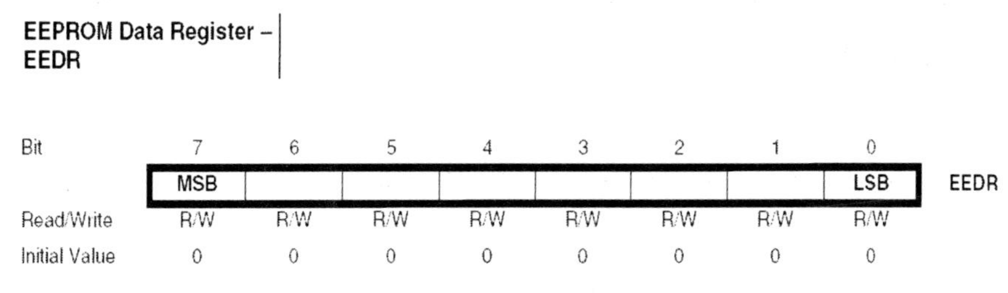

**EEPROM Data Register –
EEDR**

Bit	7	6	5	4	3	2	1	0	
	MSB							LSB	EEDR
Read/Write	R/W	R/W	R/W	R/W	R/W	R/W	R/W	R/W	
Initial Value	0	0	0	0	0	0	0	0	

그림 7-2 ▌EEPROM 데이터 레지스터

그림 7-2에 나와 있는 EEDR은 기록할 데이터를 저장하는 레지스터이다. EEARH와 EEARL 레지스터를 이용하여 주소를 결정한 후, 저장할 데이터를 이 레지스터에 써주

면 설정한 주소 공간에 데이터가 쓰여지게 된다. EEDR 레지스터는 8비트로 구성되어 있기 때문에 1바이트씩 저장할 수 있다. 우리가 알고 있는 C언어에서의 char 데이터 타입 또한 1바이트(8비트)이다.

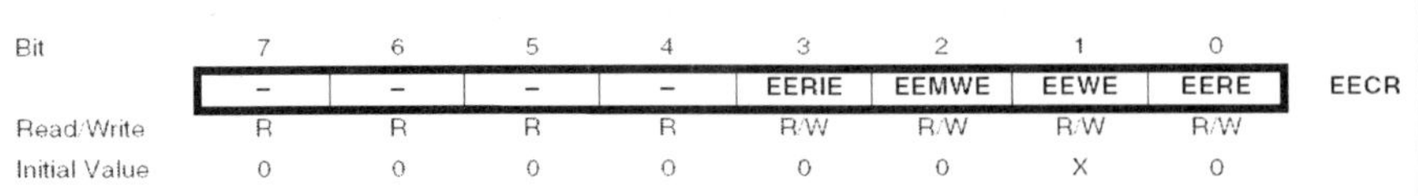

그림 7-3 ▌EEPROM 컨트롤 레지스터

그림 7-3에 나와 있는 EECR 레지스터는 EEPROM을 제어하기 위한 컨트롤 레지스터이다. 그림을 통해 EECR 레지스터는 4비트만이 사용되는 것을 알 수 있다. 이번 예제에서 사용할 컨트롤 비트는 2번 비트, 1번 비트 그리고 0번 비트이다. 2번 비트는 EEPROM에 데이터를 쓸 수 있도록 권한을 허용해 주는 비트이며, 1번 비트는 데이터 쓰기를 명령하는 비트이고, 0번 비트는 데이터 읽기를 명령하는 비트이다. 2번 비트를 1로 set한 후 1번 비트를 1로 set하게 되면, EEDR에 있는 데이터가 EEPROM의 EEAR 주소번지 장소에 저장되게 된다. 좀 더 자세한 컨트롤 레지스터의 사용법은 데이터 시트를 참조하기 바란다.

ZigbeX 센서 노드에서는 자신의 CPU인 ATmega128의 인터럽트를 제어하기 위해 다음과 같은 함수들의 인터페이스를 제공한다. EEPRomInterrupt 인터페이스는 다음 위치에서 찾을 수 있다.

Opt/tinyos-2.x/contrib/zigbex/EEPRom/EEPRomInterrupt.nc

표 7-2 ▌EEPRomInterrupt 인터페이스에서 제공하는 함수들

함 수	기 능
command void enable();	해당 인터럽트를 enable시키는 함수
command void disable();	해당 인터럽트를 disable시키는 함수
event void fired();	인터럽트가 발생했을 때 event 형식으로 상위 컴포넌트로 호출되는 함수

해당 파일을 보면 인터럽트 사용 시 선언하는 enable( )와 disable( ), 그리고 인터럽트 발생 시 상위 컴포넌트로 호출되는 fired( ) 함수가 있다. 이 인터페이스를 사용하여 실제 인터럽트와 관련된 프로그램이 구현된 컴포넌트는 Opt/tinyos-2.x/contrib/zigbex/EEPRom/EEPRomInterruptP.nc이다.

7.2 EEPRom 예제

NesC로 작성된 EEPRom이라는 예제를 이용하여 ATmega128 CPU의 EEPROM을 제어하는 방법에 대해 살펴보자. 이번 예제 프로그램의 주요 동작은 특정 배열 값들을 TinyOS에서 제공하는 인터럽트와 레지스터를 통해 EEPROM으로 복사하고 저장한 값을 다시 읽어오는 것이다.

EEPRom 예제는 TinyOS의 동작을 시작하는 MainC 컴포넌트, 인터럽트와 관련되어 있는 EEPRomInterruptP 컴포넌트, LED 제어를 위한 LedC 컴포넌트 그리고 실제 구현 Module 파일인 EEPRomM 컴포넌트로 구성되어 있다. 또한 EEPRom은 자신을 사용할 상위 컴포넌트를 위해 EEProm이라는 인터페이스를 제공하고 있다. 만약 EEPRom이 다른 프로그램의 하위 컴포넌트로 선언되어 사용된다면 EEProm 인터페이스를 통해 다음 4가지 함수들을 제공할 것이다.

- command uint8_t read()
- command void write(...)
- command void ram2eeprom(...)
- command void eeprom2ram(...)

EEPRom 예제 프로그램은 /opt/tinyos-2.x/contrib/zigbex/EEPRom/ 폴더 안에서 찾을 수 있다. 폴더 안에는 다음과 같은 파일들이 존재한다.

- EEProm.nc - EEPRom 예제 컴포넌트가 제공하는 interface 파일
- EEPromC.nc - configuration 파일
- EEPromM.nc - module 파일

7.2.1 EEPromC.nc 파일

EEPromC.nc 파일에는 EEPRom 예제에서 사용할 여러 컴포넌트들이 선언되어 있다.
앞에서 언급한 여러 컴포넌트들이 Main 컴포넌트와 EEPromM.nc 파일에 연결된다.

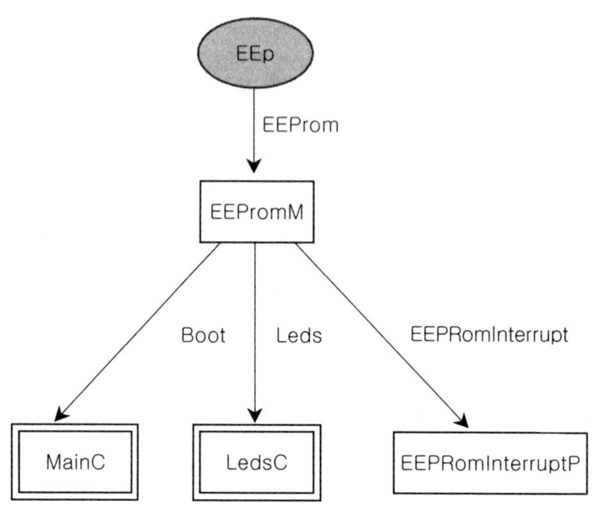


```
 1: configuration EEPromC{
 2:    provides interface EEProm as EEp;
 3: }
 4: implementation{
 5:   components MainC, EEPRomInterruptP, EEPromM, LedsC;

 6:   EEPromM.Leds → LedsC;
 7:   EEPromM.eeRomReady → EEPRomInterruptP.EEPRomInterrupt;
 8:   EEp = EEPromM;
 9:   EEPromM.Boot → MainC;
10: }
```

1~5: 기본적인 실행 모듈로서 MainC, EEPromM 컴포넌트를 선언하고 상태를 표시하
기 위한 LedsC와 EEPRom의 인터럽트를 제공하는 EEPRomInterruptP 모듈이
선언되어 있다.

6~10: EEPRomInterruptP 모듈도 eeRomReady와 연결되어 있다. Boot라는 인터페이스
와 MainC 모듈이 연결된다.

7.2.2 EEPromM.nc 파일

EEPRom 예제 프로그램의 module인 EEPRomM.nc 파일을 살펴보자. EEPRomM.nc 파일을 열면 다음과 같은 소스코드를 확인할 수 있다.

```
 1: module EEPromM
 2: {
 3:   provides {
 4:       interface EEProm;
 5:   }
 6:   uses {
 7:       interface EEPRomInterrupt as eeRomReady;
 8:       interface Leds;
 9:       interface Boot;
10:   }
11: }
12: implementation
13: {
14:    task void rom_temp_compare();
15:    uint8_t rom[13]="hanbackElect";  // EEProm에 저장될 변수
16:    uint8_t temp[13];    // EEProm에서 읽어온 값을 저장할 변수

17:    event void Boot.booted() {
18:      call Leds.led0Off(); call Leds.led1Off(); call Leds.led2Off();
19:      call eeRomReady.enable();
         // EEProm에 쓰기
20:      call EEProm.ram2eeprom((uint8_t)0x0,rom, 13);
         // EEProm에서 읽기
21:      call EEProm.eeprom2ram(temp,0x0,13);
22:      post rom_temp_compare();  // rom과 temp 변수 비교
23:    }

24: async command void EEProm.ram2eeprom(uint8_t *dst, uint8_t
    *src, uint8_t length)
25: {
26:   while(length--)
27:   {
       // 앞서 설정되어 있을 수 있는 write 작업이 끝날 때까지 기다림.
28:     while (EECR & 0x02);
29:       EEAR = (uint16_t)dst++;
30:       EEDR = *src++;
31:       EECR |= 0x04;     // Write 작업 setup
32:       EECR |= 0x02;
```

```
33:    }
34: }

35: async command void EEProm.eeprom2ram( uint8_t *dst, uint8_t
   *src, uint8_t length)
36: {
37:    atomic {
38:      int n=0;
39:      while(length--)
40:      {
41:        while (EECR & 0x02);
42:          EEAR = (uint16_t)src++;
43:            EECR |= 0x01;          // READ 작업 setup
44:              dst[n++] = EEDR;
45:      }
46:    }
47: }

48: async event void eeRomReady.fired()
49: {
50:    static uint8_t data1=0;

51:    if(data1 == 0)
52:    {
53:      call Leds.led0On();
54:    }
55:    else if(data1 == 13) {
56:      call Leds.led1On();
57:    }
58:    data1++;
59: }

   // 두 버퍼 비교 함수
60: task void rom_temp_compare()
61: {
62:    int i;
63:    for (i=0 ; i<13 ; i++)
64:    {
65:      if ( rom[i] != rom[i])
66:        return;
67:    }
68:    call Leds.led2On();
69: }

70: async command uint8_t EEProm.read( uint8_t location)
```

```
71: {
72:    while (EECR & 0x02);
73:    EEAR = location;
74:    EECR |= 0x01;        // READ 작업 setup
75:    return (EEDR);
76: }
77: async command void EEProm.write(uint16_t location, uint8_t data)
78: {
       // 앞서 설정되어 있을 수 있는 write 작업이 끝날 때까지 기다림.
79:    while (EECR & 0x02);
80:      EEAR = location;
81:       EEDR = data;
82:       EECR |= 0x04;
83:       EECR |= 0x02;
84: }
```

1~11: EEPromM.nc에서는 먼저 사용할 여러 인터페이스들을 module 안에 기술한다.

17~19: MainC 컴포넌트에 의해 가장 먼저 시작되는 Boot.booted( ) 이벤트 함수에서는 LED를 Off시키고 EEPROM 관련 인터럽트를 enable시킨다.

20: EEProm.ram2eeprom((uint8_t)0x0, rom, 13); 명령어를 통해 변수 rom에 저장되어 있는 값들을 EEPROM 0번부터 12번 주소까지 복사한다.

21: EEProm.eeprom2ram(temp, 0x0, 13); 명령어를 통해 EEPROM 0x0번 주소부터 12번 주소까지의 값을 읽어와 temp 변수에 저장한다.

22: rom_temp_compare( ); 함수를 호출하여 rom과 temp 변수를 비교한 후 같으면 황색 LED를 On시킨다.

24~34: ram2eeprom 함수는 RAM에 저장된 특별한 변수값을 EEPROM으로 복사하는 함수로 데이터를 복사하기 전에 이전에 명령한 쓰기 동작의 종료 여부를 확인하기 위한 목적으로 while(EECR & 0x02) ;을 실행한다. 무한 루프를 빠져 나오면 먼저 EEAR 레지스터에 저장할 EEPROM의 주소를 넣어 주고, EEDR 레지스터에 저장할 1byte 값을 넣는다. 그 후 EECR |= 0x04; 명령을 통해 EECR의 2bit 값을 1로 set시켜 쓰기 동작이 수행될 수 있도록 설정하고, EECR|=0x02; 명령을 통해

EEDR 레지스터에 저장된 값을 EEAR 레지스터에 있는 EEPROM 주소에 복사한
다. 이 동작을 length만큼 반복시킴으로써 ram2eeprom 함수의 동작을 완료한다.

35~47: eeprom2ram 함수는 EEPROM에 저장된 값을 temp 변수에 저장하는 함수이다.
먼저 while(EECR & 0x02) ;을 통해 예전에 설정한 쓰기동작 수행이 종료되었음을
확인한다. EEAR 레지스터에 읽어올 EEPROM의 주소를 저장하고, EECR|=
0x01; 명령을 통해 EECR의 0bit 값을 1로 set시켜 읽기 동작을 수행한다. 읽기 동
작이 끝나면 EEAR 레지스터에 등록된 EEPROM 주소의 데이터 값이 EEDR 레
지스터에 저장되고 dst[n++] = EEDR 명령을 통해 그 내용을 저장한다.

48~59: write 동작이 일어날 때마다 인터럽트에 의해 호출되는 eeRomReady.fired( ) 함
수는 내부에 static 변수를 사용하여 fired( )가 1회 발생했을 때와 13회 발생했을 때
적색과 녹색 LED를 제어하여 동작 여부를 확인한다.

60~69: 마지막으로 rom_temp_compare 함수를 통해 rom과 temp 변수에 저장된 값을
0부터 12까지 비교하고 동일할 경우 황색 LED를 On시킨다.

7.3 EEProm 실습

7.3.1 실습 준비물

Host PC, 모트 1개, ISP 프로그램 툴, 프린터 케이블

7.3.2 실습 시스템 구성

먼저 Cygwin을 시작한다. 다음과 같이 입력하여 예제 폴더로 이동한다.

```
cd /opt/tinyos-2.x/contrib/zigbex
cd EEPRom
```

이제 make zigbex를 입력하여 컴파일을 한다.

❖ **PonyProg ISP를 이용하여 ZigbeX로 프로그램 다운로드**

PonyProg를 실행한 후, 실습 1~3장의 <PonyProg ISP 프로그램을 이용하여 ZigbeX로 다운로드>를 참조하여 실습 예제를 ZigbeX로 다운로드한다.

❖ **USB_ISP 혹은 AVR_ISP 보드를 이용하여 ZigbeX로 프로그램 다운로드**

AVR Studio4를 실행한 후, 실습 1~3장의 <USB_ISP 보드를 이용하여 ZigbeX로 다운로드>를 참조하여 실습 예제를 ZigbeX로 다운로드한다.

7.4 실습 결과

이 예제는 EEPROM에 데이터를 쓰기 시작하는 순간과 쓰기를 마친 순간에 Red LED와 Green LED가 On되는 것을 확인할 수 있다. 그리고 EEPROM으로부터 읽어온 데이터의 비교 여부를 위해 Yellow LED를 확인함으로써 설치한 프로그램의 동작 수행 여부를 확인할 수 있다. 즉, 결과적으로 세 개의 LED가 모두 켜지면 프로그램이 정상적으로 동작한다는 것이다.

시리얼 ID 읽어오기(RF 통신)

개요

이번 장에서는 시리얼 ID(고유한 ID를 의미함)가 저장되어 있는 한백전자 모트의
DS2401 칩으로부터 시리얼 ID를 읽어오는 방법에 대해 알아보겠다. 모트의 CPU와
DS2401 칩의 하드웨어적 연동 부분을 고찰해 보고, 실제 읽어온 시리얼 아이디를 무
선으로 전송하는 예제를 실습해 보도록 하겠다.

실습목표

- DS2401 칩의 역할을 이해하고 그 활용에 대해서 생각하여 본다.
- CPU 펄스의 LOW/HIGH 제어 부분에 대해 학습한다.
- DS2401 칩에 저장된 시리얼 아이디를 읽어 무선으로 전송한다.

8.1 기본 지식

8.1.1 DS2401이란 무엇인가

DS2401은 Dalls Semiconductor 사에서 개발한 칩으로 최소의 전자 인터페이스(일반적
으로 마이크로컨트롤러의 단일 포트 핀)를 통해 세계적으로 고유한 시리얼 ID를 판별할

수 있는 칩을 말한다. 이 칩에는 제조 시 레이저로 저장된 고유한 64비트의 등록번호가 내부 ROM에 기록되어 있으며, 이 등록번호는 8비트의 제품 코드와 48비트의 시리얼 넘버, 그리고 8비트의 CRC 데이터로 구성되어 있다. 모든 DS2401은 서로 다른 ID를 가지고 있기 때문에 이는 애플리케이션에서 PCB 식별, 네트워크 노드 ID 또는 장치 등록 등의 용도로 사용될 수 있다. 한백전자 모트에서는 DS2401를 탑재하여 각 모트가 고유한 ID를 가질 수 있는 목적으로 사용한다. 이 칩은 제어, 어드레스, 데이터 및 전력을 하나의 핀으로 단축시켰다는 점과 마이크로프로세서의 단일 포트 핀에 직접 연결하여 간단히 제어될 수 있다는 점에서 장점을 가진다.

8.1.2 DS2401의 필요성

네트워크에 연결되는 모든 이더넷 장비 인터페이스는 고유한 ID를 가지고 있다. 이는 MAC Address라고 불리며 6바이트의 데이터로 보통 다음과 같은 형식으로 표시된다. 00-0A-CC-32-FO-FD. MAC Address는 48bit로 구성된 전 세계에서 유일한 하드웨어 주소로서 IETF에서 관리하고, 48bit 중 24bit(3byte)는 OUI 부분이고, 뒷부분(3byte)은 Serial 부분이 된다. OUI는 장비 제조회사를 의미하며, RFC1340에 정의되어 있다. 하지만 센서 네트워크에는 이러한 주소 체계가 갖추어져 있지 않다. 센서 노드의 특성상 모든 제조사마다 서로 다르게 노드를 제작하고 있으며, 특별한 표준이 제시되어 있지 않은 상태라 모든 센서 노드가 고유한 주소를 갖는 것은 현재로선 어려운 일이다. DS2401 칩은 이러한 센서 노드에 고유한 ID를 제공한다는 점에서 큰 장점을 갖는다. DS2401을 탑재한 모트는 DS2401 칩을 통해 다른 센서 노드들과도 구별될 수 있는 고유 ID를 갖게 되는 것이다. 본 실습에서는 DS2401에 저장되어 있는 고유 ID를 가져와 전송하는 프로그램을 작성해 보도록 할 것이다.

8.1.3 DS2401 칩

앞절에서 언급한 것과 같이 DS2401은 ID 칩으로 6바이트(48비트)의 유일한 아이디가 내부 레지스터에 저장되어 있으며, "1-Wire" 버스 시스템을 통해 CPU에 그 아이디를 제공한다. "1-Wire" 버스 시스템이란, 단일 버스 마스터 시스템 및 하나 이상의 슬레이브를 갖는 시스템인데, 일반적으로 모트의 경우에 CPU가 버스 마스터가 되며 DS2401

는 슬레이브 소자가 된다. "1-Wire" 소자는 단일선으로 제어, 시그널링 및 전력을 제공하는 인터페이스 프로토콜을 통합함으로써 시스템 비용을 낮추고 설계를 간편하게 해주는 장점이 있다.

DS2401의 메모리 구조는 총 8바이트로 8비트의 CRC, 48비트의 Serial Number, 8비트의 Family code로 이루어져 있다.

그림 8-1 ▌ DS2401의 메모리 맵

모트의 CPU는 "1-Wire" 통신으로 연결된 DS2401로부터 저장된 Serial ID를 읽어올 수가 있는데, 이를 위해서는 정밀한 타이밍으로 DS2401과 연결된 CPU PIN의 LOW와 HIGH를 적절히 제어할 필요가 있다. DS2401로부터 데이터를 받기 위해서, 별도의 CLOCK 없이 펄스의 LOW/HIGH가 유지되는 시간을 근거로 전송된 신호를 분석해줄 수 있는 프로그램을 작성해야 한다. 모트의 CPU와 DS2401과의 통신 순서는 다음과 같다.

- 모트의 CPU에서 DS2401과 연결된 라인에 초기화 클럭 생성

- "1-Wire" 통신을 통해 READ ROM 명령어를 전송

- 명령어를 확인한 DS2401은 일정 클럭 후 데이터 전송

통신 이전에는 반드시 초기화가 필요하다. 먼저 CPU는 초기화를 위해서 자신의 펄스를 LOW로 떨어뜨리고 tRST(480us)시간 만큼 LOW 상태를 유지시켜 준다. 이 부분이 MASTER RESET PULSE이다. 그리고 tR 동안 PULL UP을 ACTIVE해서 VPULLUP까지 도달한 채, tPDH 동안 유지시키면 이것을 감시하던 DS2401은 PRESENCE PULSE를 발생, 펄스를 LOW로 만들고 tPDH 동안 유지시킨다. 다시 PULL UP ACTIVE에 의해 VPULLUP까지 도달한 채 일정 시간을 유지함으로써 CPU와 DS2401의 초기화를 종료한다. 그림 8-2는 초기화를 위한 펄스의 동작 상태를 그린 그림이다.

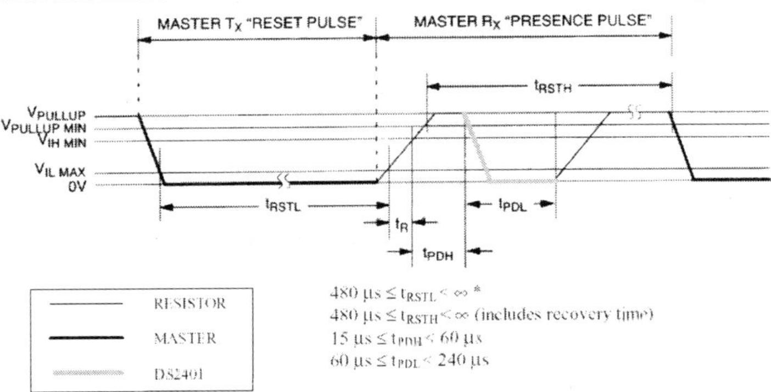

그림 8-2 ▮ "1-Wire" 통신의 프로토콜

초기화가 끝난 후, DS2401로부터 저장된 시리얼 ID를 읽어오기 위해서는 33h나 0Fh 명령어를 전송하여야 한다. 이 명령어를 연결된 "1-Wire" 통신을 통해 전송하기 위해서는 그림 8-3과 같은 타이밍을 맞춰 주어야 한다.

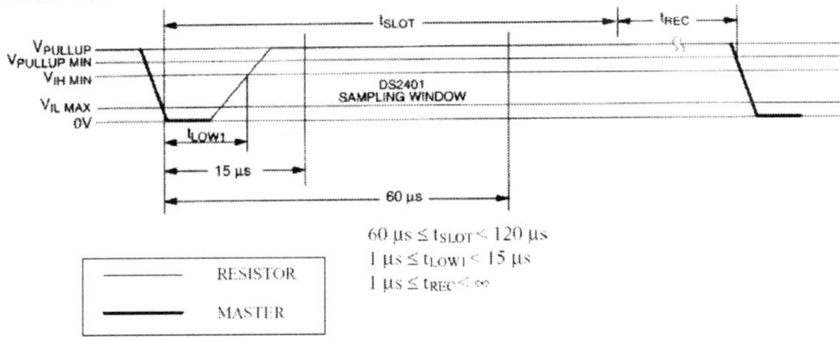

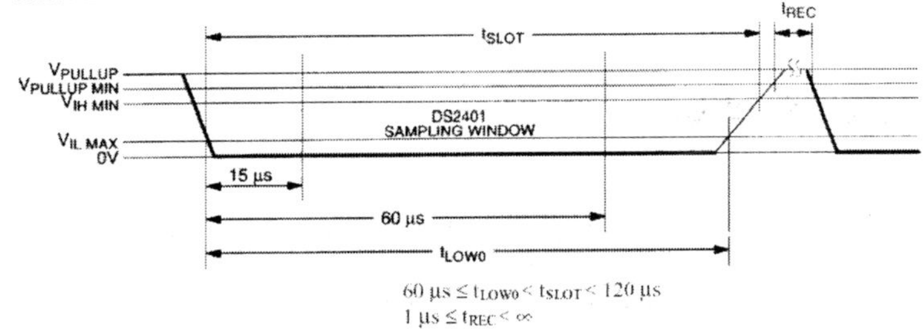

그림 8-3 ▮ "1-Wire" 통신의 Write-one, Write-zero 타이밍

"1"을 write하기 위해서는 우선 MASTER PULSE를 LOW로 하여 TLow1 동안 유지한

후 다시 VPULLUP까지 상승시켜 1로 된 펄스를 일정 샘플 시간 동안 유지함으로써, DS2401은 이를 1로 인식할 수 있다. 이 상태를 tREC 동안 유지한 후 다시 펄스를 LOW로 만들어 준다.

"0"을 write하기 위해서는 펄스를 LOW로 만들고 tSLOT 동안 유지시켜야 하며, 그 시간 안에 DS2401은 그 값을 샘플링하여 0이라 판단한다. tSLOT 이후에는 다시 PULL UP을 해주고 tREC 동안 유지한 후 다시 LOW로 만들어 준다.

0과 1을 write하는 방법을 통해 33h 명령어를 연결된 "1-Wire"에 전송한다.

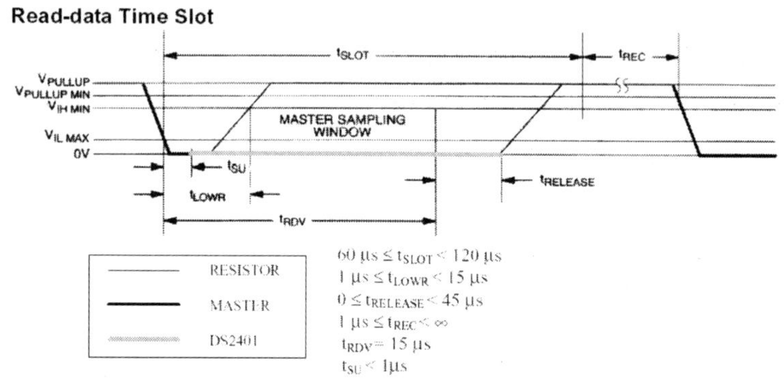

그림 8-4 ▮ Read 타이밍

이렇게 해서 명령 코드를 DS2401에게 전달하게 되면 CPU는 DS2401의 저장된 시리얼 ID를 읽어올 수 있다.

8.2 SerialIdRF 예제

SerialIdRF 예제는 앞에서 설명한 "1-Wire" 통신 방법을 이용하여 DS2401에 저장된 유니크한 ID를 받아오는 프로그램이다(Ds2401P.nc과 Ds2401PM.nc 파일로 구성). SerialIdRF 예제는 SerialIdC.nc 하부 컴포넌트를 이용하여 "1-Wire" 통신하게 된다. SerialIdC 컴포넌트는 CPU의 펄스를 약속된 특정 시간 동안 LOW/HIGH로 적절히 변화시키기 위해 여러 매크로들을 사용한다. CPU를 제어하는 여러 매크로들의 기능 및 동작 방법들은 하드웨어의 사양을 따르므로 tos/platform/.platform 파일에 있는 ds2401 관련 폴더를 찾아 SerialIdC.nc 파일을 직접 확인해 보길 바란다.

SerialIdRF 예제를 간단히 요약하면, 무선통신 준비가 완료되었음을 의미하는 Comm-Control.startDone( ) 함수에서 HardwareId.read(Serial_id); 명령으로 SerialIdC 컴포넌트에게 DS2401으로부터 시리얼 ID를 읽어오도록 요청한다. 이 명령을 받은 SerialIdC 컴포넌트는 '1-wire' 통신을 사용하여 DS2410 칩으로부터 시리얼을 읽어온 후, HardwareId.readDone (…) 함수를 통해 읽어온 시리얼 ID 값을 리턴한다. Ds2401PM.nc 파일은 이 값을 RF 통신 구조체 Data 영역에 복사하여 1초마다 RF 통신으로 브로드캐스팅한다.

8.2.1 Ds2401P.nc 파일

Ds2401P.nc 파일은 SerialIdRF 예제에서 사용할 여러 컴포넌트들 선언 및 서로의 연결 상태를 보여주는 configuration 파일이다. MainC 컴포넌트와 모듈 파일인 Ds2410PM 컴포넌트, LED 제어를 위한 LedsC 컴포넌트 그리고 RF 무선통신을 위해 ActiveMessageC와 AMSenderC 컴포넌트가 하부 컴포넌트로 사용된다.

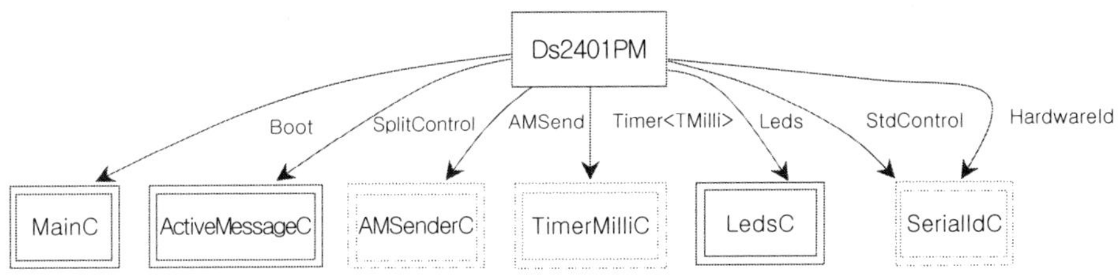


```
 1: configuration Ds2401P{ }
 2: implementation{
 3:     components MainC, Ds2401PM, LedsC, ActiveMessageC,
 4:      new AMSenderC(AM_SERIALID),  new TimerMilliC(), SerialIdC;
 5:     Ds2401PM.Boot → MainC;
 6:     Ds2401PM.CommControl→ActiveMessageC;
 7:     Ds2401PM.AMSend → AMSenderC;
 8:     Ds2401PM.Timer → TimerMilliC;
 9:     Ds2401PM.Leds → LedsC;
10:     Ds2401PM.SIDControl → SerialIdC;
11:     Ds2401PM.HardwareId → SerialIdC;
12:}
```

3~4: 기본적인 실행 모듈로서 MainC와 Ds2401PM을 선언하였고, 상태를 표시하기 위한 LedsC, RF로 전송하기 위해 ActiveMessageC와 AMSenderC가 있으며, 시리얼 ID를 읽어오기 위한 SerialIdC 그리고 주기적인 RF 전송을 위한 TimerMilliC가 선언되어 있다.

5~12: 컴포넌트들과 Ds2401M에서 사용될 인터페이스들을 연결한다.

8.2.2 Ds2410PM.nc 파일

SerialIdRF 예제 프로그램의 module인 Ds2410PM.nc 파일의 내용은 다음과 같다.

```
1: module Ds2401PM
2: {
3:  uses
4:  {
5:    interface Boot;
6:    interface Timer<TMilli>;
7:    interface Leds;
8:    interface SplitControl as CommControl;
9:    interface AMSend;

10:   interface StdControl as SIDControl;
11:   interface HardwareId;
12: }

13: } implementation {

14: #define DATA_TIME 3000
15: #define SerilID_LEN 8

16: message_t SerialID_MSG;
17: uint8_t Serial_id[SerilID_LEN];

18: event void Boot.booted() {
19:   call CommControl.start();
20: }

21: event void CommControl.startDone(error_t err) {
22:   if (err != SUCCESS) {
23:     call CommControl.start();
```

```
24:    } else {
25:      call SIDControl.start();
26:      call HardwareId.read(Serial_id);

27:    }
28: }

29: event void HardwareId.SIDreadDone(uint8_t *id, error_t success) {
30:    atomic {
31:       uint8_t pack[8];
32:      pack[0] = id[0];
33:      pack[1] = id[1];
34:      pack[2] = id[2];
35:      pack[3] = id[3];
36:      pack[4] = id[4];
37:      pack[5] = id[5];
38:      pack[6] = id[6];
39:      pack[7] = id[7];
40:      memcpy(call AMSend.getPayload(&SerialID_MSG), pack, 8);
41:    }
42:    call Timer.startPeriodic(DATA_TIME);
43: }

44: event void CommControl.stopDone(error_t error) {
45: }

46: event void Timer.fired() {
47:    call Leds.led2Toggle();
48:    if (call AMSend.send(AM_BROADCAST_ADDR, &SerialID_MSG, SerilID_LEN) ==
SUCCESS) {
49:             call Leds.led1On();
50:      }
51: }

52: event void AMSend.sendDone(message_t* msg, error_t error) {
53:    if (error == SUCCESS)
54:      call Leds.led1Off();
55: }

56: }
```

Ds2410P 예제의 동작 순서를 간단히 정리하면 다음과 같다.

18: MainC 컴포넌트에 의해 Boot.booted( ) event 함수가 호출됨

- 무선통신 컴포넌트를 시작하기 위해 CommControl.start( ) 함수 호출

21: 무선통신 컴포넌트가 성공적으로 수행되면 CommControl.startDone( ) event 함수가 호출됨

- SIDControl.start( ) 함수를 통해 SerialIdC 컴포넌트를 초기화한 후 HardwareId.read (Serial_id) 함수를 통해 시리얼 ID 정보 요청

29: DS2401칩으로부터 시리얼 아이디를 얻어오면 HardwareId.readDone (uint8_t *id, result_t success) event 함수가 호출됨

- 시리얼 ID를 나타내는 id 변수를 SerialID_MSG에 넣고, Timer를 호출함

46: Timer.fired( ) 실행

- 시리얼 ID가 저장된 SerialID_MSG를 RF로 broadcast함

8.2.3 BaseStation 프로그램

이번 예제에서도 RF 무선통신을 사용하기 때문에 4장에서 사용한 BaseStation 프로그램을 사용하여 한다. BaseStation 프로그램은 무선통신으로 받은 데이터를 시리얼 통신으로 연결된 PC로 전송하는 프로그램이다. BaseStation 프로그램을 통해 Ds2401P 예제 프로그램이 3초 간격으로 전송하는 시리얼 ID 값을 PC에서 확인할 수 있다. BaseStation 프로그램은 /opt/tinyos-2.x/contrib/zigbex/BaseStation 폴더에 위치한다.

8.3   SerialIdRF 예제 실습

8.3.1 실습 준비물

Host PC, 모트 2개, ISP 프로그램 툴, 프린터 케이블, USB 케이블

8.3.2 실습 시스템 구성

먼저 Cygwin을 시작한다. 다음과 같이 입력하여 예제 폴더로 이동한다.

```
cd /opt/tinyos-2.x/contrib/zigbex
cd SerialIdRF
```

이제 make zigbex를 입력하여 컴파일을 한다.

❖ **PonyProg ISP 이용하여 ZigbeX로 프로그램 다운로드**

PonyProg를 실행한 후, 실습 1~3장의 <PonyProg ISP 프로그램을 이용하여 ZigbeX로 다운로드>를 참조하여 실습 예제를 ZigbeX로 다운로드한다.

❖ **USB_ISP 혹은 AVR_ISP 보드를 이용하여 ZigbeX로 프로그램 다운로드**

AVR Studio4를 실행한 후, 실습 1~3장의 <USB_ISP 보드를 이용하여 ZigbeX로 다운로드>를 참조하여 실습 예제를 ZigbeX로 다운로드한다.

8.3.3 BaseStation 예제 실습 방법

RF로 송신되는 데이터를 수신하기 위해 BaseStation 예제를 다른 Zigbex 모트에 프로그램을 하도록 하겠다. 먼저 앞에서 SerialIdRF를 설치한 모트를 USB 케이블과 분리하고 새로운 모트를 PC에 연결한다.

다음과 같이 입력하여 BaseStation 예제 폴더로 이동한다.

```
cd /opt/tinyos-2.x/contrib/zigbex
cd BaseStation
```

해당 경로로 이동한 다음 make zigbex로 컴파일을 한다.

컴파일 후 BaseStation 폴더에는 build/zigbex라는 폴더가 만들어지고, 그 안에 main.hex라는 파일을 ISP 프로그램이나 avr studio 명령을 실행하여 새로 연결된 모트에 다운로드한다.

8.4 실습 결과

모트에 프로그램을 한 후, SerialID 예제를 다운로드한 모트를 동작시키면 BaseStation이 다운로드된 모트로부터 해당 시리얼 메시지가 PC로 전송된다. 시리얼 통신 프로그램을 실행시키면 시리얼로 들어오는 serial id와 RF 메시지의 내용을 확인할 수 있다. (본 책에서는 CD/Program 폴더 안에 있는 serialTest.exe를 사용하였다. 시리얼 속도는 57600이다.)

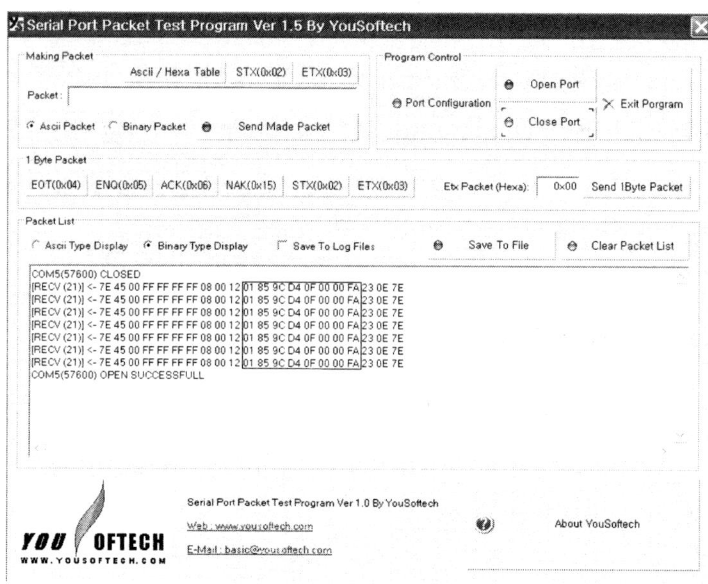

그림 8-5 ▐ SerialID로부터 읽은 ID값

TinyOS에 제공하는 자바 애플리케이션 중 하나인 Listen 프로그램을 실행시켜도 비슷한 결과값을 얻을 수 있다(단, Listen 프로그램은 TinyOS의 message_t 구조체 영역만 보여준다). Listen프로그램의 실행 방법은 다음과 같다(COM 뒤의 X는 Cygwin 창에서 'motelist' 명령을 통해 알 수 있다.)

```
export MOTECOM=serial@COMX:57600
java net.tinyos.tools.Listen
```

```
scs@changsu /
$ motelist
Reference  CommPort   Description
---------- ---------- ----------------------------------------
A3000Wce   COM5       FT232R USB UART

scs@changsu /
$ export MOTECOM=serial@COM5:57600

scs@changsu /
$ java net.tinyos.tools.Listen
serial@COM5:57600: resynchronising
00 FF FF FF FF 08 00 12 01 85 9C D4 0F 00 00 FA
00 FF FF FF FF 08 00 12 01 85 9C D4 0F 00 00 FA
00 FF FF FF FF 08 00 12 01 85 9C D4 0F 00 00 FA
```

PC와의 시리얼 통신

이번 장에서는 PC와 모트 간의 시리얼 통신에 대해 보다 자세히 다루어 보도록 하겠다. 먼저 PC와의 시리얼 통신에서 사용되는 message_t 구조체를 자세히 분석해 보고, 실제 PC로 들어오는 시리얼 데이터를 파싱하여 원하는 데이터를 얻을 수 있는 예제 프로그램을 테스트해 볼 것이다.

- TinyOS에서의 시리얼 통신 포켓인 message_t 구조체를 이해한다.
- 시리얼에서 사용되는 message_t와 무선통신에서 사용되는 message_t의 차이점을 구분한다.
- 실제 시리얼 통신을 통해 message_t 전송 구조체를 분석해 본다.

9.1 기본 지식

9.1.1 PC와의 시리얼 통신 포멧(TinyOS → PC)

TinyOS에서는 PC로 시리얼 통신을 통해 데이터를 전달할 경우, 데이터의 시작에서는 항상 0x7E 값이 먼저 PC로 전달되고, 그 후 ACK가 없는 데이터 type인 0x45 값이 전달된다(TinyOS 1.X에서는 0x42 값이 ACK가 없는 데이터 type이었다). 그 다음으로는 시리얼 메시지임을 의미하는 DispatchID 0x00이 들어온다. 다음으로는 TinyOS가 정의하는 시리얼 메시지 포맷에 해당하는 데이터들과 2bytes CRC 필드가 들어온다. 마지막으로는 데이터 통신을 마친다는 의미로서 0x7E가 전달된다.

- 1번째 byte: 0x7E
- 2번째 byte: 0x45
- 3번째 byte: DispatchID(시리얼은 DispatchID 0을 갖는다.)
- 4번째 ~ N: 데이터들(payload)
- CRC 필드(2bytes이므로 CRC1, CRC2로 표현하겠다.)
- 마지막 byte: 0x7E

0x7E라는 제어 문자는 결국 시리얼 통신에서의 시작과 끝을 의미하는 문자가 된다. 하지만 만약 0x7E 시리얼 제어 문자가 데이터로 포함되어 있는 경우에는 이 문자와 시리얼 통신의 시작과 끝을 의미하는 0x7E와의 혼돈이 발생할 수 있다. 이러한 혼돈을 없애기 위해서 다음과 같은 방법으로 데이터 영역에 있는 0x7E는 치환된다. payload 데이터에 0x7E 제어 문자가 포함되면 먼저 0x7D를 보내고, 그 다음에 0x7E 문자를 0x20과 배타적 논리합(EXOR) 연산을 수행한 0x5E를 전송한다. 예를 들어, payload 데이터에 0x7E를 전송해야 할 경우, 먼저 0x7D를 보내고 0x5E를 보낸다. 마찬가지로 만약 payload 데이터로 0x7D가 포함되어 들어올 경우에는 이 값을 데이터로 처리하기 위해 먼저 0x7D를 보내고 0x5D를 보낸다.

- Payload에 0x7E가 들어올 경우: 0x7D 0x5E
- Payload에 0x7D가 들어올 경우: 0x7D 0x5D

다음 예제를 참고하길 바란다.

예 1) TinyOS에서 시리얼로 보내고 싶은 데이터: FF FF 20 27 0A xx 7E xx

실제 전송되는 데이터: 7E 45 00 FF FF 20 27 0A xx 7D 5E xx CRC1 CRC2 7E

예 2) TinyOS에서 시리얼로 보내고 싶은 데이터: FF FF 20 27 0A xx 7D xx

　　　실제 전송되는 데이터: 7E 45 00 FF FF 20 27 0A xx 7D 5D xx CRC1 CRC2 7E

예 3) TinyOS에서 시리얼로 보내고 싶은 데이터: FF FF 20 27 0A xx 7E 7D xx

　　　실제 전송되는 데이터: 7E 45 00 FF FF 20 27 0A xx 7D 5E 7D 5D xx CRC1 CRC2 7E

다음으로 TinyOS에서 시리얼 통신 시 사용되는 message_t 구조체에 대해 살펴볼 것이다. TinyOS에서는 message_t라는 구조체를 시리얼 통신 및 RF 통신용 구조체로 사용하고 있다. message_t 구조체의 필드 내용은 다음과 같다. (\opt\tinyos-2.x\tos\types\message.h 파일 참조)

```
typedef nx_struct message_t {
  nx_uint8_t header[sizeof(message_header_t)];
  nx_uint8_t data[TOSH_DATA_LENGTH];
  nx_uint8_t footer[sizeof(message_footer_t)];
  nx_uint8_t metadata[sizeof(message_metadata_t)];
} message_t;
```

message_t 구조체는 RF 통신이나 시리얼 통신 모두에서 사용될 수 있도록 만들어진 보편적인 구조체이다. 해당 구조체의 필드를 살펴보면 데이터의 헤더가 저장되는 header 필드, 실제 전송될 데이터가 저장되는 data 필드(TOSH_DATA_LENGTH는 28로 정의된다), CRC 체크를 위한 footer 필드 그리고 실제 전송은 안 되지만 메시지의 여러 정보들을 담고 있는 metadata 필드가 있다. 만약 시리얼 컴포넌트인 SerialActiveMessageC에서 message_t 구조체를 사용하게 되면, header[…] 필드에 들어가는 값은 \opt\tinyos-2.x\tos\lib\serial\Serial.h 파일에서 정의하는 serial_header_t 구조체가 된다. serial_header_t 구조체의 포멧은 다음과 같다.

```
typedef nx_struct serial_header {
  nx_am_addr_t dest;
  nx_am_addr_t src;
  nx_uint8_t length;
  nx_am_group_t group;
  nx_am_id_t type;
}serial_header_t;
```

첫 번째 필드인 dest 필드는 시리얼 메시지를 받게 되는 하드웨어의 주소를 나타내는 것으로 일반적으로 0xFFFF가 사용된다. src 필드는 패킷을 보내는 노드의 주소가 기입된다. length 필드는 header 필드 뒤에 오는 data 영역의 길이를 나타낸다. group과 type 필드는 컴파일 시 설정된 그룹 아이디와 SerialActiveMessageC 인터페이스 배열에 넣은 숫자를 의미한다(TinyOS 2.X에서는 시리얼 통신 시, group 필드를 채우지 않고 0x00 값으로 전송하도록 되어 있다).

message_t 구조체의 data[…] 필드는 실제 전송할 데이터가 들어가게 되며, footer 필드에는 2bytes CRC가 들어간다.

예를 들어, 실습 4장의 예제(Oscilloscope)를 통해 다음과 같은 패킷을 시리얼을 통해 모트로부터 받았다고 하자.

7E 45 00 FF FF 00 00 1C 00 93 00 00 01 00 00 01 00 0A 05 0D 05 0E 05 08 05 08 05 1C 05 0A 05 14 05 1A 05 10 05 22 9F 45 7E   (모두 16진수로 표기했다.)

위 정보를 분석하면 다음과 같다. (분석 시 16진수임에 주의한다.)

- *7E* : 시작을 나타내는 byte
- *45* : ACK가 필요 없는 패킷 타입
- *00* : DispatchID(시리얼은 DispatchID 0을 갖는다.)
- *FF FF* : dst 주소(0xFFFF는 모든 노드가 데이터를 받으라는 Broadcast를 의미한다. - 디폴트값)
- *00 00* : src 주소(src 주소 설정 함수를 호출하지 않으면 기본적으로 0000으로 채워진다.)
- *1C* : 데이터 length(10진수로 28을 의미)
- *00* : group
- *93* : type(소스코드에서 사용한 AM_OSCILLOSCOPE 값)
- *00 00 01 … 22*: data 영역(length에 언급된 것처럼 28 bytes)
- *9F 45* : CRC 체크 bytes
- *7E* : 끝을 나타내는 byte

앞에서 우리는 실습 4장의 '조도 센서 제어'에서 256ms마다 측정한 조도 데이터를 10번 모아 시리얼을 통해 PC로 전달하는 예제를 공부하였다. 그 예제의 프로그램은 Oscilloscope.h파일에 정의된 oscilloscope_t 구조체를 사용하여 센싱된 조도값을 저장하였다. 이 예제에서 사용된 oscilloscope_t 구조체는 memcpy(call AMSend.getPayload (&sendbuf), &local, sizeof local); 함수를 통해 사실상 message_t의 data 영역에 들어가게 된다. 즉, 위 예제에서 data 영역 (00 00 01 … 22)에 oscilloscope_t 구조체가 들어가는 것이다. oscilloscope_t 구조체를 다시 한번 살펴보면 다음과 같다.

```
typedef nx_struct oscilloscope {
  nx_uint16_t version; /* Version of the interval. */
  nx_uint16_t interval; /* Samping period. */
  nx_uint16_t id; /* Mote id of sending mote. */
  nx_uint16_t count; /* The readings are samples count * NREADINGS onwards */
  nx_uint16_t readings[NREADINGS];
} oscilloscope_t;
```

oscilloscope_t 구조체를 기반으로 위에서 전송된 message_t의 data 영역을 분석하면 확실히 Application에서 전송된 데이터의 의미를 파악할 수 있다.

message_t의 data 영역: *00 00 01 00 00 01 00 0A 05 0D 05 0E 05 08 05 08 05 1C 05 0A 05 14 05 1A 05 10 05 22*

version = 00 00

interval = 01 00(10진수로 256을 의미)

id: 00 01

count: 00 0A(10진수로 10번째 패킷을 의미)

readings[0]: 05 0D (저장되는 조도값1)

readings[1]: 05 0E (저장되는 조도값2)

readings[2]: 05 08 (저장되는 조도값3)

readings[3]: 05 08 (저장되는 조도값4)

readings[4]: 05 1C (저장되는 조도값5)

readings[5]: 05 0A (저장되는 조도값6)

readings[6]: 05 14 (저장되는 조도값7)

```
readings[7] : 05 1A (저장되는 조도값8)
readings[8] : 05 10 (저장되는 조도값9)
readings[9] : 05 22 (저장되는 조도값10)
```

PC에서 시리얼로부터 받은 데이터를 분석할 경우, message_t의 data 부분을 먼저 파싱한 후 그 데이터를 자신이 만든 구조체에 assign하여 분석해야 한다. 그리고 data의 길이는 기본적으로 최대 TOSH_DATA_LENGTH인 28로 정의됨으로 TinyOS 프로그래밍 시 전송할 데이티 영역이 28bytes가 넘지 않도록 주의해서 프로그래밍해야 한다.

9.1.2 PC와의 시리얼 통신 포맷(PC → TinyOS)

PC상에서 TinyOS로 데이터를 전달할 경우, 시리얼 메시지의 포맷을 약간 변경하여야 한다. 데이터의 시작은 0x7E로 시작되지만, 그 후 전달되는 데이터 type은 ACK를 요구하는 0x44 값이 된다(TinyOS에서 PC로 전달할 경우에는 ACK가 없는 0x45 값이 전달되었다). 다음으로 패킷의 재전송 Sequence를 의미하는 한 byte 필드가 추가로 전송되어야 하고, 그 다음으로는 시리얼 메시지임을 의미하는 DispatchID 0x00이 전송된다. 그 후 전송되는 패킷 포맷은 TinyOS가 정의하는 시리얼 메시지 포맷이다. 마지막으로는 데이터 통신을 마친다는 의미로서 0x7E가 다시 한번 전달된다.

- 1번째 byte: 0x7E
- 2번째 byte: 0x44
- 3번째 byte: 패킷의 재전송 Sequence를 의미하는 번호(새 패킷은 0을 갖는다.)
- 4번째 byte: DispatchID(시리얼은 DispatchID 0을 갖는다.)
- 5번째 ~ N: 데이터들(payload)
- CRC 필드
- 마지막 byte: 0x7E

PC에서 전송하는 패킷 역시, 중간 데이터에 0x7E나 0x7D 값이 들어오면 다음과 같이 변화하여 전송해야 한다.

- Payload에 0x7E가 들어올 경우: 0x7D 0x5E

- Payload에 0x7D가 들어올 경우: 0x7D 0x5D

다음 예제를 참고하길 바란다.

예 1) PC에서 시리얼로 보내고 싶은 데이터: FF FF 20 27 0A xx 7E xx

실제 전송되는 데이터: 7E 44 00 00 FF FF 20 27 0A xx 7D 5E xx CRC1 CRC2 7E

TinyOS에서 전송하는 ACK: 7E 43 00 9F 58 7E

9.1.3 무선통신을 위한 message_t 포멧

앞에서 우리는 시리얼 통신에서 사용될 경우를 고려하여 message_t 구조체를 분석하였다. 하지만 RF 통신에서 message_t 구조체를 사용할 경우에는 이름은 같지만 다른 형태의 message_t 구조체가 사용된다. RF 통신에서 사용되는 구조체는 모트에서 장치된 RF 칩과 밀접한 관계를 가지게 됨으로 시리얼 메시지 포맷과 다른 형태의 message_t가 된다. RF 통신 시 사용되는 message_t의 header 필드는 \opt\tinyos-2.x\tos\chips\cc2420\CC2420.h 파일에 정의된다. 해당 파일에 정의된 header 구조체는 다음과 같다.

```
typedef nx_struct cc2420_header_t {
  nxle_uint8_t length;
  nxle_uint16_t fcf;
  nxle_uint8_t dsn;
  nxle_uint16_t destpan;
  nxle_uint16_t dest;
  nxle_uint16_t src;
  nxle_uint8_t type;
} cc2420_header_t;
```

앞의 시리얼 용 header인 serial_header_t 구조체에서 볼 수 없었던 fcf, dsn, destpan 필드 등은 모두 RF 칩의 동작과 관련된 것이다.

이번 장에서는 좀 더 세부적으로 시리얼 통신과 RF 통신 시 사용되는 구조체의 차이점을 설명하였다. 하지만 프로그래밍 시 위의 header 필드를 사용자가 직접 다룰 필요는 없다. 사용자가 header 필드의 내용을 직접 입력하지 않더라도 RF 컴포넌트인 ActiveMessageC에서 위 헤더 내용들을 자동으로 채워주기 때문이다. 사용자는 단순히 data 필드에 자신이 원하는 데이터만 복사하여 send 함수를 호출하기만 하면 된다. 시리얼 통신에서도 마찬가지로 시리얼 헤더를 수정할 필요 없이 data 필드에 자신이 원하는 데이터를 복사하여 send 함수를 호출하면, SerialActiveMessageC 컴포넌트에서 자동으로 해당 header 필드를 기입한 후 시리얼로 전송한다. 하지만 PC에서 원하는 데이터를 TinyOS에게 전달하기 작업을 할 경우에는 직접 시리얼 메시지 패킷을 작성하여 전송해야 함으로 위의 내용을 숙지할 필요가 있다.

9.2 Serial_Echo_Test 예제

Serial_Echo_Test 예제는 PC에서 전송한 패킷을 시리얼 관련 컴포넌트로 받아 다시 PC에게 전달하는 예제이다. Cygwin상에서 동작하는 Serial_Echo_PC_Program.c 소스를 컴파일하여 PC상에서 TinyOS 패킷 포맷에 맞는 데이터를 2초마다 모트로 전달해 보고, TinyOS가 다시 전송하는 패킷을 받아 분석해 보도록 하겠다(예전 버전 CD를 가지고 있는 유저는 Serial_Echo_Test 예제가 없을 수도 있다. Serial_Echo_Test 예제는 한백전자 홈페이지 다운로드란에도 올라가 있으니 참고하길 바란다.)

9.2.1 Serial_Echo_TestC.nc 파일

Serial_Echo_TestC.nc 파일은 Serial_Echo_Test 예제에서 사용할 여러 컴포넌트들 및 서로의 연결을 선언한 configuration 파일이다. 시리얼 통신과 관련된 SerialActiveMessageC 컴포넌트를 이용하여 본 예제의 동작을 수행해 볼 것이다.

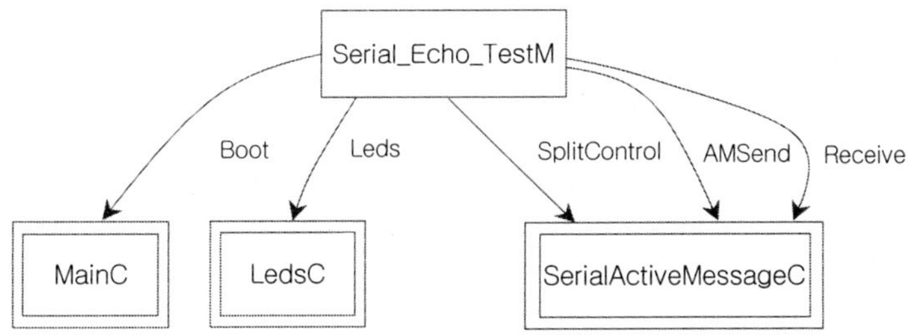

```
 1: includes Serial_Echo_Test;

 2: configuration Serial_Echo_TestC {
 3: } implementation {

 4:     components  MainC, Serial_Echo_TestM, LedsC, SerialActiveMessageC;

 5:     Serial_Echo_TestM.Boot → MainC;
 6:     Serial_Echo_TestM.Leds → LedsC;

 7:     Serial_Echo_TestM.SerialControl → SerialActiveMessageC;
 8:     Serial_Echo_TestM.AMSend → SerialActiveMessageC.AMSend[AM_Serial_Echo_Type];
 9:     Serial_Echo_TestM.Receive → SerialActiveMessageC.Receive[AM_Serial_Echo_Type];
10:}
```

9.2.2 Serial_Echo_TestM.nc 파일

Serial_Echo_Test 예제 프로그램의 module인 Serial_Echo_TestM.nc 파일을 열면 다음과 같다.

```
 1: module Serial_Echo_TestM{
 2: uses {
 3:     interface Boot;
 4:     interface Leds;
 5:     interface SplitControl as SerialControl;
 6:     interface AMSend;
 7:     interface Receive;
 8: }
 9:} implementation {

10: message_t send_buff;
11: uint8_t RecvLen;

12: event void Boot.booted() {
13:   call SerialControl.start();
14: }
15: event void SerialControl.startDone(error_t error) {}
16: event void SerialControl.stopDone(error_t error) {}

    //////////////////////////////////////////////////

17: task void TryToSend() {
```

```
18:    if (call AMSend.send(AM_BROADCAST_ADDR, &send_buff, RecvLen) == SUCCESS)
19:      call Leds.led2On();
20:  }

21:  event void AMSend.sendDone(message_t* msg, error_t error) {
22:    if(error == SUCCESS)
23:      call Leds.led2Off();
24:  }

25:  event message_t* Receive.receive(message_t* msg, void* payload, uint8_t
len) {
26:    call Leds.led0Toggle();

27:    RecvLen = len;
28:    memcpy(call AMSend.getPayload(&send_buff), payload, RecvLen);
29:    post TryToSend();

30:    return msg;
31:  }

32:}
```

Serial_Echo_Test 예제의 동작 순서를 간단히 정리하면 다음과 같다.

12: MainC 컴포넌트에 의해 Boot.booted() event 함수가 호출됨
시리얼 컴포넌트를 시작하기 위해 SerialControl.start() 함수 호출

15: 시리얼 컴포넌트가 성공적으로 수행되면 SerialControl.startDone() event 함수가 호출된다.

25: PC로부터 시리얼을 통해 TinyOS 시리얼 포맷에 맞는 데이터를 받게 되었을 경우, receive 이벤트 함수를 통해 상위 컴포넌트로 전달된다. 이 함수에서는 받은 데이터와 패킷 길이를 변수에 저장하고 TryToSend() 태스크 함수를 호출한다.

17: receive 함수를 통해 받은 데이터를 AMSend 함수를 통해 다시 PC로 전달한다.

21: AMSend 함수의 동작이 모두 수행되었을 경우 호출되는 이벤트 함수이다.

9.2.3 Serial_Echo_PC_Program

Serial_Echo_PC_Program은 PC상에서 TinyOS와 시리얼 통신을 시도하기 위해 C로 작성된 프로그램이다. 해당 프로그램은 Serial_Echo_PC_Program.h 헤더 파일과 Serial_Echo_PC_Program.c 파일로 구성된다. Serial_Echo_PC_Program.h 헤더 파일은 TinyOS 메시지 포맷 및 시리얼 설정 관련 변수들이 선언되어 있다. 사용자는 Serial_Echo_PC_Program.c를 컴파일하기 전에 Serial_Echo_PC_Program.h 파일을 열어 마지막 라인에 정의된 #define MODEMDEVICE "/dev/ttySX" 부분을 자신의 컴퓨터 환경에 맞게 변경해 주어야 한다. 리눅스에서는 시리얼 포트를 /dev/ttySX라고 나타내는데, 여기서 X값은 윈도우에서 잡히는 COM 번호에 -1을 해준 값이다.

예 1) 만약 모트의 시리얼이 COM1로 잡힌 경우,

   #define MODEMDEVICE "/dev/ttyS0"이 된다.

예 2) 만약 모트의 시리얼이 COM5로 잡힌 경우,

   #define MODEMDEVICE "/dev/ttyS4"가 된다.

다음으로 Serial_Echo_PC_Program.c의 코드 내용을 살펴보자.

```
1: #include "Serial_Echo_PC_Program.h"

//////////////////////////////////////////////////////////////
// 시리얼을 초기화하고 open하는 역할을 하는 함수
2: void InitSerial(){
3:      ...
4: }

//////////////////////////////////////////////////////////////
// ListenfromSerial함수에서 받은 TinyOS 메시지의 각 필드를 출력해 주는 함수
5: void Parsing_Data(uint8_t *RecvData){
6:      ...
7: }

// TinyOS가 보낸 데이터를 1byte씩 받아 메시지 형태로 만드는 함수
8: void ListenfromSerial() {
9:      ...
```

```
10:}

/////////////////////////////////////////////////////////////////
// Crc 필드를 생성하기 위해 사용되는 함수
11: uint16_t crcByte(uint16_t crc, uint8_t b) {
12:      …
13: }

// PC에서 원하는 데이터를 TinyOS 포맷에 맞게 변경하여 시리얼로 전송하는 함수
14:  void  SendMsgtoSerial(uint8_t  *payload,  uint8_t  payload_len,  uint8_t
setGrp, uint8_t setType) {
15:      …
16: }

/////////////////////////////////////////////////////////////////
17: int main() {
18:      int i, j;
19:      pthread_t thread_;
20:      uint8_t SendData[5], Seq=0;

21:      printf("###Serial Echo PC Program Start###\n\n\n");
22:      InitSerial();

       // uart recv
23:      if ( pthread_create(&thread_, NULL, (void *) ListenfromSerial, NULL)
!= 0)
24:              printf("pthread_create ERROR!!!\n");

       //uart send
25:      while(1) {
26:              sleep(2);

27:              SendData[0] = Seq;
28:              SendData[1] = Seq;
29:              SendData[2] = Seq;
30:              SendData[3] = Seq;
31:              SendData[4] = Seq;

32:              printf("\n==================\nTry to Send Data [Seq:%X]\n",
Seq++);
33:              SendMsgtoSerial(SendData, 5, myGroup, myType);
34:      }
35:      return 1;
36: }
```

Serial_Echo_PC_Program.c는 main 함수(라인 17)에서부터 시작된다. 먼저 initSerial 함수(라인 22)를 통해 모트와 연결될 시리얼을 초기화하여 Open한다. 그 후 pthrea_create 함수(라인 23)를 통해 ListenfromSerial 함수를 thread 형식으로 실행시켜 모트가 보내는 시리얼 데이터를 언제라도 받을 수 있도록 한다. 다음으로 while 문을 돌면서 2초마다 (sleep(2) 함수를 통해 2초가 멈췄다가 실행됨) SendData 배열에 seq 변수를 넣어 SendMsgtoSerail 함수를 호출한다. SendMsgtoSerial 함수를 통해 원하는 데이터를 ti-nyos 포멧에 맞게 모트로 전송할 수 있다.

9.2.4 Serial_Echo_Test와 Serial_Echo_PC_Program의 연동

Serial_Echo_Test 프로그램을 컴파일하여 모트에 넣고 Serial_Echo_PC_Program.c를 gcc 컴파일러를 통해 컴파일한 후 실행시킨다. 두 프로그램 사이의 동작을 살펴보면 다음과 같다.

1. [Serial_Echo_PC_Program]에서 2초마다 SendMsgtoSerial 함수를 통해 seq 정보가 담긴 데이터를 모트에게 전송한다.

2. 모트의 SerialActiveMessageC 컴포넌트는 [Serial_Echo_PC_Program]이 보낸 데이터를 받은 후 Data type이 0x44임을 확인하게 되어 ACK 패킷을 전송한다.

3. 모트가 전송한 ACK 패킷은 [Serial_Echo_PC_Program]의 ListenfromSerial 함수에 의해 받아진다.

4. ACK를 전송한 후 모트는 [Serial_Echo_PC_Program]이 보낸 데이터를 receive 함수를 통해 상위 컴포넌트에게 전달하고, 상위 컴포넌트는 받은 데이터를 TryToTask 함수를 통해 다시 시리얼로 전송한다.

5. 모트가 전송하는 시리얼 데이터는 [Serial_Echo_PC_Program]의 ListenfromSerial 함수에 의해 받아진 후 Parsing_Data 함수를 통해 출력된다.

9.3 Serial_Echo_Test 실습

9.3.1 실습 준비물

Host PC, 모트 1개, ISP 프로그램 툴, 프린터 케이블, USB 케이블

9.3.2 실습 시스템 구성

먼저 Cygwin을 시작한다. 다음과 같이 입력하여 예제 폴더로 이동한다.

```
cd /opt/tinyos-2.x/contrib/zigbex
cd Serial_Echo_Test
```

이제 make zigbex를 입력하여 컴파일을 한다.

❖ **PonyProg ISP를 이용하여 ZigbeX로 프로그램 다운로드**
PonyProg를 실행한 후, 실습 1~3장의 <PonyProg ISP 프로그램을 이용하여 ZigbeX로 다운로드>를 참조하여 실습 예제를 ZigbeX로 다운로드한다.

❖ **USB_ISP 혹은 AVR_ISP 보드를 이용하여 ZigbeX로 프로그램 다운로드**
AVR Studio4를 실행한 후, 실습 1~3장의 <USB_ISP 보드를 이용하여 ZigbeX로 다운로드>를 참조하여 실습 예제를 ZigbeX로 다운로드한다.

9.3.3 Serial_Echo_PC_Program 컴파일 방법

Cygwin에서 다음 명령을 입력하여 컴파일한 후 ./run을 입력하여 실행한다.

```
gcc -o run Serial_Echo_PC_Program.c
./run
```

9.4 실습 결과

모트에 프로그램을 한 후 PC와 연결한다(AVR-ISP는 UART쪽으로 버튼을 이동시킨다.)
Serial_Echo_PC_Program.h 파일의 ttySX의 값을 조정한 후 gcc를 통해 컴파일시킨다.
Serial_Echo_PC_Program 프로그램을 실행하면 2초마다 다음 그림과 같은 결과가 출력
될 것이다.

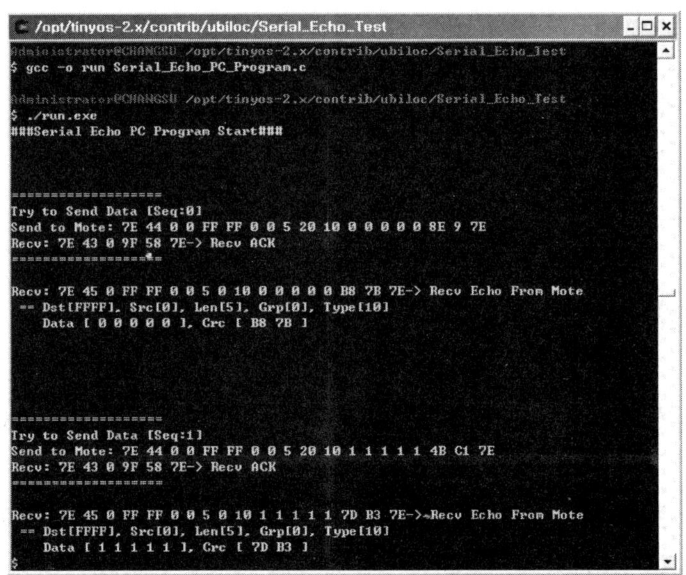

그림 9-1 ▌ Serial_Echo_PC_Program이 출력하는 화면

실습 기본 무선통신 프로토콜

개요

이 장에서는 무선 센서 네트워크에서 사용되는 MAC 프로토콜의 특징과 그 사용법에 대해 알아본다. 그리고 간단한 실제 무선 송수신 예제를 통해 TinyOS에서의 기본적인 RF 무선통신에 대해 고찰해 보도록 하겠다.

실습목표

- 모트의 기본 무선 MAC 프로토콜인 CSMA/CA를 이해한다.
- TinyOS에서 무선통신을 위해 제공하고 있는 ActiveMessageC, AMSenderC 그리고 AMReceiverC 컴포넌트에 대해 이해한다.
- BasicMAC 예제를 이용하여 Broadcast와 Unicast 기법을 실습해 본다.

10.1 기본 지식

10.1.1 ISO 참조 모델에서의 프로토콜 계층

일반적으로 네트워크 프로토콜들은 ISO 참조 모델을 근거로 계층화하여 접근할 수 있다. 이런 계층화를 통해 한 계층의 변경이 전체 계층에 미치는 영향을 최소화할 수 있고, 특정 범위 내에서 초점을 맞추어 개발할 수 있다는 장점을 갖는다. 기존 모델은 7계층으로 구분되어 있지만, 구분이 애매한 표현 계층과 세션 계층을 제외하고 기술하면 크게 5개 계층으로 나눌 수 있다. 첫 번째 계층은 애플리케이션 계층으로 사용자가 원하는 실제 서비스들이 구현되는 계층이다. 인터넷을 예로 든다면 SMTP나 HTTP, 채팅 프로그램 등이 이 계층에 속한다. 다음 계층은 전송 계층으로 상위 계층과 하위 네트워크 계층 사이의 인터페이스 역할을 수행하여 상호간의 접속이 제대로 이루어지도록 한다. TCP와 UDP가 이 계층에 속한다. 다음 계층인 네트워크 계층은 네트워크의 접속 및 해제와 관련한 기능을 수행하며, 동시에 네트워크 라우팅, 주소 부여, 흐름제어 기능 등을 포함한다. 그 아래 계층인 데이터 링크 계층은 물리적 접속 장치와 연동하여 신뢰성 있는 정보 전송 수단을 제공하는 계층으로 에러 검출, 재전송 그리고 충돌 회피 등의 기능을 수행한다. 마지막 계층인 물리 계층은 사용자 장치들 간의 물리적 연결에 해당하는 인터페이스로 여러 장치들 간의 연속적인 비트 스트림을 전송하는 역할을 수행한다. 위의 계층들을 도식화하면 그림 10-1과 같이 나타낼 수 있다.

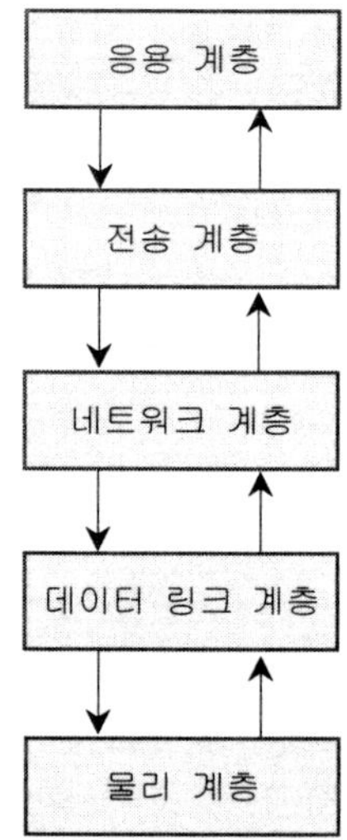

그림 10-1 ▌ 참조 모델에서의 프로토콜 계층

10.1.2 MAC 프로토콜

MAC 프로토콜은 ISO 참조 모델 중 데이터 링크 계층에 속하는 프로토콜로서 물리 계층과 네트워크 계층 사이에서 데이터 전송을 담당한다. 유비쿼터스 센서 네트워크에서도 센서 노드 간의 원활한 무선통신을 위해서 USN에 적합한 MAC 프로토콜이 존재해야 한다. 일반적으로 무선 MAC 프로토콜은 설치될 장비의 목적 및 하부 물리계층의 특성에 따라 그 설계 방향이 달라지는데, 유비쿼터스 센서 네트워크와 같이 초소형 저전력 기반의 네트워크에서는 구현하기 쉬운 CSMA/CA 방식이 주로 사용된다. CSMA/CA 방식이란, 데이터를 전송하기 전에 현재 무선 미디엄(Medium)의 상태를 확인하고 아무도 RF 통신을 하고 있지 않을 때만 데이터를 전송하는 방식이다. 만약 다른 노드에서 이미 데이터를 전송하고 있다면 0부터 N까지 [0, N] 숫자 중 랜덤하게 하나의 숫자를 선택한 후 그 숫자만큼 기다린 다음 다시 데이터 전송을 시도한다. 현재 개발된 대부분의 센서 MAC 프로토콜들뿐만 아니라 IEEE 802.15.4 Standard [1] 역시 CSMA/CA 기반의 형태로 설계되어 있다.

10.1.3 무선 RF 칩과 기본 MAC 프로토콜

한백전자 모트에 내장되어 있는 무선 RF 칩은 Chipcon(현재 TI 사로 병합됨) 사에서 WPAN(Wireless Personal area networks)을 위해 제작한 CC2420이다. CC2420은 저전력 무선통신 칩으로써 IEEE 802.15.4의 물리 계층 기능 및 MAC계층의 일부 기능(주소에 의한 패킷 필터링, Auto ACK, Encryption and Authentication 등)을 제공할 수 있도록 설계되어 있으며, 라디오 인터페이스의 전원을 오프시킬 수 있는 sleep 기술을 제공하고 있다. CC2420 칩에 대한 보다 자세한 사항은 해당 데이터 시트를 참조하기 바란다.

TinyOS에서는 RF 칩인 CC2420의 제어를 위해 CC2420ActiveMessageC 컴포넌트를 제공하고 있다. CC2420ActiveMessageC 컴포넌트에는 TinyOS에서 사용되는 간단한 MAC 프로토콜도 함께 구현되어 있다. TinyOS의 기본 MAC 프로토콜은 무선 네트워크에서 가장 많이 사용되는 CSMA/CA 방식을 기반으로 설계되었다. 표 10-1은 TinyOS의 기본 MAC 프로토콜의 특징을 정리한 것이다.

표 10-1 ▌기본 MAC 프로토콜의 특징

기본 MAC 프로토콜의 특징	
무선 MAC 형태	CSMA/CA 방식
반송파 감지	RSSI 기반의 CCA
랜덤 Backoff	MacBackoff 및 Random 컴포넌트 제공
재전송 기법	DATA/ACK 형태의 패킷 전송

CSMA/CA 방식을 사용하기 위해서는 물리 계층에서 주변 다른 노드의 전파 송신 여부를 판단할 수 있는 반송파 감지(carrier sensing) 기법이 제공되어야 한다. CC2420을 사용하는 MAC 프로토콜에서는 반송파 감지를 위해 RSSI(Received Signal Strength Indicator) 기반의 CCA(Clear Channel Assessment)를 제공한다. RSSI란, 주변 노드가 전달한 데이터의 전파 세기를 측정한 값을 의미한다. CCA는 이 RSSI 값(전파의 세기)을 기준으로 일정 threshold 값이 넘었다고 판단되면 현재 무선 미디엄은 busy라고 판단한다. 만약 CCA에서 리턴된 값이 busy일 경우, 다른 주변 노드들 중 하나가 이미 데이터를 전송하고 있는 경우에 해당하기 때문에 자신의 데이터를 바로 전송할 수 없다.

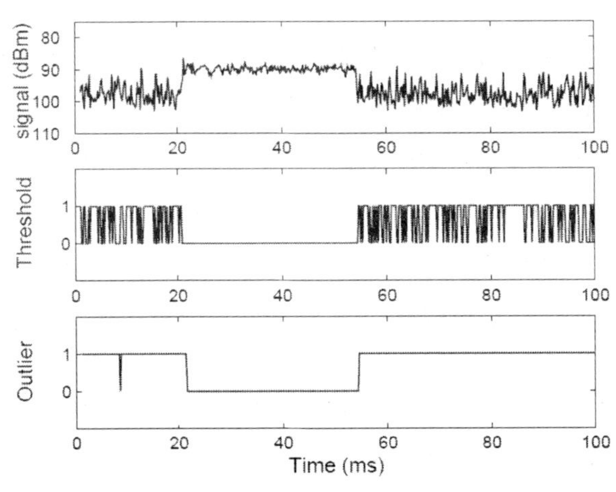

그림 10-2 ▌RSSI와 CCA[2]

하지만, 만약 두 노드가 거의 동시에 데이터 전송을 시작할 경우에는 전송 패킷 간에 충돌이 발생할 수도 있다. 이러한 문제를 줄이기 위해 TinyOS의 기본 MAC 프로토콜에서는 랜덤 Backoff 기법을 사용한다. Backoff 기법이란 앞에서 언급한 바와 같이 데이터 전송을 시작하기 전에 다른 노드와 동시에 전송하는 문제를 방지하기 위한 기법이다. 데이터를 전송하기 전에 [0, N] 숫자 중 랜덤하게 하나의 시간을 선택한 후 그 시간만큼 기다림으로써 충돌의 확률을 조절하는 것이다. 만약 동시에 전송을 시도할 두 개의 노드가 있다고 가정했을 때, 작은 랜덤값을 선택한 노드가 먼저 데이터를 전송하여 나중에 전송할 노드의 CCA의 RSSI 값을 증가시킴으로써 충돌을 방지할 수 있다. 여기서 N 값이 너무 큰 경우에는 데이터를 전송하기 전에 평균적으로 긴 시간을 기다려야 하므로 전송 지연 문제가 발생하게 되며, 너무 작은 값을 설정할 경우에는 노드 간의 패킷 충돌 확률이 높아지게 된다. 사용자는 플랫폼 및 애플리케이션의 특성을 고려하여 전송지연과 패킷 충돌 간의 trade off를 고려한 N 값을 적절히 선택해야 한다.

랜덤 Backoff 기법은 패킷의 충돌을 효율적으로 줄여주지만, 완벽하게 제거하지는 못한다. 만약 동시에 전송을 시도할 두 개의 노드에서 선택한 랜덤 값 역시 같은 경우일 때는 패킷의 충돌이 발생할 수 있다. 이러할 경우에는 MAC 프로토콜 자체적으로 충돌된 패킷의 재전송을 담당하여야 한다. TinyOS의 기본 MAC 프로토콜에서는 DATA/ACK 형태의 패킷 전송을 이용하여 데이터의 충돌 여부를 체크한다. 랜덤 Backoff와 CCA를 통해 한 송신 노드가 다른 수신 노드에게 데이터를 전송하면, 수신 노드는 ACK 패킷을 송신노드에 전송함으로써 데이터의 전송 여부를 확인할 수 있다. 만약 송신측에서 ACK 패킷을 받지 못했을 경우, 데이터는 충돌이 발생한 것으로 간주하고 재전송을 시도한다.

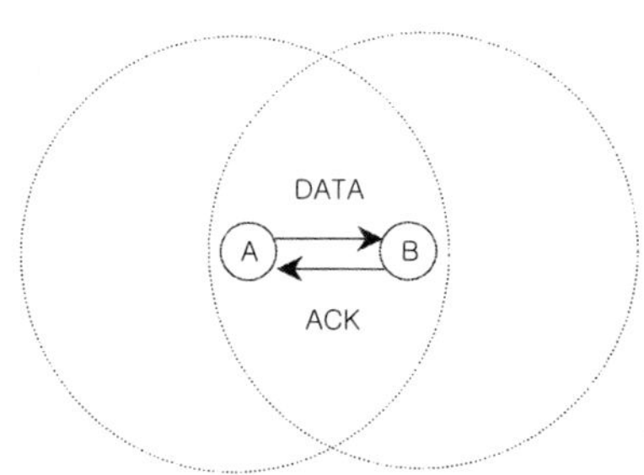

그림 10-3 ┃ DATA/ACK 형태의 패킷 전송

무선 센서 노드는 CCA와 랜덤 Backoff 그리고 DATA/ACK 형태의 패킷 전송을 갖는 기본 MAC 프로토콜을 이용하여 다른 센서 노드와 RF 무선통신을 수행한다.

10.1.4 무선 RF 통신 컴포넌트

무선통신과 관련된 앞의 실습들에서 우리는 ActiveMessageC 컴포넌트를 선언하여 사용했었다. ActiveMessageC 컴포넌트는 application과 CC2420 RF 제어 컴포넌트인 CC2420-ActiveMessageC를 연결해 주는 역할을 담당하는 컴포넌트이다. CC2420ActiveMessageC 컴포넌트는 앞에서 언급한 TinyOS의 기본 MAC 프로토콜인 CSMA/CA 기법을 기반으로 SendMsg와 ReceiveMsg 인터페이스를 구현하고 있다. 사용자가 RF 무선통신을 위해 ActiveMessageC 컴포넌트의 AMSend 함수와 Receive 함수를 호출하면, 결국 TinyOS의 기본 MAC 프로토콜이 구현된 CC2420ActiveMessageC 컴포넌트가 실행됨으로써 무선 데이터 통신이 가능하게 되는 것이다(\opt\tinyos-2.x\tos\chips\cc2420 폴더를 참조한다.) CC2420ActiveMessageC 컴포넌트에서 제공하는 AMSend와 Receive 인터페이스의 형태는 다음의 표와 같다.

표 10-2 ▌ CC2420ActiveMessageC의 인터페이스에서 제공되는 함수들

	CC2420ActiveMessageC 컴포넌트가 제공하는 인터페이스
Receive	event message_t* receive(…) – 무선통신으로부터 어떠한 메시지를 받았을 경우 Event 형태로 호출되는 함수이다.
AMSend	send(…) – RF 무선통신으로 message_t 형태의 파일을 보내기 위해 호출되는 함수이다. sendDone(…) – send(…) 함수를 통해 메시지가 모두 전송되었을 때 Event 형태로 호출되는 함수이다.

어떤 경우에는 여러 컴포넌트들에서 동시에 RF로 전송할 데이터를 발생시킬 수도 있다. 하지만 CC2420ActiveMessageC 컴포넌트는 자체적으로 버퍼링할 수 있는 queue를 가지고 있지 않기 때문에 오직 하나의 패킷만을 처리해야 하는 단점이 존재한다. 이를 극복하기 위해 TinyOS에서는 AMSenderC 컴포넌트를 제공하고 있다. 우리는 앞의 예제에서 ActiveMessageC 컴포넌트뿐만 아니라 AMSenderC와 AMReceiverC 컴포넌트를 사용했었다. 이 중 AMSenderC 컴포넌트는 여러 컴포넌트들이 동시에 RF 통신 데이터를 발생시키더라도 자체적으로 Queue를 가지고 있어, CC2420ActiveMessageC 컴포넌트에게 전송할 데이터를 하나씩 처리할 수 있도록 스케줄링하는 기능을 지원한다. AMSenderC 컴포넌트를 사용하여 RF 통신을 할 경우보다 안전한 통신이 가능하기 때문에 본 교재에서 지원하는 예제들에서는 대부분 AMSenderC 컴포넌트를 통해 전송되도록 구현되었다. AMReceiverC 컴포넌트는 특별한 추가 기능 없이 단순한 receiving 기

능을 담당한다(시리얼 통신 경우에는 AMSenderC와 AMReceiverC 컴포넌트 없이 바로 SerialActiveMessageC에 연결된다).

10.2 BasicMAC 예제

BasicMAC 예제는 1초마다 소도 센서로부터 측정값을 받은 후 그 내용을 RF 무선통신을 통해 주변 노드에게 전달하는 프로그램이다. BasicMAC 예제는 BasicMAC.nc와 BasicMACM.nc 파일로 구성된다. BasicMAC.nc는 각 컴포넌트 간의 연결 관계를 나타내는 configuration 파일이며, BasicMACM.nc는 실제 예제의 기능을 기술한 module 파일이다. 본 예제를 통해 다시 한번 ActiveMessageC, AMSenderC 그리고 AMReceiverC 컴포넌트의 역할 및 사용법을 숙지하길 바란다. 본 예제 프로그램은 TinyOS가 설치된 다음 폴더에서 찾을 수 있다.

\opt\tinyos-2.x\contrib\zigbex\BasicMAC 참조

10.2.1 BasicMAC.nc 파일

BasicMAC.nc 파일에는 BasicMAC 예제에서 사용할 여러 컴포넌트들이 선언되어 있다. BasicMAC.nc 파일을 살펴보면 다음과 같다.

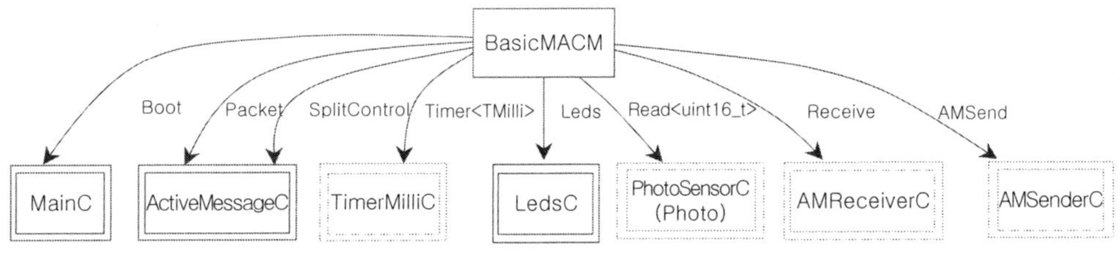


```
1: #include "BMAC.h"
2: configuration BasicMAC { }
3: implementation
4: {
5:   components MainC, BasicMACM
```

```
 6:              , new TimerMilliC()
 7:              , LedsC
 8:              , new PhotoSensorC() as Photo
 9:              , ActiveMessageC
10:              , new AMSenderC(AM_BMACMSG)
11:              , new AMReceiverC(AM_BMACMSG);

12: BasicMACM.Boot → MainC;
13: BasicMACM.Packet →ActiveMessageC;
14: BasicMACM.Timer → TimerMilliC;
15: BasicMACM.Leds → LedsC;
16: BasicMACM.Photo → Photo;
17: BasicMACM.CommControl → ActiveMessageC;
18: BasicMACM.RecvMsg → AMReceiverC;
19: BasicMACM.DataMsg → AMSenderC;
20: }
```

BasicMAC은 선언된 TimerMilliC 컴포넌트와 PhotoSensorC 컴포넌트를 사용하여 1초마다 조도 센서 값을 받아와서 ActiveMessageC 컴포넌트를 통해 무선으로 센서 값을 전송한다. module 파일인 BasicMACM.nc에서는 Read 인터페이스를 통해 PhotoSensorC 컴포넌트와 연결되어 조도 센서를 제어하고, AMSenderC와 AMReceiverC 컴포넌트와 연결된 DataMsg와 RecvMsg 인터페이스를 통해 무선 송/수신을 제어한다.

10.2.2 BasicMACM.nc 파일

BasicMAC 예제 프로그램의 module인 BasicMACM.nc 파일을 살펴보자. BasicMACM.nc 파일을 열면 다음과 같은 소스코드를 확인할 수 있다.

```
1: module BasicMACM
2: {
3: uses {
4:    interface Timer<TMilli>;
5:    interface Leds;
6:    interface Read<uint16_t> as Photo;
7:    interface SplitControl as CommControl;
8:    interface AMSend as DataMsg;
9:    interface Receive as RecvMsg;
```

```
10:    interface Packet;
11:    interface Boot;
12:  }

13:  }implementation{

14:  struct BasicMAC_Msg *pack;
15:  message_t  sendmsg;
16:  uint8_t recvNumber;
17:  uint16_t seq_;

18:  event void Boot.booted() {
19:   call CommControl.start();
20:    recvNumber = 0;
21:     seq_ = 0;
22:  }

23:  event void CommControl.startDone(error_t error) {
24:     call Timer.startPeriodic(1000);
25:  }
26:  event void CommControl.stopDone(error_t error) {
27:  }

28:  event void Photo.readDone(error_t result,uint16_t data) {
29:    if(result == SUCCESS){
30:      struct BasicMAC_Msg BasicMAC_M;

31:      BasicMAC_M.seq = seq_++;
32:      BasicMAC_M.TTL = Default_TTL;
33:      BasicMAC_M.SenderID = TOS_NODE_ID;
34:      BasicMAC_M.data[0] = data ;

35:      memcpy(call DataMsg.getPayload(&sendmsg), (uint8_t *)&BasicMAC_M, si-
zeof(struct BasicMAC_Msg));

36:      call Packet.setPayloadLength(&sendmsg, sizeof(struct BasicMAC_Msg));
37:      if (call DataMsg.send(AM_BROADCAST_ADDR, &sendmsg,call Packet.payloadLength
(&sendmsg)) == SUCCESS){
38:              call Leds.led2On();
39:      }
40:    }
41:  }

42:  event void DataMsg.sendDone(message_t* msg, error_t error) {
43:    if (error == SUCCESS){
```

```
44:       call Leds.led2Off();
45:     }
46: }

47: event void Timer.fired() {
48:   call Leds.led1Toggle();
49:   call Photo.read();
50: }

51: event message_t* RecvMsg.receive(message_t* msg, void* payload, uint8_t len) {
52:   call Leds.led0Toggle();
53:   return msg;
54: }

55: }
```

BasicMACM.nc 파일은 무선통신 및 조도 센서와 관련된 컴포넌트를 이용하여 본 예제의 실제 동작 부분을 구체적으로 기술하고 있다.

18: Main 컴포넌트에 의해 먼저 시작되는 Boot.booted( ) 함수에서는 CommControl 인터페이스를 start하고 이 예제에서 사용할 여러 변수들을 초기화한다.

23: RF의 초기화가 완료되면 CommControl.startDone( ) 이벤트 함수가 호출되면 1초마다 주기적인 동작을 수행하도록 Timer.startPeriodic(1000) 함수를 호출한다.

47: Timer에 의해 1초마다 signal이 발생하여 Timer.fired( )가 호출되면, Photo.read( ) 함수를 호출하여 ADC[0]에 있는 조도 센서 값을 Photo 컴포넌트에게 요청한다.

28: 조도 센서 값의 측정이 끝나면 Photo.readDone( ) 함수가 event 형태로 BasicMACM 파일 내에서 호출되고, 이 함수 내에서는 받은 조도 데이터를 BasicMAC_M 구조체 변수에 저장한다(message_t 변수인 sendmsg에 copy한다). 그리고 DataMsg.send(...) 함수를 통해 무선으로 해당 데이터를 브로드 캐스팅(AM_BROADCAST_ADDR)한다. 브로드캐스팅이란, 전송 범위에 있는 모든 노드가 해당 데이터를 받게 되는 전송이다. 하지만 AM_BROADCAST_ADDR 대신 특정 번호를 주소 필드에 기입하게 되면 해당 번호를 아이디로 갖는 노드만 데이터를 받게 되는 유니캐스팅이 일어난다. 브로드캐스팅과 유니캐스팅으로 전송되는 데이터는 모두 앞에서 설명한 CCA와 Backoff를 기반한 CSMA/CA

로 전송된다.

51: 다른 노드로부터 무선 데이터를 받게 될 경우에는 RecvMsg.receive (...) 함수가 event 형태로 호출된다. 프로그래머는 받은 데이터의 처리를 위해 적당한 코드를 RecvMsg.receive (...) 함수 내에 기술하여 수신 프로그램을 작성할 수 있다.

BasicMAC 예제에서는 ZigbeX 노드에서 실제 동작하는 것을 눈으로 확인하기 위해 ZigbeX에 장치되어 있는 LED를 활용하였다. 1초미다 Timer가 fired되었을 때는 Green LED가 On/Off를 반복하고, 데이터를 무선 RF 통신으로 전송할 경우에는 Yellow LED가 On/Off하는 것을 확인할 수 있다. 마지막으로 다른 노드로부터 무선 데이터를 받게 될 경우에는 Red LED가 On/Off함으로써 무선통신의 동작 여부를 눈으로 확인할 수 있다.

10.2.3 BMAC.h 파일

BMAC.h 파일을 열어보면 BasicMAC_Msg라는 구조체를 볼 수가 있는데, 이는 BasicMAC 예제에서는 RF 통신을 위해 사용되는 것이다.

```
struct BasicMAC_Msg{
    uint16_t seq;
    uint16_t TTL;
    uint16_t SenderID;
    uint16_t data[DATA_MAX];
};
```

위 구조체에서 seq는 패킷 번호를 의미하며, TTL은 포워딩 시 무한 루프를 방지하기 위해 사용되는 값(이번 예제에서는 쓰이지 않는다)이고, SenderID는 소스 노드의 address를 나타낸다. 마지막으로 data의 0번 배열에는 측정한 조도값이 들어가게 된다.

10.2.4 BasicMAC 예제에서 Unicast

기본 BasicMAC 예제에서는 AM_BROADCAST_ADDR를 DataMsg.send 함수에 넣어서 Broadcast 형태로 패킷을 전송하였다. 만약 unicast로 BasicMAC 예제에서 사용하고

싶을 경우에는 DataMsg.send 함수를 다음과 같이 변경하면 된다.

```
event void Photo.readDone(error_t result,uint16_t data) {
...
if (call DataMsg.send (ToAddr, &sendmsg,call Packet.payloadLength (&sendmsg)) == SUCCESS){
                call Leds.led2On();
}
...
```

ToAddr 변수에 특정 노드의 주소(아이디)를 넣게 되면 해당 주소(아이디)를 갖는 노드
만 RF로 전송된 데이터를 receive하게 된다.

10.3 BasicMAC 실습

10.3.1 실습 준비물

Host PC, ZigbeX 모트 2개, ISP 프로그램 툴, 프린터 케이블, USB 케이블

10.3.2 실습 시스템 구성

먼저 Cygwin을 시작한다. 다음과 같이 입력하여 예제 폴더로 이동한다.

```
cd /opt/tinyos-2.x/contrib/zigbex
cd BasicMAC
```

이제 make zigbex를 입력하여 컴파일을 한다.
"make zigbex reinstall.X" 명령을 사용하여 0번, 1번 아이디를 지닌 hex 파일을 생성한다.

❖ PonyProg ISP를 이용하여 ZigbeX로 프로그램 다운로드

PonyProg를 실행한 후, 실습 1~3장의 <PonyProg ISP 프로그램을 이용하여 ZigbeX로 다운로드>를 참조하여 실습 예제를 ZigbeX로 다운로드한다.

❖ USB_ISP 혹은 AVR_ISP 보드를 이용하여 ZigbeX로 프로그램 다운로드

AVR Studio4를 실행한 후, 실습 1~3장의 <USB_ISP 보드를 이용하여 ZigbeX로 다운로드>를 참조하여 실습 예제를 ZigbeX로 다운로드한다.

10.4 실습 결과

두 개의 센서 노드의 전원을 켜면 1초마다 Green LED와 Yellow LED의 빛이 깜박이는 것을 확인할 수 있다. 또한 한쪽 Yellow LED가 순간 깜박거릴 때(데이터를 송신한 후) 다른 쪽 노드의 Red LED(송신된 데이터를 모두 수신한 후)가 On/Off를 반복함으로써 데이터의 송수신이 이상 없이 동작되고 있음을 확인할 수 있다.

에너지 효율성을 고려한 통신

개 요

이 장에서는 통신 에너지의 효율적 소비를 위해 데이터 전송에 참여하지 않는 시간에는 RF 인터페이스의 전원을 Off함으로써 에너지를 절약할 수 있는 통신 방법에 대해 살펴보고, 간단한 무선 송수신 예제를 응용하여 에너지 효율적 통신 예제를 직접 구현해 본다.

실습목표

- MAC 계층에서의 주요 에너지 소모 요소를 알아본다.
- RF 칩을 sleep시키는 함수에 대해 알아본다.
- Sleep 기술을 통한 RF 에너지 절감 방법을 이해한다.

11.1 기본 지식

제한된 건전지를 기반으로 동작하는 센서 노드에서 에너지의 고갈은 해당 노드의 기능 상실을 의미하기 때문에, 이를 고려한 에너지 효율적 통신 프로그램의 설계는 센서 네트워크에서 무척 중요한 연구 이슈이다. 최근 여러 대학과 연구소에서는 통신 에너지 효율성과 밀접한 관계를 가지는 MAC 프로토콜의 여러 연구들을 진행하여 왔다.

연구의 핵심은 전송할 데이터가 없을 경우 RF 인터페이스의 전원을 Off시킴으로써 통신 에너지의 낭비를 최소화하는 것이다. 일반적으로 무선통신에서 RF 인터페이스의 전원이 Off된 상태를 sleep이라고 명칭한다.

11.1.1 무선통신에서의 주요 에너지 소모 요소들

무선 네트워크 환경의 MAC 계층에서 소모될 수 있는 주요 요소들을 다음 표에 정리하였다.

표 11-1 ▮ 주요 에너지 소모 요소들[3, 4]

MAC 계층에서의 주요 에너지 소모 요소들	
Packet collision	데이터 패킷 간의 충돌에 의해 재전송이 될 경우
Overhearing	자신과 상관없는 데이터를 받을 경우
Control packet	데이터 전송을 위한 여러 컨트롤 패킷들
Idle listening	전송될 데이터가 없음에도 불구하고 데이터가 수신될 가능성 때문에 계속해서 무선 미디엄을 감지함으로써 에너지가 소모되는 경우

11.1.2 패킷 충돌 문제

무선통신 범위가 겹치는 노드들끼리 동시에 데이터를 전송할 경우에는 패킷 충돌(Packet Collision)이 발생한다. 이러한 패킷 충돌 문제를 줄이기 위해 무선 센서 네트워크에서는 일반적으로 CSMA/CA 통신 방식을 사용한다. 하지만 무선통신에서는 CSMA/CA 방식만으로는 해결될 수 없는 Hidden Terminal 문제가 있다. Hidden Terminal 문제는 다음과 같은 상황에서 발생된다.

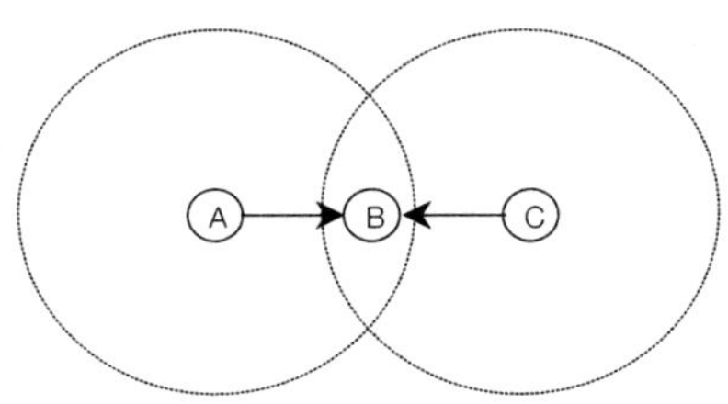

그림 11-1 ▮ Hidden Terminal 문제

만약 노드 A가 노드 B에게 데이터를 전송하고 있을 경우, 그 데이터의 범위에 속하지 않는 노드 C는 노드 A의 데이터 전송 여부를 감지할 수 없다. 만약 노드 C도 노드 B에게 전송할 데이터가 존재할 경우, 그림 11-1과 같이 노드 B에서는 두 패킷이 충돌하게 된다. 그러므로 수신측 노드인 B에서는 두 데이터를 받을 수 없다. 이러한 문제를 극복하기 위해서 데이터를 전송하기 전에 매우 작은 컨트롤 패킷인 RTS와 CTS를 먼저 전송하는 가상 반송파 감지(Virtual Carrier Sensing) 기법을 사용하기도 한다. 노드의 배치가 그림 11-1과 같을 경우, 송신 노드 A는 데이터를 전송하기 전에 자신이 전송할 데이터를 전송하는 데 걸리는 시간(Network Allocation Vector; NAV)을 RTS 패킷에 넣어 노드 B에게 전송한다. RTS 패킷을 받은 노드 B는 바로 NAV 정보가 담긴 CTS 패킷을 전송하게 된다. CTS 패킷은 노드 B로부터 나가는 것이므로 노드 A와 노드 C 모두 받을 수 있다. 노드 C는 CTS 패킷을 통해 노드 A와 노드 B가 현재 데이터 통신을 하려고 한다는 사실을 파악할 수 있으며, NAV 시간 동안 데이터 전송을 멈춤으로써 Hidden Terminal 문제를 해결할 수 있다.

11.1.3 Overhearing 문제

일반적으로 무선통신에서는 전송된 데이터를 모두 받은 후에야 이 패킷이 자신에게 전달된 패킷인지 아닌지를 구분할 수 있다. 자신에게 해당되지 않는 패킷을 받게 될 경우에는 불필요한 통신 에너지를 낭비하는 것이 된다. 이러한 문제를 Overhearing 문제라고 한다. RTS/CTS 패킷을 사용하는 MAC 프로토콜에서는 Overhearing 문제를 줄이기 위해서 RTS와 CTS에 들어 있는 NAV 정보를 근거로, 실제 데이터가 전송(NAV)되는 시간 동안 자신의 RF 인터페이스의 전원을 오프 시켜 에너지를 절약한다. 하지만 최근 논문[12]에서는 무선 네트워크에서 사용하는 RTS/CTS 패킷이 효과적인가에 대한 의문을 제시하고 있다. RTS/CTS 패킷에 의해 어느 정도 Hidden Terminal 문제를 방지할 수 있지만, RTS/CTS 패킷 전송의 오버헤드도 무시할 수 없는 문제이다. 만약 Hidden Terminal에 의해 발생하는 충돌보다 RTS/CTS 사용함으로써 발생하는 컨트롤 오버헤드의 부담이 더 크다면 RTS/CTS 기법은 효과적으로 동작할 수 없을 것이다. RTS/CTS의 효율성 여부는 전송될 데이터의 크기 및 구성된 네트워크 토폴로지 그리고 전송 속도에 따라 매우 다양한 결과를 보인다. 그렇기 때문에 네트워크 관리자는 설치된 네트워크 상황에 따라 RTS/CTS 설정 여부를 적절히 조정할 필요가 있다.

11.1.4 컨트롤 패킷 오버헤드

RTS/CTS/DATA/ACK 형태로 데이터를 전송하는 MAC 프로토콜인 경우에는 하나의 데이터를 전송할 때마다 상당한 컨트롤 패킷을 생성하게 된다. 또한 주변 노드들과의 동기화(Synchronization)나 주변 이웃 노드들의 존재 여부 확인 등을 위해서 필요 이상의 컨트롤 패킷들이 발생될 수도 있다. 데이터를 제외한 여러 컨트롤 패킷들 역시 무선통신의 에너지를 낭비시키는 주요 요소 중에 하나이다.

11.1.5 Idle Listening 문제

각 센서 노드들은 언제 자신을 목적지로 하는 데이터가 생성될지 모르기 때문에 끊임없이 무선 채널을 감시해야 한다. 이렇게 데이터가 발생되지도 않는 상황에서 미디엄을 감시함으로써 발생하는 에너지 낭비 문제를 Idle Listening 문제라고 한다. 일반적으로 센서 네트워크에서는 특정 이벤트나 센싱할 물체가 나타나야지만 센싱 데이터가 발생함으로, 나머지 대부분의 시간은 데이터가 전송되지 않는다. 그렇기 때문에 무선 센서 네트워크에서는 Idle Listening 문제가 상당히 심각한 편이며, S-MAC[3, 4] 논문에서는 전체 통신 에너지 소모 중 50~100% 정도의 에너지가 Idle Listening 문제에 의해 발생된다고 기술하였다. S-MAC에서는 이러한 문제를 해결하기 위해 일정 시간 동안 Listen/Sleep 주기를 반복하는 기법을 제안하였다. Listen 시간 동안에는 모든 노드들이 깨어나서 Sleep 시간 동안 전송하지 못한 데이터를 교환한다. 만약 전송할 데이터 패킷이 없다면 Listen 시간이 끝난 후 Sleep 시간 동안 자신의 RF 인터페이스의 전원을 오프시킴으로써 Idle Listening에 소모되는 통신 에너지를 최소화한다.

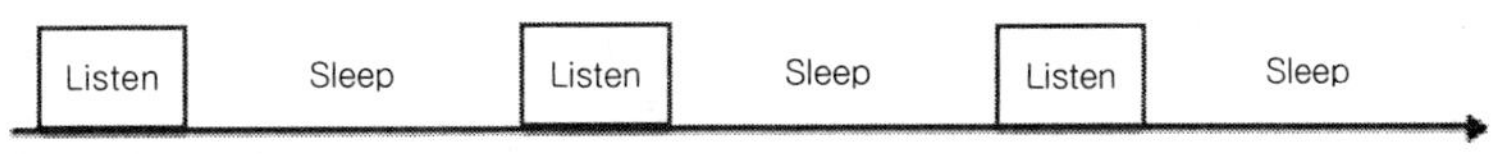

그림 11-2 ▌S-MAC에서의 주기적 Listen/Sleep 기법

11.1.6 TinyOS에서 Sleep 기법 구현

에너지 효율적 통신을 위해 RF 칩의 전원을 컨트롤하려면 TinyOS에서 제공하는 ActiveMessageC 통신 컴포넌트나 CC2420ControlC 컴포넌트를 제어해야 한다. 이 두 가

지 방법 중 ActiveMessageC 컴포넌트를 제어하는 방식이 보다 쉽기에 이번 예제에서는 ActiveMessageC 컴포넌트의 start( )와 stop( )을 통해 RF 칩의 전원을 제어하도록 하겠다. ActiveMessageC 컴포넌트는 SplitControl이라는 인터페이스를 통해 RF 통신의 시작(start( ))과 중단(stop( ))을 상위 계층에서 제어할 수 있도록 제공하고 있다. 일반적으로 SplitControl.start( ) 함수는 boot event 함수 호출 시 call되며, SplitControl.stop 함수는 잘 사용되지 않는다. 만약 application이 실행되는 도중 ActiveMessageC 컴포넌트의 SplitControl.stop( ) 함수가 호출되면 CC2420 RF 칩은 Sleep에 들어가게 된다. 그리고 RF Sleep 상태에서 다시 SplitControl.start( ) 함수를 호출하면 CC2420 RF 칩은 active 상태로 돌아와 통신이 가능한 상태가 된다. 이번 장에서는 ActiveMessageC 컴포넌트의 인터페이스인 SplitControl.start( )와 SplitControl.stop( ) 함수를 통해서 RF 칩의 전원을 제어해 보도록 하겠다.

11.2 SleepMAC 예제

이번 예제에서는 앞에서 실습한 Basic MAC 예제를 확장시켜 데이터 전송이 없을 때에는 RF 인터페이스의 전원을 Off시키고, 전송할 데이터가 생성되면 RF 인터페이스를 On시켜 통신을 시도하는 예제를 만들어 볼 것이다(단, Sink 노드는 항상 Active 상태를 유지한다).

SleepMAC 예제는 5초마다 조도 센서로부터 측정값을 받은 후 그 내용을 RF 무선통신을 통해 수집(Sink) 노드(PC와 시리얼 케이블로 연결된 0번 노드)에게 전달하는 프로그램이다. 앞에서 언급한 Sleep 기술을 이용하여 전송할 데이터가 생성될 시 RF 인터페이스를 On시키고, 데이터가 없을 때에는 RF 인터페이스의 전원을 Off하여 통신 에너지 낭비를 최소화한다. SleepMAC 예제는 SleepMAC.nc와 SleepMACM.nc 파일로 구성된다. SleepMAC.nc는 각 컴포넌트 간의 연결 관계를 나타내는 configuration 파일이며, SleepMACM.nc는 예제의 실제 동작을 기술한 module 파일이다. SleepMAC 예제는 앞에서 실습한 BasicMAC 예제와 매우 비슷한 구조를 갖는다. SleepMAC 예제는 무선통신을 담당하는 ActiveMessageC 컴포넌트와 조도 센서 값을 얻기 위한 PhotoSensorC

컴포넌트, 주기적인 알람과 LED를 제어하는 TimerC와 LedsC 컴포넌트, 그리고 Sleep 기술을 구현하기 위한 ActiveMessageC 컴포넌트의 SplitControl 인터페이스로 구성된다.

11.2.1 SleepMAC.nc 파일

SleepMAC.nc 파일에는 SleepMAC 예제에서 사용할 여러 컴포넌트들이 선언 및 컴포넌트 간의 연결이 기술되어 있다. 해당 파일을 살펴보면 다음과 같다.

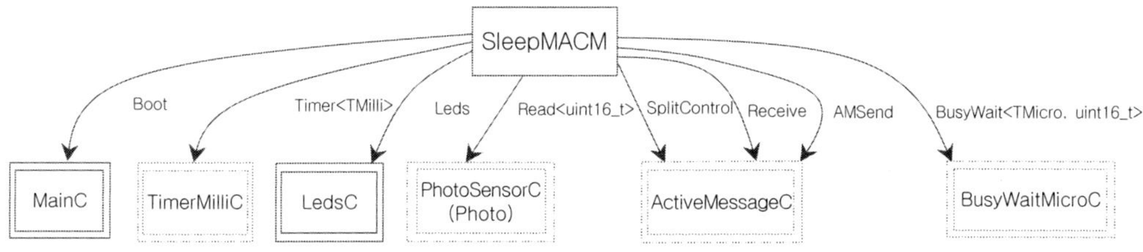


```
 1: #include "SleepMAC.h"

 2: configuration SleepMAC { }
 3: implementation
 4: {
 5:  components MainC, SleepMACM
 6:         , new TimerMilliC()
 7:         , LedsC
 8:         , new PhotoSensorC() as Photo
 9:         , ActiveMessageC
10:        , BusyWaitMicroC;

11:  SleepMACM.Boot → MainC;
12:  SleepMACM.Timer → TimerMilliC;
13:  SleepMACM.Leds → LedsC;
14:  SleepMACM.Photo → Photo;

15:  SleepMACM.RadioControl → ActiveMessageC;
16:  SleepMACM.RecvMsg → ActiveMessageC.Receive[AM_SMACMSG];
17:  SleepMACM.DataMsg → ActiveMessageC.AMSend[AM_SMACMSG];

18:  SleepMACM.BusyWait →BusyWaitMicroC;

19: }
```

SleepMAC 예제의 configuration 파일이 앞의 RF 예제들과 다른 점은 AMSenderC와 AMReceiverC 컴포넌트 없이 바로 ActiveMessageC로 Send와 Receive 인터페이스를 연결하고 있다는 점이다. 앞장에서 AMSenderC를 사용해야지만 Queue를 지원받아 보다 안전한 통신이 가능하다고 언급했었다. 이번 예제에서는 특별히 Queue는 없지만 그래도 RF 통신이 가능함을 보여주기 위해 AMSenderC와 AMReceiverC 컴포넌트 없이 예제를 작성하였다. 하지만 AMSenderC와 AMReceiverC 컴포넌트를 사용하는 것이 보다 안전한 통신이므로 이번 예제의 RF 연결 방식은 참고로만 알아두기 바란다(이번 방식은 Serail- ActiveMessage를 연결할 때와 비슷한 형식을 취한다.)

11.2.2 SleepMACM.nc 파일

SleepMAC 예제 프로그램의 module인 SleepMACM.nc 파일을 살펴보자. SleepMACM.nc 파일을 열면 다음과 같은 소스코드를 확인할 수 있다.

```
1: module SleepMACM{
2:     uses {
3:             interface Boot;
4:             interface Timer<TMilli>;
5:             interface Leds;
6:             interface Read<uint16_t> as Photo;

7:             interface SplitControl as RadioControl;
8:             interface AMSend as DataMsg;
9:             interface Receive as RecvMsg;

10:            interface BusyWait<TMicro, uint16_t>;
11 :    }

12:}implementation{

13:     struct SleepMAC_Msg *pack;
14:     message_t  rfmsg;
15:     norace bool init_flag = 1;
16:     norace uint8_t RF_Status;

17:     #define SINK_ADDR 0
18:     #define SleepMAC_RF_SLEEP 1
19:     #define SleepMAC_RF_ACTIVE 2
```

```
           /////////////////////////////////////////

20:        task void TryToSend();

21:        task void RadioSleep(){
22:                call BusyWait.wait(5000);
23:                if (RF_Status == SleepMAC_RF_ACTIVE){
24:                        RF_Status = SleepMAC_RF_SLEEP;
25:                        call RadioControl.stop();
26:                }
27:        }

28:        task void RadioActive(){
29:                if (RF_Status == SleepMAC_RF_SLEEP){
30:                        RF_Status = SleepMAC_RF_ACTIVE;
31:                        call RadioControl.start();
32:                        call BusyWait.wait(5000);
33:                }
34:                post TryToSend();
35:        }

           /////////////////////////////////////////

36:        event void Boot.booted() {
37:                init_flag = 1;
38:                call RadioControl.start();
39:        }

40:        event void RadioControl.startDone(error_t error) {
41:                if (init_flag) {
42:                        init_flag = 0;
43:                        RF_Status = SleepMAC_RF_ACTIVE;
44:                        if ( TOS_NODE_ID != SINK_ADDR ) {
45:                                call Timer.startPeriodic(1000);
46:                        }
47:                }
48:        }

49:        event void RadioControl.stopDone(error_t error) {
50:        }

51:        event void Photo.readDone(error_t result, uint16_t data) {
52:           pack = (struct SleepMAC_Msg*) call DataMsg.getPayload(&rfmsg);
```

```
53:            if(result == SUCCESS){
54:                pack→data[0] = data ;
55:            }else{
56:                pack→data[0] = 0xff ;
57:            }
58:            post RadioActive();    // RF active and then try to send data.

59:        }

60:      task void TryToSend()
61:      {
62:        if (call DataMsg.send(SINK_ADDR, &rfmsg, sizeof(struct SleepMAC_Msg))
== SUCCESS){
63:                call Leds.led2On();
64:        }
65:      }

66:      event void DataMsg.sendDone(message_t* msg, error_t error) {
67:        if (error==SUCCESS){
68:                call Leds.led2Off();
69:        }
70:        post RadioSleep();
71:      }

72:      event void Timer.fired() {
73:        call Leds.led1Toggle();
74:        call Photo.read();
75:      }

76 :    event message_t* RecvMsg.receive(message_t* msg, void* payload, uint8_t
len) {
77 :        call Leds.led0Toggle();
78 :        return msg;
79 :      }
80: }
```

36: MainC 컴포넌트에 의해 먼저 시작되는 Boot.booted() 함수에서는 RF 컴포넌트를 시작하기 위해 RadioControl.start() 함수를 호출한다. 코드 7라인에서 알 수 있듯이 RadioControl의 실제 원형 인터페이스는 ActiveMessageC와 연결되는 SplitControl이다.

40: ActiveMessageC 컴포넌트에서 시작이 완료되면 RadioControl.startDone 함수가 호출되

고, 이 함수 안에서 주기적으로 조도 센서 값을 측정하기 위해 Timer.startPeriodic (1000) 함수를 호출한다.

72: Timer가 expire되면 Photo.read 함수를 통해 조도 센서 값을 요청한다.

51: Photo.readDone 함수에서 의해 조도값을 받게 되면 RadioActive(); 함수를 호출하여 RF 칩을 On하고 데이터를 전송할 준비를 한다. 코드 28라인에 있는 task void RadioActive() 함수는 RadioControl.start(); 함수를 통해 구현된 RF 칩 On 함수이다. 이 함수에서 RF를 On시킨 후 TryToSend() task 함수를 post하여 데이터를 전송한다.

60: TryToSend() 함수는 SINK_ADDR(0번 노드)로 데이터를 유니캐스팅한다.

66: 데이터가 성공적으로 전송되면 DataMsg.sendDone 함수가 signal된다. 측정된 조도 값은 RF로 성공적으로 전송되었으므로 다음 측정을 알려주는 Timer가 expire되기 전까지 에너지를 절약하기 위해 RadioSleep() 함수를 호출한다. 코드 21라인에 있는 RadioSleep() 함수는 RadioControl.stop(); 함수를 통해 구현된 RF칩 off 함수이다.

다른 노드로부터 무선 데이터를 받게 될 경우에는 코드 76라인에 있는 RecvMsg.receive (...) 함수가 호출된다. 이 경우에만 Red LED를 점멸시킨다. 이번 예제에서는 모든 패킷이 0번으로 전달되는 유니캐스팅이기 때문에 0번 노드에서만 RecvMsg.receive (...) 함수가 호출된다. 그리고 0번 노드는 코드 44라인의 if 문에 의해 Timer를 동작시키지 않기 때문에 늘 RF on을 유지함으로 언제든지 패킷을 받을 수 있다.

SleepMAC 예제가 한백전자 모트에서 실제 동작하는 것을 눈으로 확인하기 위해 모트에 장치되어 있는 LED를 활용하였다. 3초마다 Timer가 만기되었을 때는 Green LED가 온/오프를 반복하고, RF 인터페이스의 전원이 켜질 경우에는 Yellow LED가 켜지는 것을 확인할 수 있다. 마지막으로 다른 노드로부터 무선 데이터를 받는 0번 노드의 경우에는 Red LED가 온/오프함으로써 데이터의 수신 여부를 확인할 수 있다.

11.3 SleepMAC 실습

11.3.1 실습 준비물

Host PC, 모트 2개, ISP 프로그램 툴, 프린터 케이블, USB 케이블

11.3.2 실습 시스템 구성

먼저 Cygwin을 시작한다. 다음과 같이 입력하여 예제 폴더로 이동한다.

```
cd /opt/tinyos-2.x/contrib/zigbex
cd SleepMAC
```

이제 make zigbex를 입력하여 컴파일을 한다.

본 예제에서는 0번 노드는 Sink 노드로, 그리고 다른 노드들은 Sleep 기술을 가진 전송 노드로 동작되기 때문에 노드 아이디를 구분하여 컴파일하여야 한다. 노드 아이디를 구분하여 컴파일하는 방법은 다음과 같다.

- "make zigbex" 명령을 통해 한 번은 컴파일을 시도한다.

- "make zigbex reinstall.X" 명령을 사용하여 0번부터 원하는 번호까지의 hex 파일을 생성한다. 여기서 X는 노드 아이디(숫자)이다.

- "make zigbex reinstall.X" 명령을 사용하여 0번, 1번 아이디를 지닌 hex 파일을 생성한다.

❖ **PonyProg ISP를 이용하여 ZigbeX로 프로그램 다운로드**
  PonyProg를 실행한 후, 실습 1~3장의 <PonyProg ISP 프로그램을 이용하여

ZigbeX로 다운로드>를 참조하여 실습 예제를 노드 아이디에 맞게 모트로 다운로드한다.

❖ **USB_ISP 혹은 AVR_ISP 보드를 이용하여 ZigbeX로 프로그램 다운로드**
 AVR Studio4를 실행한 후, 실습 1~3장의 <USB_ISP 보드를 이용하여 ZigbeX로 다운로드>를 참조하여 실습 예제를 노드 아이디에 맞게 모트로 다운로드한다.

11.4 실습 결과

두 개의 센서 노드 중, 1번 노드에서는 약 3초마다 Timer.fired( ) 함수가 호출되어 Green LED가 깜박거리는 모습을 확인할 수 있다. 그리고 에너지 효율적 통신을 위해 구현한 Sleep 기술은 Yellow LED가 깜박거리는 것을 통해 확인할 수 있다. 마지막으로 0번 노드인 수집 노드에서는 Red LED의 깜박거림을 통해 무선 데이터가 잘 전송되고 있음을 눈으로 확인할 수 있다.

실습 12 — RF Power Control & Multichannel

RF 통신에서는 전송 파워가 커질수록 데이터를 전달할 수 있는 전송 범위가 상승한다. 하지만 그만큼의 통신 에너지가 많이 소모되기 때문에 적절한 Power Control이 필요하다. 또한, 채널을 다르게 선택하여 통신하면 다른 채널을 사용하는 노드들의 통신과 겹치지 않기 때문에 데이터 처리량을 증가시킬 수 있다. 이번 장에서는 한백전자 모트에서 제공되는 RF 전송 파워 제어 및 멀티 채널 설정에 대해 알아볼 것이다.

실습목표

- Power Control 및 Multichannel에 대해 이해한다.
- CC2420에서 제공되는 Power 레벨 및 채널 정보에 대해 알아본다.
- 실제 Power Control과 Multichannel이 가능한 예제를 실습해 본다.

12.1 기본 지식

12.1.1 Power Control

일반적으로 무선 전파는 전송되는 거리의 제곱 혹은 네제곱에 반비례하며 그 세기가 감쇠된다. 수신측에서는 어느 정도 전파의 세기가 보장되어야지만 그 값을 디코딩하여 분석할 수 있기 때문에, 초기 송신측 RF 인터페이스에서 어느 정도의 세기로 전파를 전송하냐 혹은 수신측에서 얼마나 낮은 전파의 세기를 분석할 수 있느냐에 따라 전송 거리가 달라지게 된다. CC2420의 수신측은 -94dBm의 전파까지만 분석할 수 있으므로 한백전자 모트에서는 송신측의 RF 파워에 따라 전송 거리가 결정되게 된다. 전송 거리가 길어지면 그만큼 하나의 노드가 넓은 영역을 커버할 수 있으므로 노드 간의 무선 링크가 끊어지는 문제가 줄어들게 된다. 하지만 그민큼 넓은 지역에 전파가 닿기 때문에 다른 노드들의 통신을 방해하는 문제가 발생된다. 또한, 유비쿼터스 센서 네트워크와 같이 배터리를 기반으로 동작되는 디바이스에서는 에너지의 효율적 소비를 매우 중요시하기 때문에 상황에 따라 RF 파워를 조절할 필요가 있다. 현재 학계에서는 상황에 맞게 자신의 RF 파워를 능동적으로 조절할 수 있는 다양한 알고리즘과 기법들이 제안되어 왔다. 그리고 그에 발맞추어 현재 판매되고 있는 대부분의 RF 칩들은 자체적으로 Power Control 기능을 가지고 있다.

한백전자 모트에서 사용되고 있는 CC2420 RF 인터페이스 역시 8가지 단계로 Power Control할 수 있는 기능을 제공하고 하고 있다. CC2420은 최고 0dBm부터 최소 -25dBm으로 전파를 송신할 수 있으며, 수신측에서 받게 되는 전파의 세기가 -94dBm 이상일 경우 전파를 수신할 수 있다. 표 12-1은 CC2420에서 제공되는 8단계의 파워 레벨 및 그에 따른 전력 소비를 보여주고 있다.

표 12-1 ▌ CC2402이 제공하는 8단계의 파워 레벨

Output Power [dBm]	Current Consumption [mA]
0	17.4
-1	16.5
-3	15.2
-5	13.9
-7	12.5
-10	11.2
-15	9.9
-25	8.5

12.1.2 **Multichannel**

Multichannel이란 하나의 RF 인터페이스가 하나의 채널로 고정된 것이 아니라 상황에 따라 여러 개의 다른 채널로 RF 통신이 가능한 기능을 의미한다. 현재 유비쿼터스 센서 네트워크의 표준으로 대두되는 IEEE 802.15.4 스탠다드에서는 26개의 채널을 사용할 수 있도록 정의하고 있다. CC2420 RF 칩은 26개의 Multichannel 중 2.4GHz 대역에서의 16채널을 지원하고 있다. 현재 Multichannel 역시 Power Control과 마찬가지로 RF 연구에 중요한 이슈로 대두되고 있다. 특정 공간에 여러 개의 무선 디바이스들이 모두 같은 채널로만 통신을 할 경우, 데이터 처리량의 저하와 패킷의 충돌 문제가 심각하게 발생할 수 있다. 이러한 상황에서 통신의 짝을 이루는 송수신 노드들이나 특정 그룹들이 비어있는 다른 채널로 자신들의 채널을 적절히 변경할 경우 많은 장점을 가질 수 있다. 물론 이미 정해진 스탠다드 규정 채널들 내에서만 채널을 변경할 수 있다는 제한점이 있지만, 어떤 아이디어를 적용하느냐에 따라 그 효율성이 매우 다르므로 Multichannel을 이용한 연구가 현재 무선통신 분야에서 많이 다뤄지고 있다. CC2420 RF 인터페이스는 16개의 채널을 제공하고 있는데, 각 채널들의 주파수 대역은 다음 수식에 의해 정의된다.

$$F = 2405 + 5(k\text{-}11) \; MHz, \; k = 11, \; 12 \; \cdots \; 26$$

여기서 k 값은 CC2420의 FSCTRL.FREQ 레지스터에 의해 변경되는 변수이다. 위 수식을 통해 알 수 있듯이 변수 k에 의해 CC2420 RF를 사용할 수 있는 채널의 개수는 16개가 되며, 통신할 수 있는 주파수 대역은 2.405GHz부터 2.480GHz가 된다.

12.1.3 **RSSI**

RSSI란 Received Signal Strength Indicator의 약자로, RF 인터페이스에서 수신한 전파의 세기를 의미한다. RSSI는 일반적으로 dBm 단위로 표현되며, CC2420 RF 인터페이스인 경우, 수신측에서 어떤 전파를 받았을 경우에 그 전파의 RSSI가 -94dBm 이상이어야지만 해당 데이터를 디코딩할 수 있다. 그 이하의 값일 경우 잡음으로 처리한다. CC2420은 SPI 통신을 통해 무선으로부터 받은 데이터를 CPU로 전달할 때 패킷의 평

균 RSSI 값도 같이 전달한다. 일반적으로 이러한 PHY 특성을 나타내는 정보들은 라우팅이나 MAC에서 새로운 Metric이나 알고리즘에 사용되는 정보로 활용된다. CC2420의 RSSI 값은 RSSI.RSSI_VAL 레지스터에 저장되며, 그 값을 dBm 단위로 표현할 경우에는 약 45(실험값) 정도의 값을 빼주어야 한다. 예를 들어, RSSI.RSSI_VAL 레지스터에 값이 −20일 경우, 실제 받은 패킷의 RSSI는 −65dBm 정도가 된다. 그림 12-1은 CC2420의 RSSI.RSSI_VAL 레지스터 값과 실제 Input Power (RSSI) 간에 상관관계를 보여주고 있다.

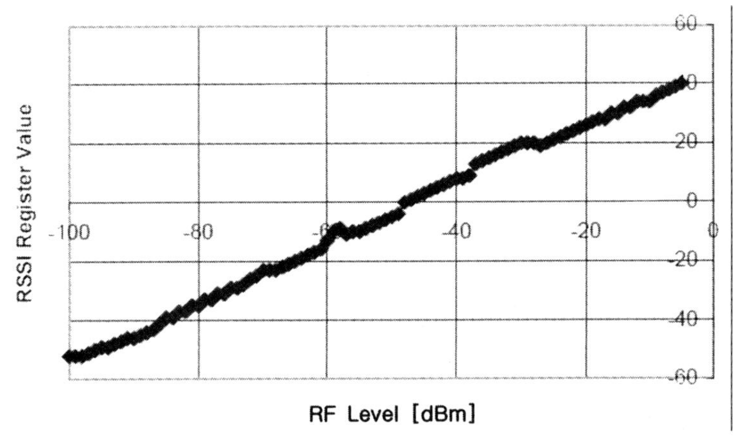

그림 12-1 ▌ RSSI 레지스터 대 Input Power

12.2 MCH_PTRSSI 예제

이번 예제에서는 ZigbeX 모트에서 RF의 파워와 채널을 변경하는 방법과 수신측에서는 받은 패킷의 RSSI를 계산하는 방법에 대해 알아볼 것이다. MCH_PTRSSI 예제에서는 RF_Configuration_Setting( ) Task 함수에서 노드 자신의 파워 및 채널을 변경하고, 변경된 설정에 의해 1초마다 데이터를 전송하게 된다. 수신측에서는 받은 패킷의 RSSI 값을 계산하여 해당 정보를 시리얼 통신을 통해 PC로 전달한다. 데이터를 제대로 받게 될 경우 Red LED가 점멸하게 된다.

본 예제 프로그램은 TinyOS가 설치된 다음 폴더에서 찾을 수 있다.

\opt\tinyos-2.x\contrib\zigbex\MCH_PTRSSI 폴더 참조

12.2.1 MCH_PTRSSI.nc 파일

MCH_PTRSSI.nc 파일에는 MCH_PTRSSI 예제에서 사용할 여러 컴포넌트들의 선언
및 컴포넌트 간의 연결이 기술되어 있다. 해당 파일을 살펴보면 다음과 같다.

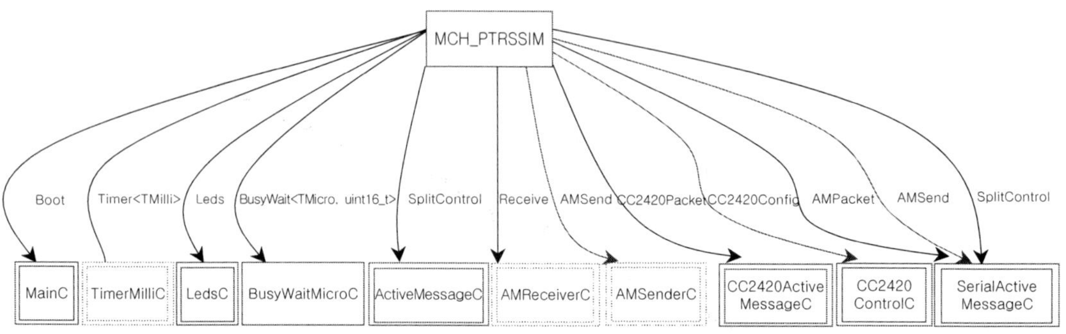


```
 0: includes MCH_PTRSSI;
 1:
 2: configuration MCH_PTRSSI { }
 3: implementation
 4: {
 5:  components MainC, MCH_PTRSSIM
 6:          , new TimerMilliC()
 7:          , LedsC
 8:          , BusyWaitMicroC
 9:          , ActiveMessageC
10:          , new AMSenderC(AM_MCH_PTRSSI_Msg)
11:          , new AMReceiverC(AM_MCH_PTRSSI_Msg)
12:          , CC2420ActiveMessageC
13:          , CC2420ControlC
14:          , SerialActiveMessageC as Serial;

15: MCH_PTRSSIM.Boot → MainC;
16: MCH_PTRSSIM.Timer → TimerMilliC;
17: MCH_PTRSSIM.Leds → LedsC;
18: MCH_PTRSSIM.BusyWait → BusyWaitMicroC;
```

```
     // RF Component
19:  MCH_PTRSSIM.CommControl → ActiveMessageC;
20:  MCH_PTRSSIM.RecvMsg → AMReceiverC;
21:  MCH_PTRSSIM.DataMsg → AMSenderC;
22:  MCH_PTRSSIM.CC2420Packet → CC2420ActiveMessageC;
23:  MCH_PTRSSIM.CC2420Config → CC2420ControlC;

     // Serial Component
24:  MCH_PTRSSIM.Serial_Control → Serial;
25:  MCH_PTRSSIM.Serial_Packet → Serial;
26:  MCH_PTRSSIM.Serial_Send → Serial.AMSend[AM_MCH_PTRSSI_Uart];

27:  }
```

먼저 통신에서 사용할 패킷의 포멧이 정의된 MCH_PTRSSI.h 파일을 include한 후, MCH_PTRSSI 예제에서 사용할 여러 하부 컴포넌트들을 기술한다. 그 중 CC2420ActiveMessageC 컴포넌트는 전송 파워를 제어하기 위해 사용되며, CC2420ControlC 컴포넌트는 채널을 제어하기 위해 사용된다. 두 컴포넌트들과 wiring되는 인터페이스는 CC2420Packet와 CC2420Config이다. 이번 예제에서는 무선통신과 시리얼 통신을 동시에 사용할 것이므로 ActiveMessageC와 SerialActiveMessageC도 선언되었다.

12.2.2 MCH_PTRSSIM.nc 파일

MCH_PTRSSI 예제 프로그램의 module인 MCH_PTRSSI M.nc 파일을 살펴보자. MCH_PTRSSI M.nc 파일을 열면 다음과 같은 소스코드를 확인할 수 있다.

```
1: includes MCH_PTRSSI;

2: module MCH_PTRSSIM{
3: uses {
4:    interface Boot;
5:    interface Timer<TMilli>;
6:    interface Leds;
7:    interface BusyWait<TMicro, uint16_t>;
```

```
 8:    interface SplitControl as CommControl;
 9:    interface AMSend as DataMsg;
10:    interface Receive as RecvMsg;

11:    interface SplitControl as Serial_Control;
12:    interface AMPacket as Serial_Packet;
13:    interface AMSend as Serial_Send;

14:    interface CC2420Packet;
15:    interface CC2420Config;
16:  }
17: }implementation{
18:  message_t sendmsg, uartmsg;
19:  uint16_t mySeq;
20:  uint8_t myPowerLevel;
21:  uint8_t myChannel;

22 :  task void RF_Configuration_Setting ();
23:  task void TryToSend();

24:  event void Boot.booted() {
25:    atomic mySeq = 0;
26:    call CommControl.start();
27:  }

28:  event void CommControl.startDone(error_t error) {
29:    call Serial_Control.start();
30:  }

31:  event void Serial_Control.startDone(error_t error) {
32:    post RF_Configuration_Setting ();
33:  }

34:  event void CommControl.stopDone(error_t error) {}
35:  event void Serial_Control.stopDone(error_t error) {}

36:  task void RF_Configuration_Setting () {

37:      call BusyWait.wait(3000);

/////////////////////////////////////////////////////////////
38:      // Power_Level of CC2420
          // 0x1f = 17.4 mA =  0 dBm  // 0x1b = 16.5 mA = -1 dBm
          // 0x17 = 15.2 mA = -3 dBm  // 0x13 = 13.9 mA = -5 dBm
          // 0x0f = 12.5 mA = -7 dBm  // 0x0b = 11.2 mA = -10 dBm
```

```
       //  0x07 = 9.9 mA  = -15 dBm  //  0x03 = 8.5 mA  = -25 dBm
       ////////////////////////////////////////////////////////////
39:      atomic myPowerLevel = 0x1f;
40:      call CC2420Packet.setPower (&sendmsg, myPowerLevel);
       ////////////////////////////////////////////////////////////

       ////////////////////////////////////////////////////////////
41:    //  Channel of CC2420
       //  Channel Ranges: 11 ~ 26
       ////////////////////////////////////////////////////////////
42:      atomic myChannel = 15;
43:      call CC2420Config.setChannel (myChannel);
44:       call CC2420Config.sync ();
       ////////////////////////////////////////////////////////////
45: }

46: event void CC2420Config.syncDone( error_t error ) {
47:   if ( error == SUCCESS ) {
48:     call Timer.startPeriodic(1000);
49:     call Leds.led1On();
50:   }else{
51:     post RF_Configuration_Setting ();
52:   }
53: }

54: event void Timer.fired() {
55:   call Leds.led1Toggle();
56:   post TryToSend();
57: }

58: task void TryToSend() {
59:   struct MCH_PTRSSI_Msg MCH_PTRSSI_M;

60:   MCH_PTRSSI_M.seq    = mySeq++;
61:   MCH_PTRSSI_M.SenderID  = TOS_NODE_ID;
62:   MCH_PTRSSI_M.PowerLevel = myPowerLevel;
63:   MCH_PTRSSI_M.Channel    = myChannel;
64: memcpy(call DataMsg.getPayload(&sendmsg), (uint8_t*)&MCH_PTRSSI_M, sizeof
(struct MCH_PTRSSI_Msg));

65:      if (call  DataMsg.send(AM_BROADCAST_ADDR,  &sendmsg,  sizeof(struct
MCH_PTRSSI_Msg)) == SUCCESS){
66:     call Leds.led2On();
67:   }
68: }
```

```
69:  event void DataMsg.sendDone(message_t* msg, error_t error) {
70:    if (error == SUCCESS){
71:      call Leds.led2Off();
72:    }
73:  }

74:  event message_t* RecvMsg.receive(message_t* msg, void* payload, uint8_t len) {
75:    struct MCH_PTRSSI_Msg *recv_pack = (struct MCH_PTRSSI_Msg *) call DataMsg.
getPayload(&uartmsg);
76:    memcpy((void*)recv_pack, payload, len);
77:    recv_pack→RSSI = call CC2420Packet.getRssi(msg);
78:    recv_pack→RSSI -= 45; //45 is a compensation value

79:    call Serial_Packet.setSource(&uartmsg, recv_pack→SenderID);
80: if (call Serial_Send.send(TOS_NODE_ID, &uartmsg, sizeof(struct MCH_PTRSSI_
Msg)) == SUCCESS)
81:      call Leds.led0Toggle();

82:    return msg;
83:  }

84:  event void Serial_Send.sendDone(message_t* msg, error_t error) {}

85: }
```

MainC 컴포넌트에 의해 먼저 시작되는 Boot.booted() 함수에서는 RF 컴포넌트를 시작하기 위해 CommControl.start() 함수를 호출한다. 코드 8라인에서 알 수 있듯이 CommControl의 실제 원형 인터페이스는 ActiveMessageC와 연결되는 SplitControl이다.

31: ActiveMessageC 컴포넌트에서 시작이 완료되면 RadioControl.startDone 함수가 호출되고, 이 함수 안에서 Serial_Control.start() 함수를 호출하여 시리얼 컴포넌트를 초기화한다. 시리얼 컴포넌트의 시작을 알리는 함수인 Serial_Control.startDone()에서는 모트의 RF 채널과 파워를 조절하기 위한 RF_Configuration_Setting () 함수를 호출한다.

36: RF_Configuration_Setting ()에서는 먼저 RF 파워를 조절하기 위해 CC2420Packet. setPower (&sendmsg, myPowerLevel); 함수를 호출한다. 이 함수의 첫 번째 파라미

터는 RF로 전송할 message_t 변수가 되며, 두 번째 파라미터는 설정할 전송 파워가 된다. 실제 RF 파워는 데이터를 전송하기 바로 직전 message_t 구조체의 Meta 필드에 있는 tx_power 변수에 의해 설정되게 되는데, CC2420Packet.setPower 함수를 통해 해당 변수의 값을 조절할 수 있다. 한번 tx_power 변수를 변경하면 다시 CC2420Packet. setPower 함수를 통해 해당 변수를 변경할 때까지 변경된 파워로 패킷이 전송된다. RF 파워는 총 8단계로 구분되는데, 다음에 기술한 값들을 기준으로 전송 파워를 설정할 수 있다.

```
                  Power_Level of CC2420

    // 0x1f = 17.4 mA = 0 dBm      // 0x1b = 16.5 mA = -1 dBm
    // 0x17 = 15.2 mA = -3 dBm     // 0x13 = 13.9 mA = -5 dBm
    // 0x0f = 12.5 mA = -7 dBm     // 0x0b = 11.2 mA = -10 dBm
    // 0x07 = 9.9 mA = -15 dBm     // 0x03 = 8.5 mA = -25 dBm
```

다음으로 RF 채널을 변경하기 위해 CC2420Config.setChannel(myChannel) 함수를 호출하게 된다. CC2420 RF 칩은 11~26까지 채널을 지원하므로 myChannel 변수에 들어가는 값도 11~26까지의 값으로 정의된다. 해당 함수를 통해 RF 채널의 설정을 마쳤다면 CC2420Config.sync( ) 함수를 통해 설정한 값을 CC2420 RF 칩으로 전송한다.

46: 원하는 채널을 CC2420 RF 칩에 설정하게 되면 CC2420Config.syncDone (…) 이벤트 함수가 자동으로 호출되게 된다. 만약 설정이 성공했다면 주기적인 동작을 위해 Timer.startPeriodic(1000); 함수를 호출하고, 실패했을 경우 다시 RF 설정함수인 RF_Configuration_Setting ( ) task를 post한다.

58: Timer가 expire될 시에 TryToSend() task를 post한다. TryToSend() 함수에서는 MCH_PTRSSI_Msg 구조체에 seq, 자신의 주소, 설정한 파워 및 채널 정보를 넣어서 RF로 send한다.

74: 만약 다른 노드로부터 RF 패킷을 받게 되면, RecvMsg.receive 함수가 호출된다. 이 함수에서는 받은 패킷의 RSSI 값에서 −45를 하여 dBm 단위의 RSSI 값을 만든 뒤 Serail_Send.send 함수를 통해 시리얼로 전송한다. 사용자는 시리얼을 통해 출력되

는 데이터를 분석하여 받은 패킷의 seq, 노드 주소, 전송파워 그리고 채널 정보를
파악할 수 있다.

12.2.3 MCH_PTRSSIM.h 파일

MCH_PTRSSI.h 파일에는 이번 예제에서 사용할 데이터 패킷의 포멧인 MCH_PTRSSI_
Msg 구조체가 정의되어 있다. 사용될 구조체의 모습은 다음과 같다.

```
struct MCH_PTRSSI_Msg
{
uint16_t seq;
uint16_t SenderID;
        uint8_t  PowerLevel; // Sender's power level
        uint8_t  Channel;
char  RSSI; //RSSI value can be a minus(a negative value).
uint8_t  Pending;
};
```

12.3 MCH_PTRSSI 실습

12.3.1 실습 준비물

Host PC, 모트 2개, ISP 프로그램 툴, 프린터 케이블, USB 케이블

12.3.2 실습 시스템 구성

먼저 Cygwin을 시작한다. 다음과 같이 입력하여 예제 폴더로 이동한다.

```
cd /opt/tinyos-2.x/contrib/zigbex
cd MCH_PTRSSI
```

이제 make zigbex를 입력하여 컴파일을 한다.

- "make zigbex reinstall.X" 명령을 사용하여 0번, 1번 아이디를 지닌 hex 파일을 생성한다.

❖ **PonyProg ISP를 이용하여 ZigbeX로 프로그램 다운로드〉**
PonyProg를 실행한 후, 실습 1~3장의 <PonyProg ISP 프로그램을 이용하여 ZigbeX로 다운로드>를 참조하여 실습 예제를 ZigbeX로 다운로드한다.

❖ **USB_ISP 혹은 AVR_ISP 보드를 이용하여 ZigbeX로 프로그램 다운로드**
AStudio4를 실행한 후, 실습 1~3장의 <USB_ISP 보드를 이용하여 ZigbeX로 다운로드>를 참조하여 실습 예제를 ZigbeX로 다운로드한다.

12.4 실습 결과

모트와 PC를 연결하고 시리얼을 통해 들어오는 데이터를 확인할 수 있는 간단한 시리얼 통신 프로그램을 실행시킨다. 모트의 전원을 On시키면 노드가 데이터를 전송할 때마다 시리얼을 통해 들어오는 데이터를 확인할 수 있다. 다음 그림과 같은 결과가 나오면 성공적으로 실습을 수행한 것이다. 다음 그림에서 네모칸으로 둘러싸인 부분이 MCH_PTRSSI_Msg 구조체에서 RSSI 변수이다. 이 값을 부호가 있는 char형으로 표시하면 마이너스(-) 값이 된다.

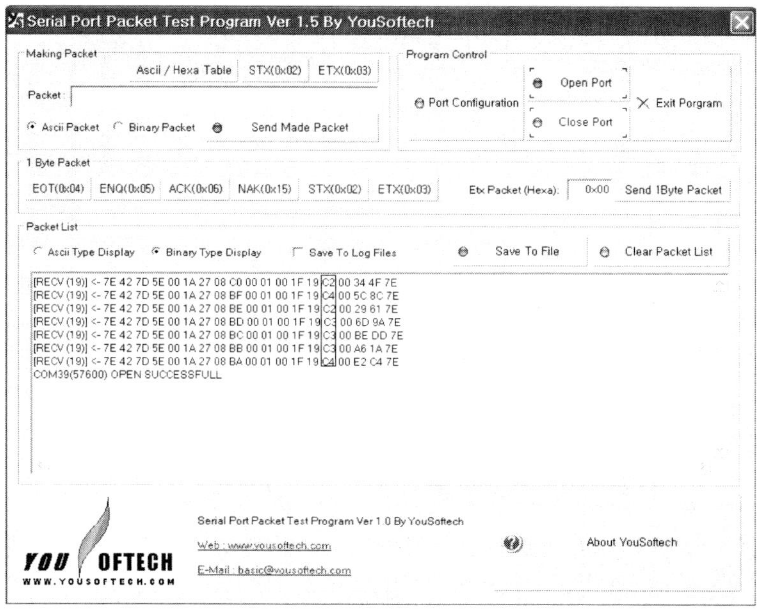

그림 12-2 ▌ 시리얼 통신 프로그램으로부터 읽은 데이터의 RSSI 값

13 실습

무선 Ad-hoc Flooding 네트워크 실습

● 개요

본 장에서는 멀티 홉 통신에서 사용되는 가장 기본적인 라우팅 프로토콜인 Flooding
에 대해 알아볼 것이다. 무선 Ad-hoc 통신에서는 라우팅 프로토콜을 통해 전송 범위가
Sink 노드에 닿지 않더라도 주변 노드들의 도움을 통해 마지막 sink까지 도달할 수 있
게 된다. 이번 실습에서는 TinyOS 2.x로 작성된 Flooding 프로토콜을 분석하고 직접
모트에 포팅하여 테스트해 보도록 하겠다.

● 실습목표

- 멀티 홉 통신에 대해 공부한다.
- Flooding 프로토콜의 기본 알고리즘에 대해서 이해한다.
- 실제 flooding 예제를 테스트해 본다.

13.1 Flooding 프로토콜 개요

Flooding 프로토콜은 무선 Ad-hoc 네트워크에서 사용하는 가장 기본적인 라우팅 기법으
로, 주변 노드로부터 데이터를 받게 될 경우 해당 패킷을 재전송함으로써 결국 전체 네
트워크로 전달하는 기법이다. 이번 장에서는 Flooding 프로토콜의 기본 알고리즘 및 특

징을 알아보고, 한백전자에서 개발한 TinyOS 2.X용 Flooding 프로그램에 대해 살펴보도록 하겠다.

13.1.1 기본 지식

각 센서들은 무선으로 데이터를 전송할 수 있는 최대 범위가 한정되어 있으므로, 멀리 떨어져 있는 노드에게 데이터를 전송하기 위해서는 주변 다른 노드들의 도움이 필요하다. 주변에 존재하는 모든 노드들이 서로 협업하여 자유로운 망을 형성하고, 서로간의 데이터를 포워딩(Forwarding)하여 목적 노드에게로 전송해 줄 수 있는 네트워크를 Ad-hoc 네트워크라고 한다. 다음 그림과 같이 노드 A가 노드 D에게 어떤 데이터를 전송하고 싶을 경우에는 노드 B와 C가 노드 A가 보낸 데이터를 포워딩해 줌으로써 데이터가 노드 D에게 전달될 수 있다. 이때, 설정된 데이터 패킷의 전송 라우팅 경로는 A → B → C → D이며, 이 라우팅 경로를 따라 데이터를 전송함으로써 멀티 홉 통신이 가능하게 된다.

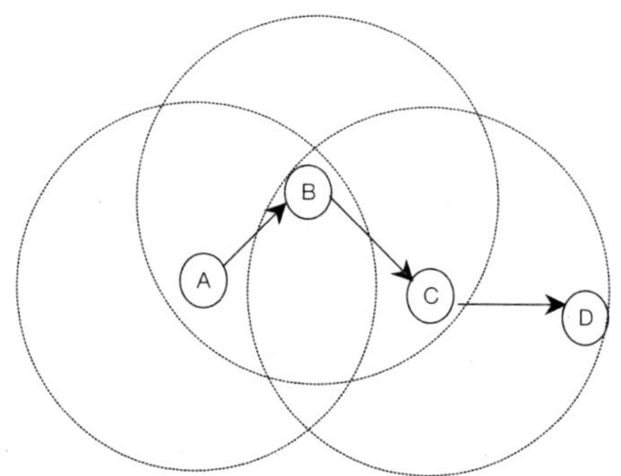

그림 13-1 ▌Ad-hoc 네트워크에서의 멀티 홉 통신

노드 간에 자유로운 네트워크를 형성하는 Ad-hoc 네트워크는 관리나 설치의 간편성 면에서 무선 센서 네트워크에 적용하기 매우 효과적이다. Ad-hoc 네트워크를 형성하여 데이터를 멀티 홉으로 전달하기 위해서는 여러 노드 간의 포워딩 순서나 전송 경로를 적절히 설정하기 위한 라우팅 프로토콜이 필요하다. 앞에서 공부한 MAC 프로토콜은 1홉 간의 통신을 정의한 프로토콜이기 때문에 멀티 홉 통신이 불가능하며, MAC 프로토콜의 상위 계층인 네트워크 계층에서 적절한 라우팅 프로토콜을 설계함으로써 멀티 홉 통신이

가능해진다.

이번 장에서 배울 Flooding 프로토콜에 대해 보다 자세히 알아보자. Flooding 프로토콜은 매우 단순한 라우팅 프로토콜로서, 특별한 라우팅 패스 없이 네트워크에 있는 모든 노드가 패킷 포워딩에 참석하는 기법이다. 소스 노드는 먼저 생성된 패킷을 주변 노드들에게 브로드캐스트 형태로 전송하고, 패킷을 받은 노드는 다시 브로드캐스트 형태로 자신의 이웃 노드에게 그 패킷을 포워딩하여 결국 전체 노드들에게 퍼져가는 방식이다. 하지만 패킷을 계속해서 전달만 하다 보면 같은 패킷을 다시 전송하는 문제가 발생할 수 있다. 즉, 패킷 전송의 무한 루프가 생성되어 필요 이상의 데이터가 네트워크에서 끊임없이 전달되는 문제가 발생한다. Flooding 프로토콜은 이러한 패킷의 무한 루프를 방지하기 위해 패킷마다 특정 sequence 번호를 부여하고 한 번 받은 패킷은 두 번 다시 전송하지 않도록 디자인되어야 한다. 또한, 전송 패킷마다 TTL(Time-To-Live: 최대 포워딩될 수 있는 제한 숫자) 값을 설정하여 무한대로 데이터가 포워딩되지 않도록 조절해야 한다. 만약 TTL 값이 20이라면, 최대 20번의 포워딩을 거친 후 패킷을 자동으로 폐기하라는 의미가 된다. Flooding 프로토콜의 문제들과 제한점들을 정리해 보면 다음과 같다.

- 여러 노드가 전송한 패킷이 목적지 노드로 집중되면서 목적지 노드에 병목현상(bottleneck)이 발생하게 된다. (Implosion)

- 패킷은 브로드캐스트 형식으로 전파되기 때문에 한 노드가 같은 패킷을 두 번 이상 수신할 수 있다. (Overlap)

- 구축된 네트워크의 성능은 RF 출력(데이터의 전송 범위)에 의존하게 된다.

- 하나의 패킷을 목적지 노드에게 전송하기 위해서 매우 많은 노드들이 데이터 통신에 참석해야 한다.

- 목적 노드가 데이터를 수신한 상황에서도 다른 노드들에 의해 전송된 데이터가 계속해서 포워딩될 수 있다.

- 많은 전력 소모로 인하여 네트워크의 라이프 사이클이 짧아진다.

- 많은 노드들이 전송에 참여하기 때문에 데이터 충돌 확률이 크게 증가한다.

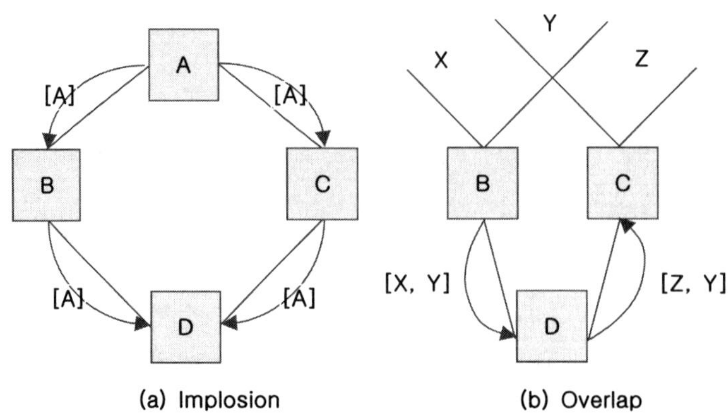

그림 13-2 ▮ Flooding의 문제점

13.1.2 Flooding 프로토콜 관련 연구 및 응용 동향

앞에서 언급한 Flooding 기법의 문제점들을 줄이기 위해 여러 대학과 연구소들에서 다양한 방식의 알고리즘 및 프로토콜을 제안해 왔다. 예를 들어, Location 정보를 기반으로 데이터가 포워딩되는 지역 범위를 적절히 조절함으로써 네트워크 오버헤드를 줄인 LAR[13]이나 Geocast[14], 수학적 확률과 데이터의 전송 방향을 활용하여 불필요한 브로드 캐스트 패킷 숫자를 줄인 기법들[15, 16] 등이 그것이다. 또한 네트워크를 지역적으로 계층화하여 클러스터 방식의 Flooding을 통해 앞에서 언급된 문제점들을 해결하기 위해 노력한 논문들[17, 18]도 존재한다. 실제적으로도 무선 센서 네트워크나 Ad-hoc 네트워크에서는 Flooding 기법 하나만을 멀티 홉 통신의 라우팅 프로토콜로 사용하지는 않는다. 일반적으로 네트워크 형성 이후 첫 번째 라우팅 패스를 찾거나 새로운 노드의 위치를 검색할 경우에만 주로 Flooding 기법을 사용한다. 새로운 노드에게 패킷을 처음 전송할 시, 해당 노드가 네트워크의 어느 부분에 존재하는지 알 수가 없기 때문에 전체 노드가 받을 수 있는 Flooding 기법이 한 번은 필요하다. 이때, 소스 노드는 목적 노드를 찾기 위해 라우팅 컨트롤 패킷을 전체 네트워크로 Flooding시킨다. 라우팅 컨트롤 패킷은 Flooding되면서 자신이 지나온 라우팅 패스를 기억하고, 결국 해당 목적 노드에게 전송된다. 목적 노드는 자신에게 도착된 여러 컨트롤 패킷 중 하나를 선택하여 소스 노드에게 자신의 위치나 존재 여부 등을 알려주고, 그 정보를 받은 소스 노드는 설정된 라우팅 패스를 따라 해당 패킷을 유니캐스트 형태로 전송한다. 즉, 실제 데이터가 전송되는 것은 라우팅 패스에 존재하는 노드들끼리의 유니캐스트이고, 해당 라우팅 패스를 찾기 위해 맨 처음 전송되는 라우팅 컨트롤 패킷만 Flooding되는 것이다. 현재 대부분의 무선 라우팅 프로토콜들(AODV[19], DSR[20], DIFFUSION[21], ODMRP[22])에서는 라우팅 패스를 설정하기 위한 작은 라우팅 컨트롤 패킷만을 Flooding하고, 실제 대규모 데이터는 설정된 라우팅 패스를 따라 유니캐스트로 전송하는 방식을 선택하고 있다. 위에서 언급한 다양한 라우팅 프로토콜들은 패킷 전송에 효율성을 높이기 위해 다양한 알고리즘들을 사용하고 있기 때문에 구현 면에서 매우 복잡하다. 본 장에서는 Flooding 프로토콜의 구현 코드에 대해서만 간단히 살펴보도록 하겠다.

13.2 Adhoc_Flooding 프로그램

Adhoc_Flooding 프로그램이 3초마다 자신이 생성한 데이터를 Flooding 기법을 통해 0번 노드(Sink 노드: PC와 연결된 센서 노드)에게 전송하는 예제이다. Adhoc_Flooding 프로그램은 Application컴포넌트인 Adhoc_APP.nc와 Adhoc_APPM.nc 파일들과 Flooding 라우팅 컴포넌트인 FloodingC.nc와 FloodingM.nc 파일로 구성된다.

13.2.1 Adhoc_APP.nc 파일

Adhoc_Flooding 예제의 appllication을 구현하고 있는 컴포넌트는Adhoc_APP.nc 파일과 Adhoc_APPM.nc 파일이다. 이 중 Adhoc_APP.nc 파일은 configuration 파일로서 Adhoc_Flooding 예제에서 사용하는 여러 컴포넌트들을 선언하고 있다. 해당 파일의 내용은 다음과 같다.

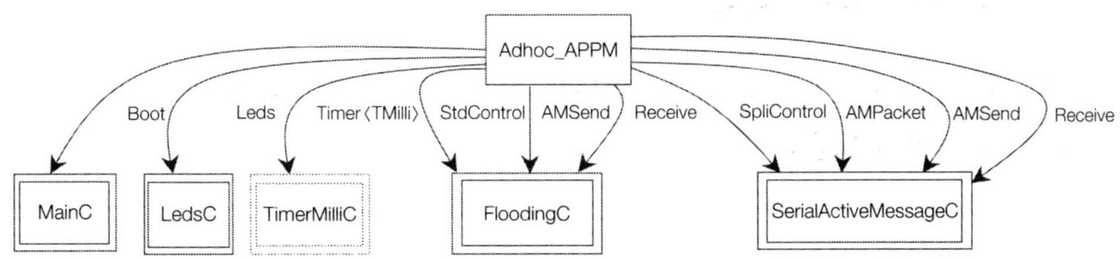

```
 1: includes Adhoc_APP;

 2: configuration Adhoc_APP { }
 3: implementation
 4: {
 5:  components MainC, Adhoc_APPM
 6:           , new TimerMilliC()
 7:           , LedsC
 8:           , FloodingC as Route
 9:           , SerialActiveMessageC as Serial;

10:  Adhoc_APPM.Boot → MainC;
11:  Adhoc_APPM.Leds → LedsC;
12:  Adhoc_APPM.Timer → TimerMilliC;

13:  Adhoc_APPM.RControl → Route;
14:  Adhoc_APPM.Rout_Send → Route;
15:  Adhoc_APPM.Rout_Receive → Route;

16:  Adhoc_APPM.SControl → Serial;
17:  Adhoc_APPM.Serial_Packet → Serial;
18:  Adhoc_APPM.Serial_Send → Serial.AMSend[SERIAL_ADHOC];
19:  Adhoc_APPM.Serial_Receive → Serial.Receive[SERIAL_ADHOC];

20: }
```

코드 8라인에서 FloodingC as Route를 하부 컴포넌트로 한 후 Adhoc_APP의 RF send
와 receive 인터페이스를 코드 라인 14와 15에서 Route로 연결하였다. 즉, Application
컴포넌트인 Adhoc_APPM 파일에서 send와 receive되는 함수는 RF 계층으로 내려가
처리되는 것이 아니라 라우터 컴포넌트인 FloodingC로 전달되어 처리되는 것이다.

13.2.2 Adhoc_APPM.nc 파일

Adhoc_APPM.nc 파일은 application 컴포넌트가 구현되어 있는 모듈 파일이다. Adhoc_
APPM.nc 파일을 열면 다음과 같다.

```
1: module Adhoc_APPM
2: {
3:  uses {
4:     interface Boot;
5:     interface Timer<TMilli>;
6:     interface Leds;

7:     interface StdControl as RControl;
8:     interface AMSend as Rout_Send;
9:     interface Receive as Rout_Receive;

10:     interface SplitControl as SControl;
11:     interface AMPacket as Serial_Packet;
12:     interface AMSend as Serial_Send;
13:     interface Receive as Serial_Receive;
14:  }

15:  }implementation{

16:  message_t RF_MSG, Serial_MSG;
17:  uint16_t  APP_Seq = 0;

18:  event void Boot.booted() {
19:    call RControl.start();
20:    call SControl.start();
21:  }

22:  event void SControl.startDone(error_t error) {
23:    if (TOS_NODE_ID != Sink_Addr)
24:      call Timer.startPeriodic(P_Interval);
25:  }

26:  event void SControl.stopDone(error_t error) {
27:  }

28:  event void Timer.fired() {
29:    Adhoc_APP_Msg APP_M;

30:    APP_M.App_Seq     = APP_Seq++;
31:    APP_M.Sender_Addr = TOS_NODE_ID;
32:    APP_M.App_Data[0] = 0xAABB;
33:    APP_M.App_Data[1] = 0xCCDD;
34:    APP_M.App_Data[2] = 0xEEFF;
35:    APP_M.App_Data[3] = 0x1234;
36:    memcpy(call Rout_Send.getPayload(&RF_MSG), (uint8_t *)&APP_M, sizeof(Adhoc_APP
_Msg));
```

```
37:     call Leds.led1Toggle();

38:   if (call Rout_Send.send(Sink_Addr, &RF_MSG, sizeof(Adhoc_APP_Msg)) == SUCCESS){
40:     call Leds.led2On();
41:     }
42:   }

43:   event void Rout_Send.sendDone(message_t* msg, error_t error) {
44:     if (error == SUCCESS){
45:       call Leds.led2Off();
46:     }
47:   }

48: event message_t* Rout_Receive.receive(message_t* msg, void* payload, uint8_t len) {

49:     uint8_t Serial_Len;
50:     if (TOS_NODE_ID == Sink_Addr) {
51:       Adhoc_APP_Msg* pack = (Adhoc_APP_Msg*) call Rout_Send.getPayload(&Serial_MSG);

52:#ifdef SHOW_ROUTE_HEADER //Makefile에서 기술하는 값
53:       memcpy((void*)pack, call Rout_Send.getPayload(msg), len);
54:       Serial_Len = len;
55:#else
56:       memcpy((void*)pack, payload, sizeof(Adhoc_APP_Msg));
57:       Serial_Len = sizeof(Adhoc_APP_Msg);
58:#endif

59:       call Serial_Packet.setSource(&Serial_MSG, pack→Sender_Addr);
60:       if (call Serial_Send.send(Sink_Addr, &Serial_MSG, Serial_Len) == SUCCESS)
61:             call Leds.led0Toggle();
62:     }
63:   return msg;
64:   }

65:   event void Serial_Send.sendDone(message_t* msg, error_t error) {}
66:   event message_t* Serial_Receive.receive(message_t* msg, void* payload, uint8_
t len) {return msg;}
67:}
```

18: Adhoc_APPM 컴포넌트는 MainC의 Boot.booted() 함수가 호출될 경우, 라우팅 컴포넌
트의 시작을 위한 RControl.start() 함수와 시리얼 컴포넌트의 시작을 위한
SControl.start() 함수를 각각 호출한다. RControl의 원형은 StdControl 인터페이스

이고 SControl의 원형은 SplitControl 인터페이스이다. 둘 다 하부 컴포넌트를 시작하고 중단하기 위해 start 함수와 stop 함수를 가지고 있지만, SplitControl 인터페이스일 경우에만 start와 stop 함수가 끝난 후 startDone과 stopDone event 함수를 signal해 준다는 차이점이 있다.

22: 시리얼 컴포넌트의 시작이 완료되면 SControl.startDone 함수가 호출되고 이 함수에서 노드 아이디(TOS_NODE_ID) 변수가 Sink_Addr(0번으로 정의)가 아닐 경우 3초마다 주기적인 데이터를 생성하기 위해서 Timer.startPeriodic(…) 함수를 호출한다.

28: 3초마다 Timer가 만기될 경우, Adhoc_APP_Msg 구조체에 적당한 값을 채워 넣은 후 Rout_Send.send 함수를 통해 생성한 패킷을 라우팅 컴포넌트인 FloodingC로 전송한다. 앞에 예제들에서는 send 함수를 통해 원하는 패킷을 라우팅 계층 없이 바로 ActiveMessageC 컴포넌트나 AMSenderC 컴포넌트로 전송했었다. 하지만 이번 예제에서는 라우팅 계층인 FloodingC 컴포넌트가 상위 application에서 생성한 패킷을 받은 후 적당한 헤더와 라우팅 알고리즘을 적용하여 ActiveMessageC 컴포넌트로 내려 보내게 된다. 그렇기 때문에 application 컴포넌트인 Adhoc_APPM의 Route_Send 인터페이스는 ActiveMessageC 컴포넌트가 아닌 FloodingC와 연결된다.

48: Rout_Receive 인터페이스도 Route_Send와 마찬가지로 FloodingC와 연결되는 인터페이스이다. ActiveMessageC에서 올려보내는 데이터를 FloodingC에서 먼저 분석한 후 실제 application 데이터를 Adhoc_APPM으로 올려 보낸다. 최종적으로 데이터를 받게 되는 노드는 Sink_Addr 주소를 가진 sink노드이기(38라인의 send 함수에서 목적지 주소를 Sink_Addr로 넣었기 때문) 때문에 코드 50라인에서 if 문을 사용하였다.

Rout_Receive.receive (message_t* msg, void* payload, uint8_t len) 함수의 파라미터를 분석해 보자. msg 변수는 라우팅 헤더를 포함한 전체 meesage_t 패킷의 정보가 저장되어 반환되고, payload에서는 Applicaiton payload에 해당하는 Adhoc_APP_Msg 구조체 정보가 저장되어 반환된다. Len 변수에서는 라우팅 헤더를 포함한 msg 변수의 data len 정보가 기술된다. 코드 52라인에는 만약 SHOW_ROUTE_HEADER가 define되어 있을 경우 시리얼 패킷인 Serial_MSG에 라우팅 헤더를 포함한 패킷을 복사하고, define이 되어 있지 않을 경우 application payload만 복사하도록 프로그램되어 있다.

Serial_MSG 변수는 코드 60라인에서 Serial_Send.send 함수를 통해 PC로 전달된다.

13.2.3 FloodingC.nc 파일

FloodingC 컴포넌트는 Flooding 프로토콜의 구현을 위해 작성된 configuration 파일이다. 해당 파일은 상위 컴포넌트를 위해 StdControl, SendFromAPP, RecvToAPP 인터페이스를 제공하며, 하부 컴포넌트로는 실제 RF 데이터 전송을 담당하는 AtiveMessageC, AMSenderC, AMReceiverC 컴포넌트를 가지고 있다. 그 밖에 라우팅 헤더에서 사용되는 패킷 Seq의 초기값을 랜덤하게 선택하기 위한 RandomC 컴포넌트 그리고 현재는 사용하지 않지만 나중에 확장을 위해 선언만 해둔 TimerMilliC 컴포넌트가 존재한다.

```
 1: #include "Adhoc_Route.h"

 2: configuration FloodingC {
 3:  provides interface StdControl;
 4:  provides interface AMSend as SendFromAPP;
 5:  provides interface Receive as RecvToAPP;

 6: }implementation{

 7: components FloodingM as RouteM
 8:          , new TimerMilliC(), RandomC
 9:          , ActiveMessageC as MAC
10:          , new AMSenderC(RF_FLOODING_DATA)
11:          , new AMReceiverC(RF_FLOODING_DATA);

12: StdControl  = RouteM;
13: SendFromAPP = RouteM;
14: RecvToAPP = RouteM;

15: RouteM.Timer   → TimerMilliC;
16: RouteM.SeedInit → RandomC;
17: RouteM.Random → RandomC;
18: RouteM.CommControl → MAC;
19: RouteM.SendToMAC → AMSenderC;
20: RouteM.RecvFromMAC → AMReceiverC;
21:}
```

코드 2, 3, 4라인의 인터페이스는 application 컴포넌트인 Adhoc_AppC.nc 파일에서 사용하게 되고, 코드 19, 20라인의 인터페이스들은 AMSenderC와 AMReceiverC 컴포넌트들과 연결되어 FloodingM.nc 파일에서 사용하게 된다. FloodingM.nc 파일에서 provides 되는 SendFromApp와 RecvToAPP, 그리고 uses되는 SendToMAC과 RecvFromMAC 인터페이스의 원형은 모두 AMSend와 Receive이지만 구현해야 될 함수는 uses(하부 컴포넌트의 함수들을 호출하는지)인지 아니면 provides(상위 컴포넌트가 해당 함수들을 호출하도록 구현해야 하는지)인지에 따라 달라지므로 FloodingM.nc 파일을 주의해서 분석하여야 한다.

13.2.4 FloodingM.nc 파일

FloodingM.nc 파일은 Flooding 프로토콜이 구현된 모듈 파일이다. FloodingM.nc 파일을 열면 다음과 같다.

```
 1: module FloodingM {
 2: provides {
 3:     interface StdControl;
 4:     interface AMSend as SendFromAPP;
 5:     interface Receive as RecvToAPP;
 6: }
 7: uses {
 8:   interface Timer<TMilli>;
 9:   interface ParameterInit<uint16_t> as SeedInit;
10:   interface Random;
11:   interface SplitControl as CommControl;
12:   interface AMSend as SendToMAC;
13:   interface Receive as RecvFromMAC;
14: }
15: }implementation {
16: message_t SendMsg, RecvMsg, ForwardMsg[MAX_Forward_Buff];
17: Route_Msg NWKF;
18: uint16_t Next_Addr;
19: uint8_t Forward_Buff_Index;
20: uint8_t RTable_Index;
21: uint8_t mySequence;
22: Route_Table RTable[MAX_RTABLE];

23: command error_t StdControl.start() {
24:   uint8_t i;
```

```
25:    uint16_t random_num;

26:    call SeedInit.init(TOS_NODE_ID);
27:    random_num = call Random.rand16();
28:    atomic {
29:      Next_Addr = AM_BROADCAST_ADDR;
30:      Forward_Buff_Index = 0;
31:      RTable_Index = 0;
32:      mySequence = (uint8_t) (random_num%0xFF);
33:      for (i=0;i<MAX_RTABLE;i++) {
34:              RTable[i].FinalDstAddr = UnknownAddr;
35:              RTable[i].OrigiSrcAddr = UnknownAddr;
36:              RTable[i].Sequence = 0xFF;
37:      }
38:    }
39:    call CommControl.start();
40:    return SUCCESS;
41:  }

42:  command error_t StdControl.stop() {return SUCCESS;}
43:  event void CommControl.startDone(error_t error) {}
44:  event void CommControl.stopDone(error_t error) {}

    ////////////////////////////////////////////////////////////////////
45:  void insertMSGtoRTable(message_t* msg) {
46:      Route_Msg pack;
47:      memcpy(&pack, call SendToMAC.getPayload(msg), sizeof(Route_Msg));
48 :    atomic{
49:              RTable[RTable_Index].FinalDstAddr = pack.FinalDstAddr;
50:              RTable[RTable_Index].OrigiSrcAddr = pack.OrigiSrcAddr;
51:              RTable[RTable_Index].Sequence = pack.Sequence;
52 :            RTable_Index++;
53 :            RTable_Index %= MAX_RTABLE;
54 :    }
55:  }

56:  bool isRecvPrevious (message_t* msg) {
57:      Route_Msg pack;
58:      bool return_status = 0;
59:      uint8_t i;

60:      memcpy(&pack, call SendToMAC.getPayload(msg), sizeof(Route_Msg));
61:      for (i=0;i<MAX_RTABLE;i++) {
62:              if (RTable[i].FinalDstAddr == pack.FinalDstAddr &&
63:                    RTable[i].OrigiSrcAddr == pack.OrigiSrcAddr &&
```

```
64:                          RTable[i].Sequence == pack.Sequence)
65:              {
66:                  return_status = 1;
67:                  break;
68:              }
69:        }
70:      return return_status;
71:  }


///////////////////////////////////////////////////////////////////////

72: command error_t SendFromAPP.send(…){
73:      Route_Msg Route_M;
74:      void *DataPayLoad = call SendToMAC.getPayload(msg);
75:      error_t return_status;

76:      Route_M.FrameControl = GeneralDataFrame;
77:      Route_M.FinalDstAddr = addr;
78:      Route_M.OrigiSrcAddr = TOS_NODE_ID;
79:      Route_M.Sequence = mySequence;
80:      Route_M.TTL = Default_TTL;
         …

81:      mySequence++;
82:      mySequence %= 0xFF;

83:      return_status = call SendToMAC.send(Next_Addr, &SendMsg, sizeof(Route_Msg));
84:      if (return_status == SUCCESS)
85:              insertMSGtoRTable(&SendMsg);
86:      return return_status;
87:  }

88: command error_t SendFromAPP.cancel(message_t* msg){
89:      return call SendToMAC.cancel(msg);
90:  }

91: command uint8_t SendFromAPP.maxPayloadLength(){
92:      return call SendToMAC.maxPayloadLength();
93:  }

94: command void* SendFromAPP.getPayload(message_t* msg){
95:      return call SendToMAC.getPayload(msg);
96:  }

97: event void SendToMAC.sendDone(message_t* msg, error_t error) {
```

```
 98:        signal SendFromAPP.sendDone(msg, error);
 99:   }


/////////////////////////////////////////////////////////////////

100:   task void RecvToAPP_task(){
101:      memcpy(&NWKF, …);
102:      signal RecvToAPP.receive(…);
103:   }

104:   task void Forwarding_task(){
105:      if (call SendToMAC.send(…))==SUCCESS)
106:              insertMSGtoRTable(&ForwardMsg[Forward_Buff_Index]);
107:   }

108:   event message_t* RecvFromMAC.receive(...) {

109:      Route_Msg *pack = (Route_Msg *) call SendToMAC.getPayload(msg);

110:      if (pack→FinalDstAddr == TOS_NODE_ID) {

111: #ifndef SHOW_OVERLAP_PACKET //Makefile에서 기술하는 값
112:        if (!isRecvPrevious(msg))
113: #endif
114:        {
                 …
115:                post RecvToAPP_task();
116:        }

117:      }else{
118:       if (!isRecvPrevious(msg)){
119:         if (pack→TTL>0) {
120:              pack→TTL--;

121:              Forward_Buff_Index++;
122:              Forward_Buff_Index %= MAX_Forward_Buff;
123:           memcpy(…);

                 // Change Route Field
                 {
124:               Route_Msg Forward_NWKF;
125:               memcpy (…);
126:            sizeof(Route_Msg);
127:               Forward_NWKF.FrameControl = ForwardDataFrame;
128:               if (Forward_NWKF.Dst2_for_multihop == UnknownAddr){
```

```
129:                    Forward_NWKF.Dst2_for_multihop = TOS_NODE_ID;
130:                }else{
131:                    Forward_NWKF.Dst3_for_multihop
 = Forward_NWKF.Dst2_for_multihop;
132:                    Forward_NWKF.Dst2_for_multihop = TOS_NODE_ID;
133:                }
134:                memcpy (…);
135:            }
136:            post Forwarding_task();
137:        }
138:      }
139:    }
140:    return msg;
141: }

142: command void* RecvToAPP.getPayload(message_t* msg, uint8_t* len){
143:    return call RecvFromMAC.getPayload(msg, len);
144: }

145: command uint8_t RecvToAPP.payloadLength(message_t* msg){
146:    return call RecvFromMAC.payloadLength(msg);
147: }

148: event void Timer.fired() {}

149:}
```

23: StdControl.start() 함수는 Adhoc_APPM.nc의 call RControl.start(); 코드에 의해 호출되는 함수이다. 이 함수에서는 Flooding 프로토콜에서 사용하는 여러 가지 변수를 초기화시킨다.

72: SendFromAPP.send 함수는 Adhoc_APPM.nc에서 생성한 packet이 Rout_Send.send 함수에 의해 호출될 때를 위해 만들어진 함수이다. 이 함수에서는 application에서 전달한 패킷을 Route_Msg 구조체의 payload에 저장하고 flooding 시 필요한 라우팅 헤더 필드를 채워 넣게 된다. 코드 83라인에서 SendToMAC.send 함수를 통해 생성된 라우팅 패킷을 AMSenderC 컴포넌트로 전송한다. 만약 AMSenderC 컴포넌트로 전송이 성공했다면, insertMSGtoRTable() 함수를 호출(85라인)하여 전송한 패킷의 정보를 자신의 라우팅 테이블에 저장한다.

88~99: AMSend 인터페이스의 sub 함수들에 대한 구현 코드들이다.

108: AMReceiverC 컴포넌트로부터 RF 데이터를 받게 되었을 때 호출되는 event 함수이다. 이 함수에서는 먼저 받은 패킷의 최종 목적지 주소가 자신의 주소와 같은지 검사한다(110라인). 만약 최종 목적지 주소가 자신의 주소와 같다면 해당 패킷을 RecvToApp_task 함수를 통해 상위 application으로 전달한다. 만약 자신이 최종 목적지 주소가 아니라면 해당 패킷을 포워딩하기 위해 몇 가지 조건을 체크한다. 먼저 isRecvPrevious() 함수를 사용하여 예전에 전송한 적이 있었던 패킷인지 검사한다. 만약 이미 예전에 전송했던 패킷이라면 두 번 포워딩할 필요가 없으므로 바로 리턴한다. 하지만 처음 받은 패킷(119라인 이하)이라면 먼저 패킷의 TTL 값을 체크하여 0보다 큰지를 검사한다. TTL 값이 0일 경우 해당 패킷을 포워딩하지 않는다. 하지만 TTL 값이 0보다 클 경우, 받은 패킷을 포워딩하기 위해 라우팅 헤더 필드의 값을 약간 수정한 후 Forwarding_task( ) 함수를 통해 패킷을 AMSenderC 컴포넌트로 전송한다.

142~147: Receive 인터페이스의 sub 함수들에 대한 구현 코드들이다.

13.2.5 Adhoc_App.h 파일

Adhoc_App.h 헤더 파일에는 application에서 사용되는 여러 정의값 및 application 패킷의 구조체 Adhoc_APP_Msg가 정의되어 있다. 해당 구조체의 내용은 다음과 같다.

```
typedef struct
{
    uint16_t App_Seq;                //Applicaton Sequence 번호
uint16_t Sender_Addr;                //Sender 주소
    uint16_t App_Data[DATA_MAX]; //데이터
}Adhoc_APP_Msg;
```

13.2.6 Adhoc_Route.h 파일

Adhoc_Route.h 헤더 파일에는 라우팅 계층에서 사용되는 여러 정의값 및 라우팅 패킷의 구조체 Route_Msg가 정의되어 있다. 해당 구조체의 내용은 다음과 같다.

```
typedef struct {
        // 라우팅 헤더들
          uint16_t FrameControl; //전송되는 라우팅 패킷 Type
        uint16_t FinalDstAddr; //최종 수신 노드 주소
          uint16_t OrigiSrcAddr; //처음 데이터를 생성한 노드 주소
          uint8_t  Sequence;    //라우팅 Sequence 번호
          uint8_t  TTL;         //최대 패킷 포워딩 숫자
          uint16_t Dst2_for_multihop; //포워딩에 참석한 노드 주소 1
          uint16_t Dst3_for_multihop; //포워딩에 참석한 노드 주소 2

        // applicatoin 데이터
          Adhoc_APP_Msg AppData; //App에서 사용하는 데이터 구조체
} __attribute__ ((packed)) Route_Msg;
```

13.3 Flooding 실습

13.3.1 실습 준비물

Host PC, 모트 여러 개, ISP 프로그램 툴, 프린터 케이블, USB 케이블

13.3.2 실습 시스템 구성

먼저 Cygwin을 시작한다. 다음과 같이 입력하여 예제 폴더로 이동한다.

```
cd /opt/tinyos-2.x/contrib/zigbex
cd Adhoc_Flooding
```

이제 make zigbex를 입력하여 컴파일을 한다.

- "make zigbex reinstall.X" 명령을 사용하여 0번부터 원하는 번호까지의 hex 파일
  을 생성한다.

❖ **PonyProg ISP를 이용하여 ZigbeX로 프로그램 다운로드**

PonyProg를 실행한 후, 실습 1~3장의 <PonyProg ISP 프로그램을 이용하여 ZigbeX로 다운로드>를 참조하여 실습 예제를 ZigbeX로 다운로드한다.

❖ **USB_ISP 혹은 AVR_ISP 보드를 이용하여 ZigbeX로 프로그램 다운로드〉**

AVR Studio4를 실행한 후, 실습 1~3장의 <USB_ISP 보드를 이용하여 ZigbeX로 다운로드>를 참조하여 실습 예제를 ZigbeX로 다운로드한다.

13.4 실습 결과

0번 노드가 전송하는 시리얼 패킷을 시리얼 프로그램을 통해 확인하여 어느 노드로부터 전송된 패킷이진 분석해 본다. 또한 Makefile의 아래 두 라인을 변경(# 제거)해 가면서 테스트하여 sink가 받은 패킷의 출력이 어떻게 변하는지 확인해 본다.

```
#CFLAGS += -DSHOW_ROUTE_HEADER=1
#CFLAGS += -DSHOW_OVERLAP_PACKET=1
```

무선 Ad-hoc Gossiping 네트워크 실습

Gossiping 프로토콜은 1홉 내의 모든 이웃 노드에게 브로드캐스트하는 Flooding 방식과는 달리, 데이터를 수신한 뒤 확률에 따라 포워딩 여부를 결정함으로써 Flooding의 비효율성을 개선한 프로토콜이다. 이번 장에서는 Gossiping 프로토콜의 기본 알고리즘 및 특징을 살펴보고, TinyOS 2.x에서 작성된 Gossiping 프로토콜 예제를 실습해 보도록 하겠다.

실습목표

- Gossiping 프로토콜의 기본 알고리즘에 대해서 이해한다.
- Gossiping 프로토콜의 장/단점을 이해한다.
- 실제 Gossiping 예제를 테스트해 본다.

14.1 기본 지식

앞에서 우리는 Flooding 프로토콜의 여러 문제점들을 살펴보았다. 이번 장에서 공부할 Gossiping 프로토콜에서는 너무 많은 노드가 포워딩에 참여함으로써 발생될 수 있는 여러 문제점들을 해결하기 위해 확률적 패킷 전송 방식을 사용한다. 만약 주변 노드로부터 포워딩해야 할 데이터를 받을 경우 무조건 포워딩하는 것이 아니라 랜덤값을 뽑아 일정 확률일 경우만 포워딩에 참석하고 그렇지 않을 경우에는 패킷을 drop시켜버리는 것이다. 다음 코드는 Gossiping 프로토콜에서 80% 확률로 데이터 포워딩에 참석할 경우의 비교 코드를 보여주고 있다.

```
#define Gossiping_Percentage 80 // Maximum Gossiping_Percentage is 100
...
RandNum_for_Gossiping = call Random.rand16();
Compare_Percentage = (uint8_t) (RandNum_for_Gossiping%100);
if (Compare_Percentage > Gossiping_Percentage)
        return msg; // drop packet
 else
        Forwarding_task(); // forward packet
```

즉, 모든 노드에게 브로드캐스트하는 Flooding 기법과는 다르게 미리 정의된 수학적 확률에 따라 데이터 Flooding에 참석여부를 결정함으로써 전송에 참여하는 노드의 숫자를 획기적으로 줄일 수 있다. 줄어든 참여 노드의 숫자는 전송 패킷 숫자의 감소를 의미함으로 네트워크 오버헤드 면이나 전송 에너지 면에서 기존 Flooding 기법에 비해 매우 효과적이다. Gossiping 프로토콜의 동작을 예제로 설명해 보도록 하겠다.

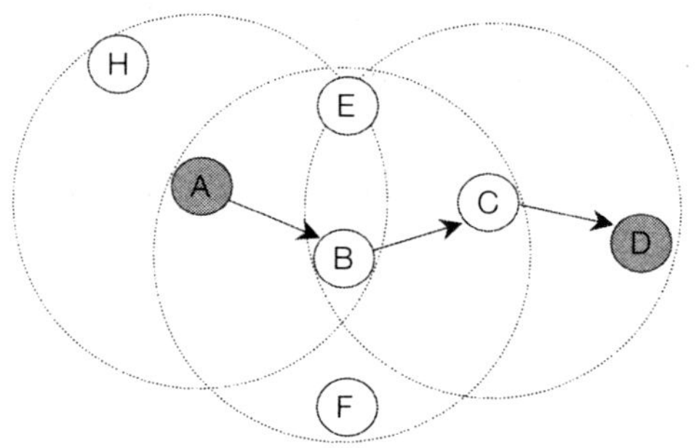

그림 14-1 ▌ Gossiping 프로토콜의 동작(효과적으로 동작되었을 경우)

현재, 노드 A가 노드 D에게 전송할 데이터를 가지고 있는 상황이다. 노드 A는 주변 이웃 노드 B, H, E에게 자신이 가진 데이터를 브로드캐스트한다. 데이터를 받은 3노드들 중 B는 랜덤값이 지정한 확률 숫자 범위 내로 나와 패킷 포워딩에 참석하였다. 그리고 B가 포워딩하는 데이터를 받은 노드 C도 마찬가지 경우로 포워딩에 참석하게 된다면, 패킷의 경로는 A → B → C → D가 된다. 그리고 나머지 H, E, F 노드들은 랜덤값이 높게 나와 포워딩에 참석하지 않았다. 기존의 Flooding 프로토콜인 경우에는 노드 A에서 노드 D에게로 패킷을 전송하기 위해 전체 노드(A, B, C, E, F, H)가 패킷 포워딩에 참석해야 했지만, Gossiping 프로토콜에서는 이 예제에서처럼 노드 A, B, C의 전송만으로 원하는 데이터를 목적 노드에게 전달할 수 있다.

하지만 Gossiping 프로토콜도 단점을 가지고 있다. 위의 예제는 Gossiping 프로토콜이 가장 효과적으로 동작하였을 때의 예이다. Gossiping 프로토콜에서는 포워딩에 참석할 여부를 랜덤하게 선택하기 때문에, 효과적으로만 이웃 노드들을 선택하는 것은 아니다. 최악의 경우 노드 C가 높은 랜덤값을 뽑아 포워딩에서 참석하지 않는다면 노드 D는 결국 노드 A의 데이터를 받을 수 없다. 다음 그림과 같이 중간 포워딩 노드에서 조금만 잘못 패킷을 포워딩하게 되면 패킷은 손실되어버릴 가능성이 존재한다.

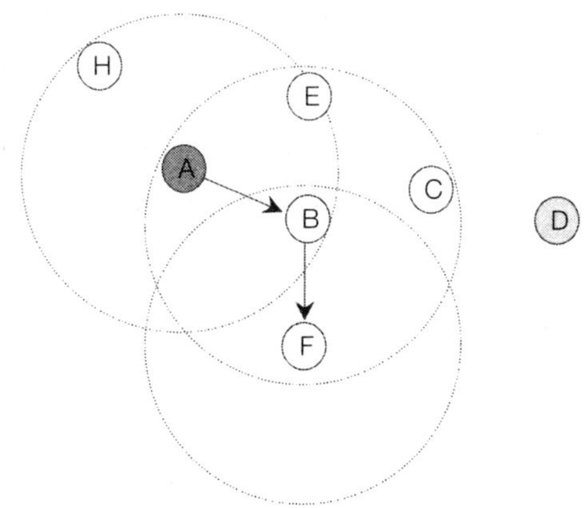

그림 14-2 ┃ Gossiping 프로토콜의 동작(잘못 동작되었을 경우)

결국 Gossiping 형태의 라우팅 프로토콜은 네트워크에 있는 모든 노드가 참여하는 Flooding 기법에 비해 목적 노드에 도착하는 패킷의 도착률(delivery ratio)은 낮을 수밖에 없다. 통신 에너지 소모 면에서나 네트워크 오버헤드 면에서는 Gossiping 프로토콜이 효과적일 수 있지만, 패킷 도착률 면에서는 Flooding 프로토콜이 보다 효과적이다. 네트워크 관리자는 설치할 네트워크의 목적에 맞게 적합한 라우팅 프로토콜을 선택해야 한다.

14.2 Adhoc_Gossiping 프로그램

Adhoc_Gossiping 프로그램은 3초마다 자신이 생성한 데이터를 Gossiping 기법을 통해 0번 노드(Sink 노드: PC와 연결된 센서 노드)에게 전송하는 예제이다. Adhoc_Gossiping 프로그램은 앞장에서 공부한 Adhoc_Flooding 프로그램과 같은 Application 컴포넌트를 가지며, 단지 라우팅 컴포넌트만 FloodingC.nc와 FloodingM.nc 파일 대신 GossipingC.nc 파일과 GossipingM.nc 파일로 변경되었다. Adhoc_Gossiping 프로그램에서 사용되는 Adhoc_App.nc 파일과 Adhoc_AppM.nc 파일은 앞장에서 이미 설명한 것이므로 생략하도록 하겠다.

14.2.1 GossipingC.nc 파일

GossipingC 컴포넌트는 Gossiping 프로토콜의 구현을 위해 작성된 configuration 파일이다. 해당 파일은 앞장에서 공부한 FloodingC와 같이 상위 컴포넌트를 위해 StdControl, SendFromAPP, RecvToAPP 인터페이스를 제공하며, 하부 컴포넌트로는 실제 RF 데이터 전송을 담당하는 AtiveMessageC, AMSenderC, AMReceiverC 컴포넌트를 가지고 있다. 그 밖에 라우팅 헤더에서 사용되는 패킷 Seq의 초기값 및 포워딩 참석 여부를 결정하기 위해 사용하는 RandomC 컴포넌트와 현재는 사용하지 않지만 나중에 확장을 위해 선언만 해둔 TimerMilliC 컴포넌트가 존재한다.

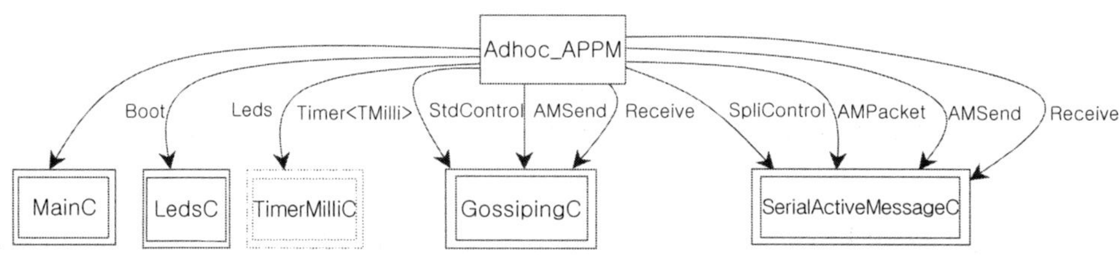


```
1: #include "Adhoc_Route.h"
2: configuration GossipingC {
3:  provides interface StdControl;
4:  provides interface AMSend as SendFromAPP;
5:  provides interface Receive as RecvToAPP;

6: }implementation{
```

```
 7:  components GossipingM as RouteM
 8:          , new TimerMilliC(), RandomC
 9:          , ActiveMessageC as MAC
10:          , new AMSenderC(RF_GOSSIPING_DATA)
11:          , new AMReceiverC(RF_GOSSIPING_DATA);

12:  StdControl  = RouteM;
13:  SendFromAPP = RouteM;
14:  RecvToAPP = RouteM;

15:  RouteM.Timer  → TimerMilliC;
16:  RouteM.SeedInit → RandomC;
17:  RouteM.Random → RandomC;
18:  RouteM.CommControl → MAC;
19:  RouteM.SendToMAC → AMSenderC;
20:  RouteM.RecvFromMAC → AMReceiverC;
21:}
```

14.2.2 GossipingM.nc 파일

GossipingM.nc 파일은 Gossiping 프로토콜이 구현되어 있는 모듈 파일이다. GossipingM.nc 파일을 열면 다음과 같다.

```
 1: module GossipingM {
 2:  provides {
 3:      interface StdControl;
 4:      interface AMSend as SendFromAPP;
 5:      interface Receive as RecvToAPP;
 6:  }
 7:  uses {
 8:    interface Timer<TMilli>;
 9:    interface ParameterInit<uint16_t> as SeedInit;
10:   interface Random;
11:   interface SplitControl as CommControl;
12:   interface AMSend as SendToMAC;
13:   interface Receive as RecvFromMAC;
14:  }
15: }implementation {

//////////////////////////////////////////////////
    // Maximum Gossiping_Percentage is 100 //
```

```
16:   #define Gossiping_Percentage 80
      /////////////////////////////////////////

17:   message_t SendMsg, RecvMsg, ForwardMsg[MAX_Forward_Buff];
18:   Route_Msg NWKF;
19:   uint8_t Forward_Buff_Index;
20:   uint8_t RTable_Index;
21:   uint8_t mySequence;
22:   Route_Table RTable[MAX_RTABLE];

23:   command error_t StdControl.start() {
24:     uint8_t i;
25:     uint16_t random_num;

26:     call SeedInit.init(TOS_NODE_ID);
27:     random_num = call Random.rand16();
28:     atomic {
29:       Next_Addr = AM_BROADCAST_ADDR;
30:       Forward_Buff_Index = 0;
31:       RTable_Index = 0;
32:       mySequence = (uint8_t) (random_num%0xFF);
33:       for (i=0;i<MAX_RTABLE;i++) {
34:               RTable[i].FinalDstAddr = UnknownAddr;
35:               RTable[i].OrigiSrcAddr = UnknownAddr;
36:               RTable[i].Sequence = 0xFF;
37:       }
38:     }
39:     call CommControl.start();
40:     return SUCCESS;
41:   }

42:   command error_t StdControl.stop() {return SUCCESS;}
43:   event void CommControl.startDone(error_t error) {}
44:   event void CommControl.stopDone(error_t error) {}

      ////////////////////////////////////////////////////////////////////
45:   void insertMSGtoRTable(message_t* msg) {
46:       Route_Msg pack;
47:       memcpy(&pack, call SendToMAC.getPayload(msg), sizeof(Route_Msg));
48 :     atomic{
49:               RTable[RTable_Index].FinalDstAddr = pack.FinalDstAddr;
50:               RTable[RTable_Index].OrigiSrcAddr = pack.OrigiSrcAddr;
51:               RTable[RTable_Index].Sequence = pack.Sequence;
52 :             RTable_Index++;
53 :             RTable_Index %= MAX_RTABLE;
```

```
54 :      }
55 : }

56 : bool isRecvPrevious (message_t* msg) {
57:      Route_Msg pack;
58:      bool return_status = 0;
59:      uint8_t i;

60:      memcpy(&pack, call SendToMAC.getPayload(msg), sizeof(Route_Msg));
61:      for (i=0;i<MAX_RTABLE;i++) {
62:              if (RTable[i].FinalDstAddr == pack.FinalDstAddr &&
63:                      RTable[i].OrigiSrcAddr == pack.OrigiSrcAddr &&
64:                      RTable[i].Sequence == pack.Sequence)
65:              {
66:                      return_status = 1;
67:                      break;
68:              }
69:      }
70:      return return_status;
71: }


/////////////////////////////////////////////////////////////////////

72: command error_t SendFromAPP.send(…){
73:      Route_Msg Route_M;
74:      void *DataPayLoad = call SendToMAC.getPayload(msg);
75:      error_t return_status;

76:      Route_M.FrameControl = GeneralDataFrame;
77:      Route_M.FinalDstAddr = addr;
78:      Route_M.OrigiSrcAddr = TOS_NODE_ID;
79:      Route_M.Sequence = mySequence;
80:      Route_M.TTL = Default_TTL;
         …

81:      mySequence++;
82:      mySequence %= 0xFF;

83:      return_status = call SendToMAC.send(Next_Addr, &SendMsg, sizeof
(Route_Msg));
84:      if (return_status == SUCCESS)
85:              insertMSGtoRTable(&SendMsg);
86:      return return_status;
87: }
```

```
 88:  command error_t SendFromAPP.cancel(message_t* msg){
 89:     return call SendToMAC.cancel(msg);
 90:  }

 91:  command uint8_t SendFromAPP.maxPayloadLength(){
 92:     return call SendToMAC.maxPayloadLength();
 93:  }

 94:  command void* SendFromAPP.getPayload(message_t* msg){
 95:     return call SendToMAC.getPayload(msg);
 96:  }

 97:  event void SendToMAC.sendDone(message_t* msg, error_t error) {
 98:     signal SendFromAPP.sendDone(msg, error);
 99:  }

      ///////////////////////////////////////////////////////////////////

100:  task void RecvToAPP_task(){
101:     memcpy(&NWKF, …);
102:     signal RecvToAPP.receive(…);
103:  }

104:  task void Forwarding_task(){
105:     if (call SendToMAC.send(…))==SUCCESS)
106:           insertMSGtoRTable(&ForwardMsg[Forward_Buff_Index]);
107:  }

108:  event message_t* RecvFromMAC.receive(...) {

109:     Route_Msg *pack = (Route_Msg *) call SendToMAC.getPayload(msg);

110:     if (pack→FinalDstAddr == TOS_NODE_ID) {

111: #ifndef SHOW_OVERLAP_PACKET //Makefile에서 기술하는 값
112:        if (!isRecvPrevious(msg))
113: #endif
114:        {
                …
115:           post RecvToAPP_task();
116:        }
117:     }else{
118:       if (!isRecvPrevious(msg)){
119:         if (pack→TTL>0) {
```

```
                //////////////////// Gossiping Algorithm ////////////////////
120:        uint16_t RandNum_for_Gossiping = call Random.rand16();
121:        uint8_t Compare_Percentage
122:                    = (uint8_t) (RandNum_for_Gossiping%100);
123:        if (Compare_Percentage > Gossiping_Percentage)
124:            return msg; // do not forward packet.
                ////////////////////////////////////////////////////////////

125:            pack->TTL-;
126:            Forward_Buff_Index++;
127:            Forward_Buff_Index %= MAX_Forward_Buff;
128:        memcpy(…);

                // Change Route Field
                {
129:              Route_Msg Forward_NWKF;
130:              memcpy (…);
131:            sizeof(Route_Msg));
132:            Forward_NWKF.FrameControl = ForwardDataFrame;
133:            if (Forward_NWKF.Dst2_for_multihop == UnknownAddr){
134:                Forward_NWKF.Dst2_for_multihop = TOS_NODE_ID;
135:            }else{
136:                Forward_NWKF.Dst3_for_multihop
 = Forward_NWKF.Dst2_for_multihop;
137:                Forward_NWKF.Dst2_for_multihop = TOS_NODE_ID;
138:            }
139:            memcpy (…);
140:        }
141:            post Forwarding_task();
142:        }
143:      }
144:    }
145:    return msg;
146: }

147: command void* RecvToAPP.getPayload(message_t* msg, uint8_t* len){
148:    return call RecvFromMAC.getPayload(msg, len);
149: }

150: command uint8_t RecvToAPP.payloadLength(message_t* msg){
151:    return call RecvFromMAC.payloadLength(msg);
152: }
153: event void Timer.fired() {}
154:}
```

GossipingM.nc 파일은 FloodingM.nc 파일 기반으로 만들어졌기 때문에 Gossiping 알고리즘이 들어간 코드를 제외하고 FloodingM.nc 파일과 매우 유사하다. 중복된 설명을 피하기 위해 GossipingM.nc 파일에서 달라진 코드만 설명하도록 하겠다.

16: Gossiping에서 데이터를 포워딩할 확률을 정의하는 define 코드이다. 해당 정의값을 변경하면 Gossiping의 포워딩 확률을 조정할 수 있다.

120: 포워딩해야 할 RF 데이터를 받았을 때, 랜덤 함수를 통해 확률을 비교하는 코드이다. 먼저 랜덤값을 랜덤 함수를 통해 받고, 해당 랜덤 변수를 %100을 통해 100 이하의 값이 되도록 한다. 그리고 코드 16 라인에서 정의한 Gossiping_Percentage와 해당 랜덤 변수를 비교하여 패킷을 drop할지 포워딩할지 결정한다.

14.2.3 Adhoc_App.h와 Adhoc_Route.h 파일

Application에서 사용하는 Adhoc_App.h와 Gossiping에서 사용하는 Adhoc_Route.h 파일은 모두 Adhoc_Flooding 예제에서 사용한 헤더 파일과 동일하다. 즉, 두 예제 모두 같은 Adhoc_APP_Msg와 Route_Msg 구조체를 사용한다.

14.3 Gossiping 실습

14.3.1 실습 준비물

Host PC, 모트 여러 개, ISP 프로그램 툴, 프린터 케이블, USB 케이블

14.3.2 실습 시스템 구성

먼저 Cygwin을 시작한다. 다음과 같이 입력하여 예제 폴더로 이동한다.

```
cd /opt/tinyos-2.x/contrib/zigbex
cd Adhoc_Gossiping
```

이제 make zigbex를 입력하여 컴파일을 한다.

- "make zigbex reinstall.X" 명령을 사용하여 0번부터 원하는 번호까지의 hex 파일을 생성한다.

❖ **PonyProg ISP를 이용하여 ZigbeX로 프로그램 다운로드**

PonyProg를 실행한 후, 실습 1~3장의 <PonyProg ISP 프로그램을 이용하여 ZigbeX로 다운로드>를 참조하여 실습 예제를 ZigbeX로 다운로드한다.

❖ **USB_ISP 혹은 AVR_ISP 보드를 이용하여 ZigbeX로 프로그램 다운로드**

AVR Studio4를 실행한 후, 실습 1~3장의 <USB_ISP 보드를 이용하여 ZigbeX로 다운로드>를 참조하여 실습 예제를 ZigbeX로 다운로드한다.

14.4 실습 결과

0번 노드가 전송하는 시리얼 패킷을 시리얼 프로그램을 통해 확인하여 어느 노드로부터 전송된 패킷이진 분석해 본다. 또한 Makefile의 다음 두 라인을 변경(# 제거)해가면서 테스트하여 sink가 받은 패킷의 출력이 어떻게 변하는지 확인해 본다.

```
#CFLAGS += -DSHOW_ROUTE_HEADER=1
#CFLAGS += -DSHOW_OVERLAP_PACKET=1
```

Tree 라우팅을 이용한 멀티 홉

이번 장에서는 한백전자 모트에 존재하는 조도, 온도, 습도 그리고 적외선 값을 모두 센싱한 후, Tree 라우팅으로 구성된 멀티 홉 네트워크를 통해 센싱한 데이터를 Sink로 전달하는 예제를 공부해 볼 것이다. 본 장을 통해 그 동안 배운 실습 내용들을 복습해 보고, 한백전자 모트를 이용한 USN 프로그래밍 기법들을 완전히 익힐 수 있기를 희망한다.

- 모트의 여러 센서들을 차례로 호출하는 방법
- Tree 라우팅에 대한 이해 및 응용
- 여러 개의 센서들을 이용한 실제 멀티 홉 네트워크 구축

15.1 기초 지식

이번 장의 기초 지식으로서, Tree 라우팅에 대한 일반적인 특성과 한백전자 모트를 위해 개발된 TreeRouting 컴포넌트에 대해 알아보도록 하겠다.

15.1.1 **Tree 라우팅**

Tree 라우팅이란, Sink 노드가 root가 되어 주변 노드들과 tree 구조의 네트워크를 형성시켜 주는 라우팅 프로토콜을 의미한다. Tree 라우팅은 무선 센서 네트워크와 같이 최종 목적지 노드가 sink로 거의 고정된 네트워크에서 매우 효과이다. Tree 라우팅에서 형성된 토폴로지에서는 특성상 라우팅 패스가 루프를 형성할 수 없다. 또한, 상위 계층의 부모 노드에게 데이터를 전달하다 보면 결국 Root 노드인 Sink 노드로 데이터가 전달되는 특성을 지닌다. 각 노드들은 멀티 홉 라우팅을 위해 복잡한 라우팅 패스를 유지할 필요없이, 자신의 상위 부모 노드의 주소만 유지함으로써 멀티 홉 라우팅이 가능하다. 그림 15-1은 Tree 라우팅 프로토콜에서 형성되는 토폴로지를 보여주고 있다. Root인 Sink로부터 홉 수에 따라 계층이 형성되기 때문에, Sink는 주기적으로 자신의 존재를 나타내는 hello(혹은 Beacon) 패킷을 브로드캐스트하여야 한다. Sink로부터 hello 패킷을 받게 되는 노드들은 자신이 sink로부터 1hop이 되는 것을 인지하고 그 정보를 다시 자신의 hello 패킷(이때, 해당 hello 패킷의 hop은 하나 증가된다)에 넣어 주기적으로 브로드캐스트한다. 이러한 방식으로 네트워크에 존재하는 모든 노들은 sink로부터 몇 hop만큼 떨어져 있는지 알게 된다.

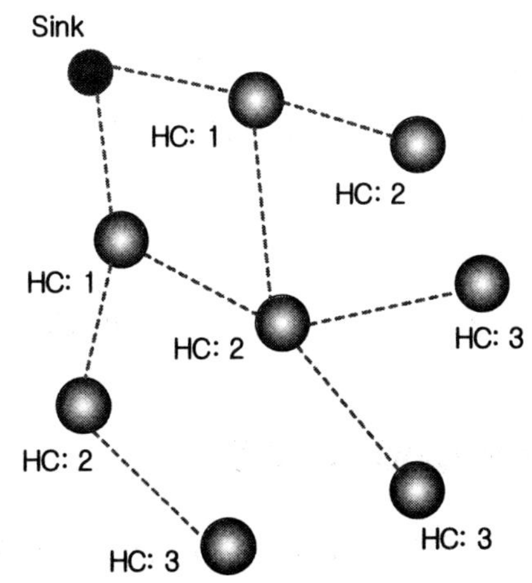

그림 15-1 ▌Tree 라우팅에서 형성되는 토폴로지

15.1.2 한백전자 모트에서의 Tree 라우팅 컴포넌트

한백전자에서는 Tree 라우팅을 테스트해 보기 위해 Hanback_TestTree라는 예제를 TinyOS 2.X에 제작하였다. Hanback_TestTree 예제는 라우팅 컴포넌트로서 Hanback_TreeRoutingC라는 Tree 라우팅 컴포넌트를 가진다. 해당 Tree 컴포넌트는 약 10초마다 주기적으로 Beacon(=hello) 패킷을 생성하여 자신의 존재를 주변 노들에게 알리고, Beacon의 패킷의 홉 수를 기준으로 자신의 상위 부모 노드를 선택하는 라우팅 프로토콜이다. 주변 노드들의 정보를 위해 5개의 라우팅 테이블을 유지하며, 홉 수가 같을 시 LQI와 RSSI 값을 기준으로 최적의 부모 노드를 선택한다.

15.2 Hanback_TestTree 예제

이번 장에서 다룰 Hanback_TestTree 예제는 한백전자 모트를 샀을 때 기본적으로 다운로드되어 있는 프로그램이다. Hanback_TestTree 예제는 3초마다 모트에 있는 온도/습도/조도/적외선 센서들의 센싱값을 읽어 들인 후, 멀티 홉 프로토콜인 Tree 라우팅을 통해 멀리 떨어져 있는 Sink 노드에게 전달한다. Sink 노드는 무선으로부터 받은 데이터를 PC로 전달하고, 사용자는 윈도우 프로그램인 Viewer.exe를 통해 현재 무선 네트워크의 토폴로지 및 각 모트들의 센싱 데이터를 확인할 수 있다.

본 예제 프로그램은 TinyOS가 설치된 다음 폴더에서 찾을 수 있다.

Cygwin 설치폴더 \opt\tinyos-2.x\contrib\zigbex\ Hanback_TestTree 폴더 참조

15.2.1 Hanback_TestTreeAppC.nc 파일

Hanback_TestTreeAppC.nc 파일에는 Hanback_TestTree 예제에서 사용할 여러 컴포넌트들이 선언 및 컴포넌트 간의 연결이 기술되어 있다. 해당 파일을 살펴보면 다음과 같다.

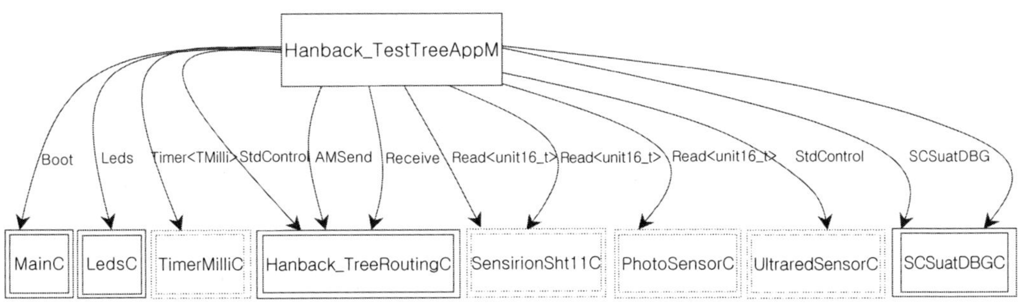


```
 1: includes Hanback_TestTree;

 2: configuration Hanback_TestTreeAppC {}
 3: implementation {
 4:  components MainC, Hanback_TestTreeAppM
 5:          , new TimerMilliC()
 6:          , LedsC;

 7:  Hanback_TestTreeAppM.Boot  → MainC;
 8:  Hanback_TestTreeAppM.Leds  → LedsC;
 9:  Hanback_TestTreeAppM.Timer → TimerMilliC;

    // Routing Components
10:  components Hanback_TreeRoutingC as Route;
11:  Hanback_TestTreeAppM.RControl      → Route;
12:  Hanback_TestTreeAppM.Rout_Send  → Route;
13:  Hanback_TestTreeAppM.Rout_Receive → Route;

    // Sensors Components
14: components new SensirionSht11C(), new PhotoSensorC(), new UltraredSensorC();
15:  Hanback_TestTreeAppM.Read_Humi → SensirionSht11C.Humidity;
16:  Hanback_TestTreeAppM.Read_Temp → SensirionSht11C.Temperature;
17:  Hanback_TestTreeAppM.Read_Photo → PhotoSensorC;
18:  Hanback_TestTreeAppM.Read_Ultrared → UltraredSensorC;

    // Uart Components
19:  components SCSuartDBGC;
20:  Hanback_TestTreeAppM.SCSuartSTD → SCSuartDBGC;
21:  Hanback_TestTreeAppM.SCSuartDBG → SCSuartDBGC;

22: }
```

Hanback_TestTreeAppC.nc 파일에서는 application에서 사용할 define 및 패킷 포멧을

정의하고 있는 Hanback_TestTree.h 파일을 include한 후, Hanback_TestTree 예제에서 사용할 여러 하부 컴포넌트들을 기술하고 있다. Hanback_TreeRoutingC 컴포넌트는 Tree 라우팅이 구현된 컴포넌트이고, SensirionSht11C( ), PhotoSensorC( ), UltraredSensorC( ) 컴포넌트들은 한백전자 모트에 존재하는 센서들을 컨트롤하기 위한 컴포넌트들이다. 그리고SCSuartDBGC 컴포넌트는 Sink 노드가 무선으로로부터 받은 데이터를 PC로 전송하기 위해서 사용되는 시리얼 컴포넌트이다. 해당 컴포넌트는 SerialActiveMessageC 컴포넌트와는 다르게 message_t 구조체 형식이 아닌 자신이 원하는 데이터 형식을 시리얼로 바로 전달할 수 있다.

15.2.2 Hanback_TestTreeAppM.nc 파일

Hanback_TestTree 예제 프로그램의 module인 Hanback_TestTreeAppM.nc 파일을 열면 다음과 같은 소스코드를 확인할 수 있다.

```
 1: module Hanback_TestTreeAppM {
 2:  uses {
 3:     interface Boot;
 4:     interface Timer<TMilli>;
 5:     interface Leds;

 6:     interface StdControl as RControl;
 7:     interface AMSend as Rout_Send;
 8:     interface Receive as Rout_Receive;
 9:  }
    // Sensor interfaces
10:  uses {
11:      interface Read<uint16_t> as Read_Humi;
12:      interface Read<uint16_t> as Read_Temp;
13:      interface Read<uint16_t> as Read_Photo;
14:      interface Read<uint16_t> as Read_Ultrared;
15:  }
    // Uart interfaces
16:  uses {
17:      interface StdControl as SCSuartSTD;
18:      interface SCSuartDBG;
19:  }

20: } implementation {
```

```
21:  message_t TXData;
22:  //// sensor data ////
23:  uint16_t myTemp=0xFFFF;
24:  uint16_t myHumi=0xFFFF;
25:  uint16_t myPhoto=0xFFFF;
26:  uint16_t myUltrared=0xFFFF;
27:  uint16_t Raw_Temp=0xFFFF; //Raw temp info
   /////////////////////

28:  void calc_SHT_(uint16_t p_humidity ,uint16_t p_temperature);

29:  event void Boot.booted() {
     ...
30:    call SCSuartSTD.start();31:    call RControl.start();
32:    if (TOS_NODE_ID != SinkAddress)
33:    {
34:      call Timer.startPeriodic(DATA_TIME);
35:    }
     ...// Turn LEDs according to TOS_NODE_ID
36:  }

37:  event void Timer.fired() {
38:    call Leds.led2Toggle();
39:    call Read_Photo.read(); //get photo, temp., humi., ultrared data
40:  }

41:  task void transmit_frame(){
42:      DataFrameStruct DFS;

43:      call Leds.led1On();

44:      DFS.Temp = myTemp;
45:      DFS.Humi = myHumi;
46:      DFS.Photo      = myPhoto;
47:      DFS.Ultrared      = myUltrared;
48:      memcpy (call Rout_Send.getPayload(&TXData), &DFS, sizeof
(DataFrameStruct));
49:      call Rout_Send.send(SinkAddress, &TXData, sizeof(DataFrameStruct));
50:  }

51:  event void Rout_Send.sendDone(message_t* m, error_t err) {
52:    if (err == SUCCESS)
53:      call Leds.led1Off();
54:  }
```

```
55:  event message_t* Rout_Receive.receive(…) {

56:    if (TOS_NODE_ID == SinkAddress)
57:    {
58:      uint8_t UART_Buff[65], *UART_Buff_p;
59:      uint8_t UART_Buff_len = 0, i;
60:      NWKFrame NWKF;
61:      DataFrameStruct DFS;
62:      UartFrameStruct UFS;
63:      uint8_t rawheader[2], rawtail;

64:      rawheader[0] = 0x7E;
65:      rawheader[1] = 0x42;
66:      rawtail      = 0x7E;

67:      memcpy(&NWKF,  call Rout_Send.getPayload(msg), sizeof(NWKFrame));
68:      memcpy(&DFS, NWKF.UpperData, sizeof(DataFrameStruct));
69:      UART_Buff_p = (uint8_t *)&UFS;

70:      {
71:              uint32_t Packet_Seq = (uint32_t) NWKF.SeqNum;
72:              int16_t SrcAddr = NWKF.SrcAddr;

73:              UART_Buff[0]      = 0x7D;
74:              UART_Buff[1]      = 0x5E;
                 …
75:      }

76:      UART_Buff_len = 6;
77:      for ( i=6; i<sizeof(UartFrameStruct) ; i++)
78:      {
79:              …
80:      }
81:      call SCSuartDBG.UARTSend(rawheader, 2);
82:      call SCSuartDBG.UARTSend(UART_Buff, UART_Buff_len);
83:      call SCSuartDBG.UARTSend(&rawtail, 1);

84:      call Leds.led0Toggle();
85:    }
86:    return msg;
87:  }

88:  event void Read_Photo.readDone(error_t err, uint16_t val) {
89:      if (err == SUCCESS)
```

```
 90:            myPhoto = val;
 91:     call Read_Temp.read();
 92:   }

 93:  event void Read_Temp.readDone(error_t err, uint16_t val) {
 94:     if (err == SUCCESS)
 95:            Raw_Temp = val;
 96:     call Read_Humi.read();
 97:   }

 98:  event void Read_Humi.readDone(error_t err, uint16_t val) {
 99:     if (err == SUCCESS && Raw_Temp!=0xFFFF)
100:            calc_SHT_(val, Raw_Temp);
101:     call Read_Ultrared.read();
102:   }
103:  event void Read_Ultrared.readDone(error_t err, uint16_t val) {
104:     if (err == SUCCESS)
105:            myUltrared = val;
106:     post transmit_frame();
107:   }

108:  void calc_SHT_(uint16_t p_humidity ,uint16_t p_temperature)
109:   …
110:   }

111: }
```

29: MainC의 Boot.booted() 함수가 호출될 경우, 라우팅 컴포넌트의 시작을 위한 RControl. start() 함수와 시리얼 컴포넌트의 시작을 위한 SCSuartSTD.start() 함수를 각각 호출한다. Rcontrol과 SCSuartSTD의 원형은 모두 StdControl 인터페이스이다. 다음으로 비교문을 통해 노드 아이디(TOS_NODE_ID) 변수가 SinkAddress(0번으로 정의)가 아닐 경우 3초마다 주기적인 데이터를 생성하기 위해서 Timer.startPeriodic 함수를 호출한다.

37: 3초마다 Timer가 만기될 경우, Read_Photo.read 함수를 시작으로 조도, 온도, 습도, 적외선 값을 차례대로 읽어 myTemp, myHumi, myPhoto, myUltrared 변수에 저장한다. 센서 측정과 관련된 함수들은 코드 88~110라인에 기술되어 있다. 마지막 센서 함수인 Ultrared.readDone(…) 함수(103라인)에서는 transmit_frame() task 함수를

post하여 저장한 센서 값을 라우팅 컴포넌트로 전달한다.

41: Application 데이터 구조체인 DataFrameStruct의 필드에 myTemp, myHumi, myPhoto, myUltrared에 저장된 센싱값을 넣고, Rout_Send.send 함수를 통해 Tree 라우팅 컴포넌트인 Hanback_TreeRoutingC 컴포넌트로 내려보낸다.

55: Rout_Receive 인터페이스도 Route_Send와 마찬가지로 Tree 라우팅 컴포넌트와 연결되는 인터페이스이다. ActiveMessageC에서 올려보내는 데이터를 Hanback_TreeRoutingC에서 먼저 분석한 후, 실제 application 데이터를 Hanback_TestTreeAppM으로 다시 올려보낸다. 최종적으로 데이터를 받게 되는 노드는 SinkAddress 주소를 가진 sink 노드가(49라인의 send 함수에서 목적지 주소) 됨으로 모든 데이터는 0번 노드가 받게 된다. 이번 예제에서는 0번이 전송한 시리얼 데이터를 윈도우 프로그램인 Viewer.exe 파일을 통해 확인할 것이다. 이 Viewer 프로그램은 TinyOS 1.X의 시리얼 포멧에 맞도록 만들어졌기 때문에, TinyOS 2.X의 message_t 구조체 형식으로는 동작되지 않는다. 그렇기 때문에 이번 예제에서는 SerialActiveMessageC 컴포넌트 대신, 원하는 데이터 형식을 char형 배열로 전송할 수 있는 SCSuartDBGC 컴포넌트를 시리얼 컴포넌트로 사용하였다(58~83라인).

15.2.3 Hanback_TreeRouting.nc 파일

Hanback_TreeRouting 컴포넌트는 Tree 프로토콜의 구현을 위해 작성된 configuration 파일이다. 해당 파일은 상위 컴포넌트를 위해 StdControl, SendFromAPP, RecvToAPP 인터페이스를 제공하며, 하부 컴포넌트로는 실제 RF 데이터 전송을 담당하는 AtiveMessageC, AMSenderC, AMReceiverC 컴포넌트를 가지고 있다. 그 밖에 라우팅 헤더에서 사용되는 패킷 Seq의 초기값을 랜덤하게 선택하기 위한 RandomC 컴포넌트, RSSI 값과 LQI 값을 얻기 위한 CC2420PacketC 컴포넌트, RF 채널 변경을 위한 CC2420ControlC 컴포넌트 그리고 디버깅을 위한 SCSuartDBGC 컴포넌트가 선언되어 있다.

```
1: includes Hanback_TreeRouting;

2: configuration Hanback_TreeRoutingC {
```

```
 3:  provides interface StdControl;
 4:  provides interface AMSend as SendFromAPP;
 5:  provides interface Receive as RecvToAPP;
 6:  }implementation{

 7:  components Hanback_TreeRoutingM as RouteM
 8:            , new TimerMilliC()
 9:           , RandomC
10:         , ActiveMessageC as MAC
11:          , CC2420PacketC
12:          , CC2420ControlC
13:        , new AMSenderC(AM_TREEMSG) as SendDataC
14:        , new AMReceiverC(AM_TREEMSG) as RecvDataC
15:         , new AMSenderC(AM_BEACON_MSG) as SendBeaconC
16:        , new AMReceiverC(AM_BEACON_MSG) as RecvBeaconC;

17:  StdControl  = RouteM;
18:  SendFromAPP = RouteM;
19:  RecvToAPP = RouteM;

20:  RouteM.Timer  → TimerMilliC;
21:  RouteM.SeedInit → RandomC;
22:  RouteM.Random → RandomC;

23:  RouteM.CommControl → MAC;
24:  RouteM.CC2420Packet → CC2420PacketC;
25:  RouteM.CC2420Config → CC2420ControlC;
26:  RouteM.SendData → SendDataC;
27:  RouteM.RecvData → RecvDataC;
28:  RouteM.SendBeacon → SendBeaconC;
29:  RouteM.RecvBeacon → RecvBeaconC;

30:  components SCSuartDBGC;
31:  RouteM.SCSuartDBG → SCSuartDBGC;
32:  }
```

Tree 라우팅은 주변 노드들에게 자신의 hop 정보를 주기적으로 알려주기 위해 Beacon
(= hello) 패킷을 전송한다. 즉, Tree 라우팅에는 Beacon 패킷을 송수신하기 위한 인터페이
스와 실제 Data 패킷을 전송하는 송수신하기 위한 인터페이스가 두 개 필요하다. 이를 위해
코드 13~16라인에서는 AMSenderC (AM_TREEMSG), AMReceiverC (AM_TREEMSG),
AMSenderC (AM_BEACON_MSG), AMReceiverC (AM_BEACON_MSG)를 선언하여

Beacon 및 data용 인터페이스를 위한 AMSender와 AMReceiver를 각각 두 개씩 선언하였다. 해당 인터페이스들은 코드 26~29라인에서 Hanback_TreeRoutingM의 인터페이스들인 SendData, RecvData, SendBaecon, RecvBeacon들과 연결된다.

15.2.4 Hanback_TreeRoutingM.nc 파일

Hanback_TreeRoutingM.nc 파일은 Tree 라우팅 프로토콜이 구현되어 있는 모듈 파일이다. Hanback_TreeRoutingM.nc 파일을 열면 다음과 같다.

```
1: module Hanback_TreeRoutingM {
2: provides {
3:     interface StdControl;
4:     interface AMSend as SendFromAPP;
5:     interface Receive as RecvToAPP;
6: }
7: uses {
8:    interface Timer<TMilli>;
9:    interface ParameterInit<uint16_t> as SeedInit;
10:   interface Random;
11:   interface SplitControl as CommControl;
12:   interface CC2420Packet;
13:   interface CC2420Config;
14:   interface AMSend as SendData;
15:   interface Receive as RecvData;
16:   interface AMSend as SendBeacon;
17:   interface Receive as RecvBeacon;
18:   interface SCSuartDBG;
19: }
20: }implementation{

21: message_t    TXFrame;
22: message_t    BFrame;
23: message_t    RXFrame;
24: message_t    ForwardingFrame;
   ...
25: command error_t StdControl.start() {
26: call SeedInit.init(TOS_NODE_ID);
27:  atomic {
28:      uint8_t i, random_num = (uint8_t) call Random.rand16();

29:     TimeCount = 0;30:          SeqNum_   = (uint8_t) (random_num%0xFF);
```

```
31:      TX_Type    = Snoop_Null;
         ...
32:    }
33:   call CommControl.start();
34:   return SUCCESS;
35: }

36:  event void CommControl.startDone(error_t error) {
37:     uint8_t myChannel = 15;
38:     call CC2420Config.setChannel (myChannel);
39:     call CC2420Config.sync();
40: }

41: command error_t StdControl.stop() {call CommControl.stop();return SUCCESS;}
42: event void CommControl.stopDone(error_t error) {}

43:  event void CC2420Config.syncDone( error_t error ) {
44:     if(TOS_NODE_ID==SinkAddress)
45:             post TransmitBeacon();
46:     else
47:             post TransmitBeaconRequest();
48:     call Timer.startPeriodic(BeaconInterval);
49: }

/////////////////////////////////////////////////////////////////////

50:  command error_t SendFromAPP.send(...){
51:     processNextAddress();
52:
53:     if (NextAddress != UnkownAddress){
54:             NWKFrame Route_M;
55:             Route_M.FrameControl = GeneralDataFrame;
56:             Route_M.DstAddr = addr;
57:             Route_M.SrcAddr = TOS_NODE_ID;
58:             Route_M.Radius  = MaxHopNum;
59:             Route_M.SeqNum  = SeqNum_++;
                ...
60:             if (call SendData.send (···) == SUCCESS) {
61:                     atomic TX_Type = GeneralDataFrame;
                        ...
62:             }else{
63:                     return FAIL;
64:             }
65:     }else{
66:             return FAIL;
```

```
67:          }
68:        return SUCCESS;
69:   }

70:   command error_t SendFromAPP.cancel(message_t* msg){
71:        return call SendData.cancel(msg);
72:   }

73:   command uint8_t SendFromAPP.maxPayloadLength(){
74:        return call SendData.maxPayloadLength();
75:   }

76:   command void* SendFromAPP.getPayload(message_t* msg){
77:        return call SendData.getPayload(msg);
78:   }

//////////////////////////////////////////////////////////////////////////////
/////////

79:   event void SendData.sendDone(message_t* msg, error_t error){
80:       if (TX_Type == GeneralDataFrame)
81:               signal SendFromAPP.sendDone (msg, error);
82:       if (TX_Type==GeneralDataFrame || TX_Type==ForwardDataFrame)
83:       {
84:               if (error != SUCCESS)
85:               {
86:                       uint16_t previous_Next_address;
87:                       Check_Routing_Error++;
88:                       if (Check_Routing_Error > MAX_FAIL_NUM) {
                                  // 연속해서 전송 실패
                                  ...
89:                               processNextAddress();
90:                       }else{
                                  ..
91:                       }
92:               }else{
93:                       Check_Routing_Error = 0;
94:               }
95:       }
96:       TX_Type = Snoop_Null;
97:   }

98:   event void SendBeacon.sendDone(message_t* msg, error_t error)
99:   {TX_Type = Snoop_Null;}
```

```
100:   event message_t* RecvData.receive(…) {
101:      NWKFrame RcvMsg;
          …
102:      if (RcvMsg.FrameControl==GeneralDataFrame
|| RcvMsg.FrameControl==ForwardDataFrame){
103:             if (TOS_NODE_ID == SinkAddress) {
104:                    signal RecvToAPP.receive (…);
105:             } else if (NextAddress != UnkownAddress) {
                       …
106:                    post ForwadingDataFrame();
107:             }
108:      }
109:      return msg;
110:   }

111:   event message_t* RecvBeacon.receive(…) {
112:      BeaconFrame RcvMsg;
          …
113:      if (RcvMsg.FrameControl ==  BeaconBySink
|| RcvMsg.FrameControl ==  BeaconByNode) {

                  // 강제적으로 멀티 홉을 만들기 위한 id check
114:             if (TOS_NODE_ID >= 5 && RcvMsg.SrcAddr==0)
115:                    return msg;

116:             if (TOS_NODE_ID >= 9 && RcvMsg.SrcAddr<=4)
117:                    return msg;

118:             if (TOS_NODE_ID != SinkAddress){
119:                    atomic memcpy (&RXFrame, msg, sizeof(RXFrame));
120:                    updateRoutingTable();
121:             }

122:      }else if (RcvMsg.FrameControl==BeaconRequest){
123:             post TransmitBeacon();
124:      }
125:      return msg;
126:   }

127: event void Timer.fired() {
128:    if (TOS_NODE_ID != SinkAddress){
129:           processNextAddress();
130:    }
131:    post TransmitBeacon();
132:    TimeCount += (BeaconInterval/1000);
```

```
133:  }

134:  task void TransmitBeacon() {
135:     if (NextAddress != UnkownAddress) {
136:             BeaconFrame BF;
137:             if (TOS_NODE_ID==SinkAddress){
138:                     BF.FrameControl = BeaconBySink;
139:                     BF.SrcAddr = TOS_NODE_ID;
140:                     BF.HopNum_from_Sink = 0;
141:             }else{
142:                     BF.FrameControl = BeaconByNode;
143:                     BF.SrcAddr = TOS_NODE_ID;
144:                     BF.HopNum_from_Sink = myHopNumber;
145:             }
               ...
146:             if (call SendBeacon.send (···) == SUCCESS) {
147:                     TX_Type = BF.FrameControl;
                        ...
148:             }
149:     }
150:  }

151:  task void TransmitBeaconRequest() {
152:     BeaconFrame BF;
153:     BF.FrameControl = BeaconRequest;
154:     BF.SrcAddr = TOS_NODE_ID;
155:     BF.HopNum_from_Sink = 0;
          ...
156:     if (call SendBeacon.send (···)) == SUCCESS) {
157:             TX_Type = BF.FrameControl;
                ...
158:     }
159:  }

160:  task void ForwadingDataFrame()
161:  {
162:     NWKFrame NWKF;
163:     error_t result;
          ...
164:     if (NWKF.Radius!=0)
165:             NWKF.Radius-;

166:     if ((NWKF.Radius==0) || (NextAddress==UnkownAddress))
167:             return;
```

```
168:    if (NWKF.Dst2_for_multihop == UnkownAddress){
169:            NWKF.Dst2_for_multihop = TOS_NODE_ID;
170:    }else{
171:            NWKF.Dst3_for_multihop = NWKF.Dst2_for_multihop;
172:            NWKF.Dst2_for_multihop = TOS_NODE_ID;
173:    }
174:    NWKF.FrameControl = ForwardDataFrame;


        ...
175:    result = call SendData.send (…);
176:    if (result == SUCCESS){
177:            TX_Type = ForwardDataFrame;
                ...

178:    }else{
                ...
179:    }
180:  }


181: void updateRoutingTable() // this functions is called by Tree_receive.receive()
182: {
183:    BeaconFrame BF;
        ...
184:    RX_HopCount = BF.HopNum_from_Sink;
185:    SrcAddress = BF.SrcAddr;
186:    RX_RSSI = call CC2420Packet.getRssi(&RXFrame);
187:    RX_LQI  = call CC2420Packet.getLqi(&RXFrame);

        // search empty entry or wrost entry
188:    for ( i=0 ; i<NumNeighborTable ; i++ )
189:    {
190:            if (NTableList[i].Naddr == UnkownAddress
|| NTableList[i].Naddr == SrcAddress) {
191:                    insert_index = i;
192:                    break;
193:            } else if (MaxHopCount <= NTableList[i].HopNum_from_Sink){
194:                if (MinLQI >= NTableList[i].LQI) {
195:                    if (MinRSSI >= NTableList[i].RSSI)
196:                    {
197:                        MaxHopCount = NTableList[i].HopNum_from_Sink;
198:                        MinLQI  = NTableList[i].LQI;
199:                        MinRSSI = NTableList[i].RSSI;
200:                        insert_index = i;
201:                    }
202:                }
```

```
203:                    }
204:            }

205:    NTableList[insert_index].Naddr    = SrcAddress;
       ...
206:    if(SrcAddress == SinkAddress && BF.FrameControl==BeaconBySink){
207:            NextAddress = SinkAddress;
208:            myHopNumber = 1;
209:            NextAddress_TableIndex_ = insert_index;
210:    }
211: }

212: void processNextAddress() // this functions is called by Timer.fired()
213: {
214:    uint8_t i, NextAddress_index=0xFF, MinHopCount=0xFF, MaxLQI=0x00;
215:    char MaxRSSI = -127;

       // search empty entry or wrost entry
216:    for ( i=0 ; i<NumNeighborTable ; i++ ) {
217:            if (NTableList[i].Naddr == SinkAddress) {
218:                    NextAddress = SinkAddress;
219:                    myHopNumber = 1;
220:                    NextAddress_TableIndex_ = i;
221:                    return;
222:            } else if (NTableList[i].Naddr != UnkownAddress) {
                        ...
223:            }
224:    }

225:    if (NextAddress_index!=0xFF)
226:    {
227:            NextAddress = NTableList[NextAddress_index].Naddr;
                ...
228:            if (FOR_DEMO) {
                        // follow two lines may dinamicaly change topology
229:                    NTableList[NextAddress_index].LQI = 0;
230:                    NTableList[NextAddress_index].RSSI = -127;
231:            }
232:    }else{
233:            NextAddress = UnkownAddress;
234:            myHopNumber = UnkownAddress;
235:            NextAddress_TableIndex_ = 0;
236:    }
            ...
237: }
```

```
238:    command void* RecvToAPP.getPayload(message_t* msg, uint8_t* len){
239:       return call RecvData.getPayload(msg, len);
240:    }

241:    command uint8_t RecvToAPP.payloadLength(message_t* msg){
242:       return call RecvData.payloadLength(msg);
243:    }

244:}
```

25: StdControl.start( ) 함수는 Hanback_TestTreeAppM.nc의 call RControl.start( ); 코드에 의해 호출되는 함수이다. 이 함수에서는 Tree 라우팅 프로토콜에서 사용하는 여러 가지 변수를 초기화시킨다. 그리고 ActiveMessageC 컴포넌트를 초기화하기 위해 CommCotnrol. start ( ) 함수를 호출한다.

36: ActiveMessageC 컴포넌트가 초기화되면 CommControl.startDone 함수가 signal되고, 이 함수에서는 채널 변경을 위해 CC2420Config.setChannel (myChannel) 함수와 CC2420Config. sync( ) 함수를 호출한다. 본 예제에서는 15번 채널을 선택하였다.

43: 채널 설정을 마치게 되면 CC2420Config.syncDone 이벤트 함수가 자동으로 호출된다. 이 함수에서 자신이 Sink 노드일 때는 바로 Beacon 패킷을 전송하기 위해 TransmitBeacon( ) task를 post하고, Sink가 아닐 경우에는 주변 노드들에게 Beacon를 요청하기 위해 TransmitBeaconRequest( ) task를 post한다. Tree 토폴로지를 구성하기 위해서는 Sink를 중심으로 자식을 형성해 나가야 하는데, 이러한 Tree 토폴로지를 형성시키기 위해 전송하는 패킷이 Beacon 패킷이다. 일반 노드들 입장에서는 만약 Sink가 보내는 Beacon 패킷을 듣게 될 경우, 자신의 주변에 Sink가 존재함을 알고 Sink로부터 1hop 떨어진 노드라고 생각한다. 그리고 자신의 아이디와 Sink로부터의 1hop 떨어졌다는 정보를 자신의 Beacon 패킷에 넣어 주기적으로 전송한다. 만약 Sink의 전송범위에는 속하지 않지만 Sink의 1hop 내에 있는 다른 노드로부터 Beacon을 듣게 된다면, 해당 노드는 Sink로부터 2hop 떨어진 노드라 판단하고 마찬가지로 2hop 정보가 기술된 자신의 Beacon을 주기적으로 전송한다. 즉, 0번 Sink 노드는 바로 Beacon을 전송하는 것이고, 0번이 아닌 노드들은 Sink나 이미 Sink의 Beacon

을 받은 주변 노드들로부터 Beacon 패킷 수신해야지만 Tree 토폴로지에 참석할 수 있다. 마지막에 있는 timer 함수는 Beacon을 10초마다 주기적으로 전송하기 위해 설정하는 함수이다.

127: Timer.fired( ) 함수는 앞에서 설정한 Beacon을 위한 timer가 만기되었을 시 호출되는 함수이다. 이 함수에서는 먼저 자신의 주소가 Sink가 아닐 경우, processNest Address ( ) 함수를 통해 최적의 next address(부모 노드 주소)를 구한다. 이 함수는 뒤에서 보다 자세히 설명하도록 하겠다. 그리고 TransmitBeacon( ) task를 post 하여 beacon 전송을 시도한다. 하지만 TrasmitBeacon( ) 함수가 호출된다고 하더라도 주변 노드로부터 Beacon을 받지 않을 경우 Beacon은 전송되지 않는다(0번 노드는 제외).

134: TransmitBeacon( )에서는 먼저 NextAddress 변수가 UnkownAddress인지 검사하는데, 이 변수를 통해 주변으로부터 Beacon을 받았는지 안 받았는지 알 수 있다. 0번 노드일 경우 초반에 NextAddress 변수를 0으로 설정하고 다른 노드들은 UnkownAddress로 설정하게 된다. 일반 노드들은 Beacon을 받을 때마다 라우팅 테이블에서 최적의 next address를 구한 다음 NextAddress 변수에 저장하기 때문에, 한 번이라도 Beacon을 받게 되면 NextAddress 변수가 UnkownAddress가 되지 않는다. 135라인 비교문을 통과하게 될 경우, BeaconFrame 변수에 알맞은 값을 설정한 후 SendBeacon.send 함수를 통해 자신의 Beacon 패킷을 ActiveMessage 컴포넌트로 전달한다.

151: TransmitBeaconRequest( ) 함수는 일반 노드가 처음 시작 시 한 번 호출되는 함수이다. 이 함수에서도 SendBeacon.send 함수를 통해 BeaconRequest 패킷을 ActiveMessage 컴포넌트로 전달한다. BeaconRequest 패킷을 받게 되면, Beacon 전송 시간과는 상관없이 바로 자신의 Beacon 패킷을 전송한다. 이를 통해, 새로 시작하는 노드는 보다 빠르게 네트워크에 join할 수 있다.

111: 만약 다른 노드로부터 Beacon 패킷을 받게 되면 Beacon 수신과 관련된 RecvBeacon. receive( ) 함수가 signal된다. 이 함수에서는 먼저 받은 패킷이 hop 정보가 적힌 일반적인 Beacon 패킷인지 아니면 Beacon 패킷을 요구하는 BeaconRequest 패킷인지 검사한다. 만약 BeaconRequest 패킷일 경우에는 TransmitBeacon( ) task를 post하여

자신의 Beacon 패킷을 전송한다. 만약 받은 패킷이 일반 Beacon일 경우에는 해당 패킷을 updateRouteTable( ) 함수(120라인)를 통해 Neighbor Table에 저장한다. 114~117라인에 있는 코드는 강제적인 멀티 홉을 만들기 위해 작성된 코드이다. 이 코드를 통해 0번이 전송한 Beacon은 노드 1, 2, 3, 4번까지만 받게 되고, 4번 이하가 보낸 Beacon은 5, 6, 7, 8번 노드만 받게 된다. 즉, 1, 2, 3, 4번 노드는 0번의 1hop으로써 동작되며, 나머지 5, 6, 7, 8번은 2hop, 나머지 노드들은 3hop으로 강제적으로 토폴로지를 형성하게 된다. 이를 통해 우리는 가까운 범위에서도 멀티 홉 환경을 테스트할 수 있다. 만약 강제적인 멀티 홉 환경을 원하지 않는다면 해당 라인을 주석처리하길 바란다.

181: updateRouteTable( )은 주변 노드로부터 받은 Beacon 패킷의 정보와 해당 패킷을 받게 되었을 때 측정한 RSSI와 LQI 값을 라우팅 테이블에 저장한다. 이 정보들은 processNextAddress( ) 함수에서 NextAddress 주소를 선택할 때 사용된다.

212: processNextAddress( ) 함수는 저장된 라우팅 테이블의 값들을 비교하여 최적의 Nextaddress를 선택하는 함수이다. 이 함수에서는 먼저 Sink로부터 떨어진 홉 수를 기준으로 비교한 후, hop 숫가 같을 경우에는 LQI를, LQI가 같을 때는 RSSI 값을 비교하도록 프로그래밍되어 있다. 이 함수는 Timer.fired( ) 함수에서 주기적으로 호출됨으로 10초마다 한 번씩 최적의 Nextaddress를 새로 구하게 된다. 이 Nextaddress는 결국 자신의 부모 노드를 의미하게 된다. 이를 통해 보다 적응적 상황에 대처할 수 있는 Tree 토폴로지를 구성할 수 있다.

50: 상위 application에서 send 함수를 호출하면 Hanback_TreeRoutingM.nc 파일의 Send- FromAPP.send가 호출된다. 이 함수에서는 먼저 processNextAddress( ) 함수를 통해 최근의 라우팅 테이블을 토대로 최적의 NextAddress를 새로 구하고, NWKFrame 패킷에 적당한 값을 넣은 후 SendData.send( ) 함수를 통해 ActvieMessageC 컴포넌트로 패킷을 전달한다.

79: SendData.send( ) 함수가 호출된 후, 데이터 전송에 관련된 process가 끝날 경우 signal되는 함수이다. 이 함수에서는 전송 성공여부를 지속적으로 체크하도록 되어 있다. 만약 계속해서 패킷 전송이 실패할 경우, NextAddress 주소를 가진 노드가 사

라진 것으로 판단하여 해당 주소의 라우팅 테이블을 삭제하고 새로운 NextAddress 를 구한다. 이를 통해 주변에 노드들이 변경되더라도 다른 노드를 통해 계속 라우팅을 유지할 수 있는 기능을 지원할 수 있다.

100: 다른 노드로부터 Data 패킷을 받게 될 시 호출되는 함수이다. 이 함수에서는 자신의 주소가 Sink 노드일 경우 RecvToApp.recieve 함수를 이용하여 받은 패킷을 application에 전달하고, 그렇지 않을 경우 ForwardingDataFrame 함수를 이용하여 NextAddress 노드에게 데이터를 전달한다.

15.2.5 **Hanback_TestTree.h 파일**

Hanback_TestTree.h 헤더 파일에는 application에서 사용되는 여러 정의값 및 application 패킷의 구조체 DataFrameStruct가 정의되어 있다. 해당 구조체의 내용은 다음과 같다.

```
typedef struct {
        uint16_t Temp;
        uint16_t Humi;
        uint16_t Photo;
        uint16_t Ultrared;
} __attribute__ ((packed)) DataFrameStruct;
```

15.2.6 **Hanback_TreeRouting.h 파일**

Adhoc_Route.h 헤더 파일에는 라우팅 계층에서 사용되는 여러 정의값 및 라우팅 데이터 패킷과 Beacon 패킷의 구조체들이 정의되어 있다. 해당 구조체들의 내용은 다음과 같다.

```
// 데이터 패킷
typedef struct {
        uint16_t FrameControl; //전송 패킷 type
        uint16_t DstAddr; // 목적지 주소
        uint16_t SrcAddr; // 소스 주소
        uint8_t  Radius; // TTL 값
```

```
        uint8_t  SeqNum; // Sequence 번호
        uint16_t Dst2_for_multihop; // 라우팅에 참석한 노드 주소 1
        uint16_t Dst3_for_multihop; // 라우팅에 참석한 노드 주소 2
        uint8_t  UpperData[8]; // application 데이터
} __attribute__ ((packed)) NWKFrame;

// Beacon 패킷
typedef struct {
        uint16_t FrameControl; //전송 패킷 type
        uint16_t SrcAddr; // Beacon을 전송한 노드의 주소
        uint16_t HopNum_from_Sink; // Sink로부터 떨어진 hop 정보
} __attribute__ ((packed)) BeaconFrame;
```

15.3 Hanback_TestTree 실습

15.3.1 실습 준비물

Host PC, 모트 여러 개, ISP 프로그램 툴, 프린터 케이블, USB 케이블

15.3.2 실습 시스템 구성

먼저 Cygwin을 시작한다. 다음과 같이 입력하여 예제 폴더로 이동한다.

```
cd /opt/tinyos-2.x/contrib/zigbex
cd Hanback_TestTree
```

이제 make zigbex를 입력하여 컴파일을 한다.

- "make zigbex reinstall.X" 명령을 사용하여 0번부터 원하는 번호까지의 hex 파일을 생성한다.

❖ **PonyProg ISP를 이용하여 ZigbeX로 프로그램 다운로드**

PonyProg를 실행한 후, 실습 1~3장의 <PonyProg ISP 프로그램을 이용하여 ZigbeX로 다운로드>를 참조하여 실습 예제를 ZigbeX로 다운로드한다.

❖ **USB_ISP 혹은 AVR_ISP 보드를 이용하여 ZigbeX로 프로그램 다운로드**

AVR Studio4를 실행한 후, 실습 1~3장의 <USB_ISP 보드를 이용하여 ZigbeX로 다운로드>를 참조하여 실습 예제를 ZigbeX로 다운로드한다.

15.4 실습 결과

한백전자 모트와 PC를 연결하고 다른 노드들의 전원을 켠다. 그리고 데모 시디의 program\Sensor Network Topology-Viewer 폴더 안에 있는 Viewer.exe 파일을 실행시키면 센서 노드 0번으로부터 들어오는 데이터를 그림 15-2처럼 비주얼하게 보여줄 것이다. 통신 연결은 AVR-ISP의 USB 포트 번호를 입력하고, Baud rate는 57600으로 설정한 후 Connect 버튼을 누르면 연결된다.

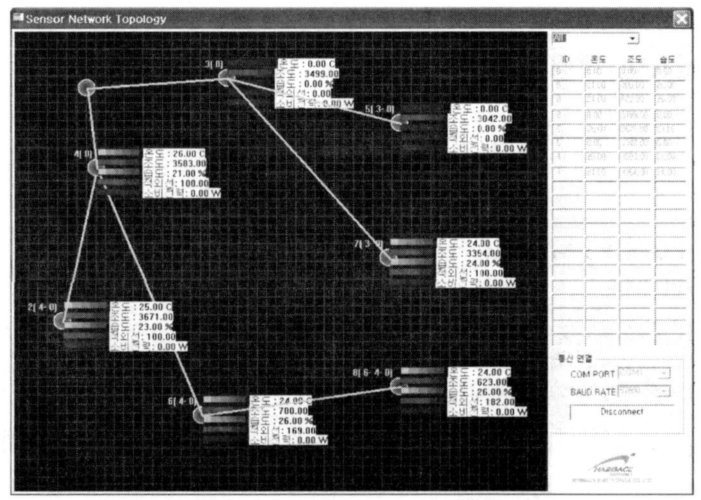

그림 15-2 ▌ 시리얼 통신 프로그램로부터 읽은 데이터의 RSSI 값

RFID 실습

16

실습

❖ **한백전자의 RFID 장비가 필요함**

개요

이 장에서는 한백전자에서 제공하는 13.56MHz RFID 태그와 RFID 리더기의 사용법에 대해 알아본다. 먼저 RFID에 대해 이론적인 부분을 공부한 후, 실제 예제를 통해 ZigbeX 노드가 어떻게 RFID 리더를 제어하는지 알아볼 것이다.

실습목표

- RFID의 이해
- RFID와 센서 네트워크와의 관계 이해
- RFID 프로토콜의 이해
- RFID 리더와 RFID 태그를 사용한 실습 예제의 이해

16.1 기초 지식

16.1.1 RFID 소개

RFID(Radio Frequency IDentification)란, 무선으로 태그의 ID를 인식하는 기술을 말한다. 주로 제품에 붙이는 태그와 리더로 대변되며, 태그는 자체적인 안테나 및 특정 정

보를 저장할 수 있는 능력을 가진 칩, 리더는 태그에 저장된 정보를 읽을 수 있는 장치를 의미한다. RFID 태그는 RFID 리더로 하여금 무선으로 저장된 정보를 읽어갈 수 있도록 설계되어 있으며, 여러 통신망과 연계하여 다양한 서비스를 제공할 수 있는 기술로 주목받고 있다. 예상되는 Application으로는 기존의 바코드를 대신하여 다양한 물류 수송 및 마케팅 시장에서 상품의 관리 및 판매 등이 있다. RFID는 무선으로 자신의 정보를 전송하기 때문에 기존의 바코드처럼 일일이 물건을 살펴볼 필요 없이 RFID 리더를 근처로 가지고 가기만 하면 주변에 존재하는 모든 RFID 태그의 정보를 읽을 수 있다. 현재 주목받고 있는 RFID 기술은 이미 미국 육군에서 70년대부터 활용해 온 기술이다. 하지만 최근 반도체 및 무선통신의 비약적인 발전으로 RFID 태그의 생산 원가가 무척 저렴해지면서 일반에 판매되는 제품에도 부착이 가능하게 되었다. 이미 RFID 기술은 세계의 물류 관리 시장에서 없어서는 안 될 킬러 애플리케이션으로 자리잡게 되었다. 미국 및 유럽, 일본에서는 국가차원에서 10년 전부터 RFID에 대한 연구를 진행해 왔으며, 우리나라에서도 관련 정부기관을 중심으로 'RFID 활용 확산 및 산업화 추진대책' 및 'u-센서 네트워크 계획' 등을 잇달아 발표되면서 그 연구의 중요성이 인식되고 있는 실정이다. 우리나라에서는 RFID와 무선 센서 네트워크 기술을 통합하여 USN(Ubiquitous Sensor Networks)이라 명칭하고 있다. USN과 관련된 국가차원의 프로젝트에서는 첫 번째 단계로, RFID 중심으로 투자 및 연구를 진행하고 기술 및 상용화가 어느 정도 진행된 후에는 실제 무선 센서 네트워크에 대한 투자를 진행할 방향으로 계획되어 있다. RFID는 매우 단순한 구성요소와 매우 작은 계산 능력을 가지고 있기 때문에 관련회사에서 RFID를 개발하는 데 기술적으로 큰 문제가 없다. 이미 여러 회사에서 제품을 출시하고 있으며, 다양한 응용 상품들이 나오고 있는 실정이다. 우리는 이미 앞에서 RFID보다 미래 기술인 무선 센서 네트워크에 대해 자세히 알아보았기 때문에 본 교재에서는 RFID의 간략한 소개 및 사용법에 대해서만 언급하도록 하겠다.

16.1.2 RFID 네트워크 구성

RFID 시스템은 그림 16-1과 같이 크게 안테나가 포함된 RFID 리더와 실제 데이터를 저장하고 있는 태그, 그리고 그 정보들을 처리할 수 있는 서버 및 네트워크 등으로 구성된다.

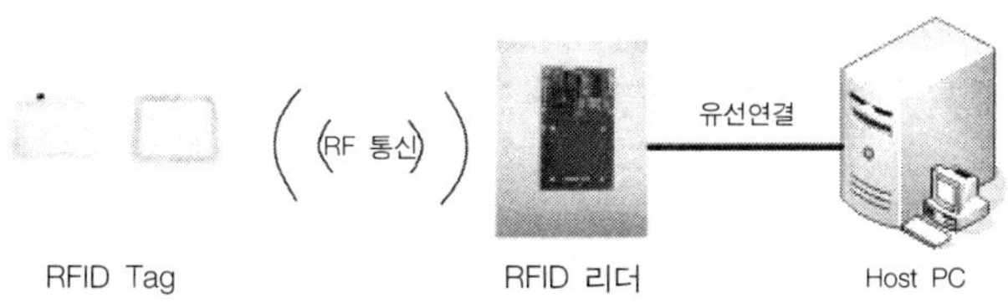

그림 16-1 ▎ RFID 네트워크 구성도

RFID 리더는 장착되어 있는 안테나를 사용하여 정의된 프로토콜을 통해 주변에 존재하는 RFID 태그에 읽기와 쓰기를 가능하게 하는 장치이다. RFID 태그는 전원의 공급 여부에 따라 별도의 전원이 필요한 Active형 태그와 직접적인 전원의 공급 없이 리더기의 전자기장에 의해 작동되는 Passive형 태그로 구분할 수 있다. Active형 태그는 자체적으로 전원을 가지고 있어 리더와의 인식 거리가 멀더라도 통신이 가능할 뿐만 아니라 다양한 컴퓨팅 기능을 수행할 수 있는 장점을 지니지만 생산 원가가 올라간다는 단점을 가지고 있다. 일반적으로 센서 네트워크에서 사용하는 무선 센서 노드를 Active형 RFID 태그로 볼 수 있다. 하지만 전력을 스스로 가지고 있어야 한다는 점과 Passive형 태그에 비해 비교적 고가인 단점 때문에 대규모 태그가 필요한 물류 관리 시장 등에서는 사용되기 부적합하다. Passive형 태그는 Active형 태그에 비해 가격 면에서 큰 강점을 가지고 있으며 반영구적으로 동작이 가능하기 때문에 저렴하게 대규모로 설치될 애플리케이션에서 사용하기 유용하다. 하지만 기술의 발전함에 따라 센서 노드의 원가가 떨어지고 배터리 수명 문제가 해결되면 Active형 RFID 태그가 Passive형 RFID 태그를 대체할 것으로 전망된다. Passive형 태그는 리더의 전자기장 내에 들어가게 되면 태그 내부에 있는 안테나를 사용해 커패시터를 충전시켜 태그가 동작하는 데 필요한 전원을 얻는다. 필요한 만큼 충분한 전원을 얻은 후에 리더의 전자기장에 변화를 주는 방식으로 자신의 데이터를 리더에게 전송한다. Passive형 태그는 자신의 전원이 없기 때문에 인식거리가 매우 짧고 가까이에 리더기가 존재해야 한다는 단점을 가지고 있다. 현재 ISO와 IEC 세계 표준화/전기표준 기구에서는 RFID와 관련하여 이미 2004년도에 기본적인 표준이 재정된 상태이며, 현재는 각 기술 부분의 세부적인 표준이 논의되고 있는 실정이다. 아직까지 RFID 기술은 데이터 폭증 문제나 보안 등에서 많은 결점을 가지고 있기 때문에 이를 해결하기 위한 연구가 여러 대학 및 연구소에서 진행되고 있다.

16.2 testRFIDwithUSN 예제

testRFIDwithUSN 예제를 실행하기 위해서는 두 개의 모트와 한백전자에서 제공하는 USN용 RFID 리더가 필요하다. testRFIDwithUSN 예제는 0번 노드 아이디로 컴파일된 hex 파일일 경우 PC와 시리얼 통신을 위해 동작되는 모트(sink 모트)에 다운로드되고, 0번이 아닌 노드 아이디로 컴파일된 hex 파일일 경우에는 RFID 리더와 부착된 모트(제어 모트)에 다운로드된다. 그리고 PC상에서 모트로 적당한 명령을 보내기 위해 Serial_Parsing.c 파일이 제공된다. 이 파일을 gcc를 통해 컴파일한 후 실행시키면, 사용자 PC에서 sink 모트로 RFID 제어 관련 명령들이 전달되고, 해당 명령들은 다시 USN 무선통신을 통해 RFID 리더와 부착된 제어 모트에게 전송된다. 제어 모트는 해당 명령에 따라 RFID 리더를 제어한 후, 그 과정에서 얻게 되는 결과들을 USN 무선통신을 통해 다시 sink 모트에게 전달한다. sink 모트는 이 정보들을 시리얼 통신을 통해 Serial_Parsing에게 전달함으로써 PC상에서 RFID 태그 정보를 확인할 수 있다. 다음 그림은 testRFIDwithUSN 예제의 구조도를 보여주고 있다.

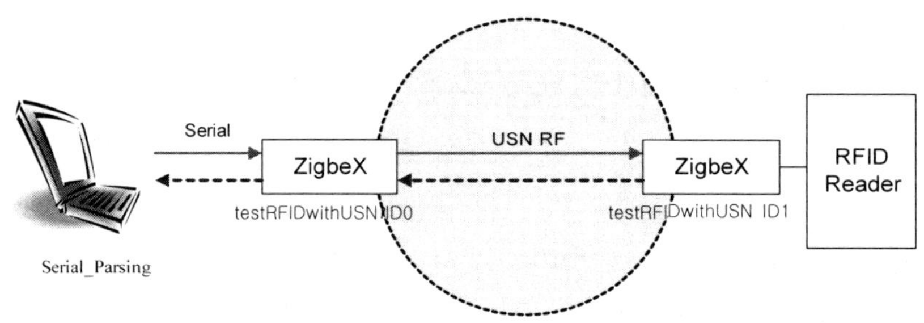

그림 16-2 ▮ testRFIDwithUSN 예제의 구조도

한백전자의 RFID 리더는 14443A와 15693 type의 태그를 제어할 수 있으며, 이 중 14443A는 ID 읽기만 가능하지만 15693 태그에는 읽기와 쓰기가 모두 가능하다.

본 예제 프로그램은 TinyOS가 설치된 다음 폴더에서 찾을 수 있다.

Cygwin 설치폴더 \opt\tinyos-2.x\contrib\zigbex\ TestRFIDwithUSN 폴더 참조
(예전 버전 CD를 가지고 있는 유저는 TestRFIDwithUSN 예제가 없을 수도 있다. TestRFID-

withUSN 예제는 한백전자 홈페이지 다운로드란에도 올라가 있으니 참고하길 바란다.)

16.2.1 testRFIDwithUSNC.nc 파일

testRFIDwithUSNC.nc 파일에는 TestRFID 예제에서 사용할 여러 컴포넌트들이 선언 및 컴포넌트 간의 연결이 기술되어 있다. 해당 파일을 살펴보면 다음과 같다.

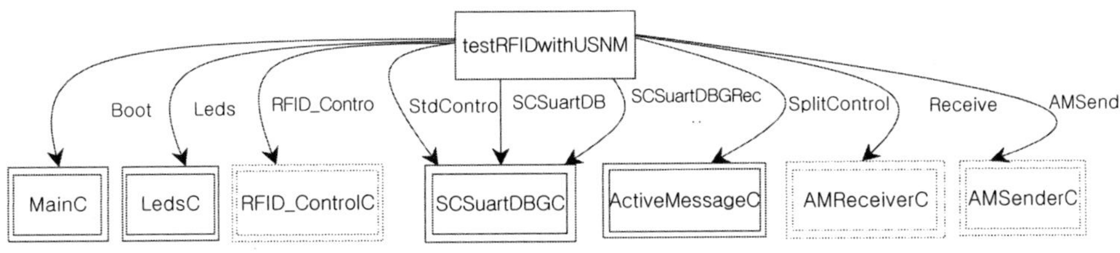


```
 1: #include "RFID_Control.h"
 2: configuration testRFIDwithUSNC { }
 3: implementation{
 4:  components MainC, testRFIDwithUSNM
 5:          , LedsC
 6:        , RFID_ControlC
 7:        , SCSuartDBGC
 8:        , ActiveMessageC
 9:         , new AMSenderC(RFID_MSG)
10         , new AMReceiverC(RFID_MSG);

11:  testRFIDwithUSNM.Boot → MainC;
12:  testRFIDwithUSNM.Leds → LedsC;
13:  testRFIDwithUSNM.RFID_Control → RFID_ControlC;

  // byte 단위의 Serial 통신
14:  testRFIDwithUSNM.SCSuartSTD → SCSuartDBGC;
15:  testRFIDwithUSNM.SCSuartDBG → SCSuartDBGC;
16:  testRFIDwithUSNM.SCSuartDBGRecv → SCSuartDBGC;

  // 무선통신을 위해
17:  testRFIDwithUSNM.CommControl → ActiveMessageC;
18:  testRFIDwithUSNM.RecvMsg → AMReceiverC;
19:  testRFIDwithUSNM.DataMsg → AMSenderC;
20:}
```

6: 실제 RFID 리더를 제어하는 컴포넌트는 RFID_ControlC라는 컴포넌트이다. 이 컴포넌트는 RFID 리더의 제어를 위해 RFID_Control이라는 interface를 제공한다.

7: 본 예제에서는 PC와 시리얼 통신을 간단히 작성하기 위해서 TinyOS 포맷을 따르지 않는 SCSuartDBGC 시리얼 컴포넌트를 사용하였다.

16.2.2 testRFIDwithUSN.nc 파일

testRFIDwithUSN 예제 프로그램의 module인 testRFIDwithUSNM.nc 코드를 살펴보면 다음과 같다.

```
1: module testRFIDwithUSNM
2:{
3:   provides interface StdControl;
4:   uses {
5:     interface Leds;
6:     interface RFID_Control;
7:     interface Boot;

8:     interface StdControl as SCSuartSTD;
9:     interface SCSuartDBG;
10:    interface SCSuartDBGRecv;

11:     interface SplitControl as CommControl;
12:     interface AMSend as DataMsg;
13:     interface Receive as RecvMsg;
14:  }

15: }implementation{
16 :  message_t RF_MSG;
17 :  uint8_t OutputUartMsg[64];
18 :  char Inc_Flag;
19 :    void Print_MSG_AccordingTo_CMD(uint8_t RecvCMDType, uint8_t status, uint8_t
*buff);

20:  event void Boot.booted() {
21:    call CommControl.start();
22:  }

23: event void CommControl.startDone(error_t error) {
```

```
24:    call SCSuartSTD.start();
25:    call RFID_Control.start();
26: }

27:  event void CommControl.stopDone(error_t error) {
28:  }

 // 시리얼로부터 특정 명령을 받았을 때, 해당하는 함수를 호출할 수 있도록 구성한 함수.
29:  void Control_RFID(uint8_t comm, uint8_t block, uint8_t* buff) {
30:    if (comm == 1) {
31:      call RFID_Control.GetID_14443A();
32:    }else if (comm == 2) {
33:      call RFID_Control.GetID_15693 ();
34:    }else if (comm == 3) {
35:      call RFID_Control.RData_15693 (block);
36:    }else if (comm == 4) {
37:      call RFID_Control.WData_15693 (block, buff, 4);
38:    }
39:  }

//시리얼 관련 변수들 …
40:  #define RecvBuffSize 8
41:  uint8_t RecvBuff[RecvBuffSize];
42:  uint8_t recv_num = 0;
43:  bool start_flag = 0;

44:  event void DataMsg.sendDone(message_t* msg, error_t error) {
45:    if(error==SUCCESS)
46:      call Leds.led1Off();
47:  }

48: event message_t* RecvMsg.receive(message_t* msg, void* payload, uint8_t len) {
49:    call Leds.led2Toggle();
50:    if(TOS_NODE_ID==SinkAddress){
51:      RFID_DATA_MSG *pack = (RFID_DATA_MSG *) payload;
52:      Print_MSG_AccordingTo_CMD(...);
53:    }else{
54:      RFID_COMM_MSG *pack = (RFID_COMM_MSG *) payload;
55:      Control_RFID(pack→comm, pack→block, pack→wbuff);
56:    }
57:    return msg;
58: }

59:    ///////////////////////////////////////////////////////////////
```

```
60:  task void SendToReader(){
61:    if (call DataMsg.send(AM_BROADCAST_ADDR, &RF_MSG, recv_num) == SUCCESS){
62:     call Leds.led1On();
63:     }
64:  }

65:  async event void SCSuartDBGRecv.UARTRecv (uint8_t recv_Char) {
66:    if(recv_Char == 0x7E && start_flag ==0) {
67:     recv_num = 0;
68:     start_flag = 1;

69:    } else if (recv_num < RecvBuffSize && start_flag ==1) {
70:     RecvBuff[recv_num] = recv_Char;
71:     recv_num++;
72:     if (recv_num==RecvBuffSize) {
73:             call Leds.led0Toggle();
74:             memcpy(call DataMsg.getPayload(&RF_MSG), …);
75:             post SendToReader();
76:             start_flag = 0;
77:     }
78:    }
79:  }


  ///////////////////////////////////////////////////////////////

80:  task void SendToSinkAddress() {
81:    if (call DataMsg.send(SinkAddress, &RF_MSG, sizeof(RFID_DATA_MSG)) == SUCCESS){
82:     call Leds.led1On();
83:     }
84:  }

85:  async event void RFID_Control.GetID_14443A_Done(char status, uint8_t *buff,
char size) {
86:    …
87:  }


88:  async event void RFID_Control.GetID_15693_Done (char status, uint8_t *buff,
char size){
89:    …
90:  }


91:  async event void RFID_Control.RData_15693_Done (char status, uint8_t *buff,
char size){
92:    …
93:  }
```

```
94:  async event void RFID_Control.WData_15693_Done (char status){
95:      …
96:  }


//////////////////////////////////////////////////////////////////


97:    void  Print_MSG_AccordingTo_CMD(uint8_t  RecvCMDType,  uint8_t  status,
uint8_t *buff) {
98:     uint8_t i;
99:     switch(RecvCMDType){
100:    case CMD_GetID_14443A:
101:    if(status == 0){
102:            sprintf(OutputUartMsg, "Recv 14443A ID: [");
103:            …
104:    }else{
105:            sprintf(OutputUartMsg, "14443A GetID Error: %d\r\n", status);
106:            …
107:    }
108:    break;


109:    case CMD_GetID_15693:
110:    if(status == 0){
111:            sprintf(OutputUartMsg, "Recv 15693 ID: [");
112:            …
113:    }else{
114:            sprintf(OutputUartMsg, "15693 GetID Error: %d\r\n", status);
115:            …
116:    }
117:    break;


118:    case CMD_RData_15693:
119:    if(status == SUCCESS){
120:            sprintf(OutputUartMsg, "Read data from 15693: Data[");
121:            …
122:    }else{
123:            sprintf(OutputUartMsg, "Recv RData 15693 Error: %d\r\n", status);
124:            …
125:    }
126:    break;


127:    case CMD_WData_15693:
128:    if(status == SUCCESS){
129:            sprintf(OutputUartMsg, "Write data to 15693 SUCCESS!!!\r\n");
130:            …
```

```
131:     }else{
132:             sprintf(OutputUartMsg, "Write data to 15693 Error: %d\r\n", status);
133:             …
134:     }
135:     break;
136:     }
137: }

138:}
```

20~26: TinyOS가 시작하면서 호출되는 boot 함수에서는 RF 초기화 함수를 호출한다. RF 초기화가 끝난다는 의미인 startDone 함수에서는 시리얼과 RFID 제어 컴포넌트를 초기화한다.

65: Serial_Parsing 프로그램이 전송하는 명령은 UartRecv() 함수를 통해 한 바이트씩 모트로 전달된다. 이 UartRecv() 함수에서는 PC가 전송한 데이터를 모은 후 RF_MSG에 저장하여 SendToReader() 태스크를 호출한다.

60: SendToReader 함수는 PC에서 전송한 명령을 무선으로 전달하는 역할을 한다.

53: Sink 노드가 전송한 RFID 명령은 receive 함수를 통해 제어 모트에게 전달된다. 제어 모트는 55라인에서 Control_RFID 함수를 통해 RFID 리더에게 적당한 명령 함수를 호출하도록 작성된다.

85~96: Control_RFID 함수에서 호출된 명령에 대한 응답으로 각 명령에 따른 event 함수가 기술되어 있다. 각 함수에서는 파라미터로 받게 되는 반환값을 RF_MSG에 저장하여 sink 모트로 전송하는 역할을 담당한다.

50: 제어 모트가 전송한 반환값은 receive 함수를 통해 sink 모트에게 전달되고, 52라인을 통해 시리얼로 출력된다.

16.3 TestRFIDwithUSN 실습

16.3.1 실습 준비물

Host PC, 모트 2개, RFID 리더와 태그, USB_ISP 보드, ISP 프로그램 툴, USB 케이블

16.3.2 실습 시스템 구성

먼저 Cygwin을 시작한다. 다음과 같이 입력하여 예제 폴더로 이동한다.

```
cd /opt/tinyos-2.x/contrib/zigbex
cd TestRFIDwithRFID
```

(만약 TestRFIDwithRFID 폴더가 없다면 한백전자 홈페이지의 다운로드란에서 새로 다운받기를 바란다.)

이제 make zigbex를 입력하여 컴파일을 한 후, make zigbex reinstall.X 명령을 통해 0번과 1번 아이디를 갖는 hex 파일을 생성한다.

❖ PonyProg ISP를 이용하여 ZigbeX로 프로그램 다운로드
PonyProg를 실행한 후, 실습 1~3장의 <PonyProg ISP 프로그램을 이용하여 ZigbeX로 다운로드>를 참조하여 실습 예제를 0번 모트에 다운로드한다.

❖ USB_ISP 혹은 AVR_ISP 보드를 이용하여 ZigbeX로 프로그램 다운로드
AVR Studio4를 실행한 후, 실습 1~3장의 <USB_ISP 보드를 이용하여 ZigbeX로 다운로드>를 참조하여 실습 예제를 0번 모트에 다운로드한다.

TestRFIDwithUSN 프로그램의 0번 hex 파일을 다운로드한 sink 모트는 PC와 USB 케

이블 혹은 시리얼 케이블을 통해 연결하고 1번 hex 파일이 다운로드는 제어 모트는 RFID와 결합한다. 이번 예제에서는 Cygwin에서 C로 작성된 시리얼 프로그램을 통해 sink 모트와 통신하고, 그리고 제어 모트가 RFID를 컨트롤하게 된다.

16.4 실습 결과

RFID 를 제어하기 위해서는 같은 폴더에 존재하는 Serial_Parsing.c를 이용하여야 한다. 다음과 같이 입력하여 Serial_Parsing.c을 컴파일 하도록 한다. (컴파일하기 전 꼭 Serial_Parsing.c 파일에 있는 #define MODEMDEVICE "/dev/ttyS0" 문이 현재 연결된 COM 번호와 맞는지 검사해야 한다. ttyS 후에 들어가는 번호는 현재 설정된 COM 번호에서 마이너스 1을 한 값이 들어간다. 예: COM3일 때, ttyS2)

gcc ─o run Serial_Parsing.c

성공적으로 컴파일 되었다면 ./run.exe를 실행하도록 한다. 이때, USB type의 RFID 리더를 사용할 경우에는 5V 전원이나 USB를 연결시켜 전원을 공급해야 하며, ZigbeX 2.0 에 바로 부착되는 RFID 리더를 사용할 경우에는 전력 소모를 고려하여 꼭 완충된 충전지를 사용해야 한다. 위 사항을 따르지 않을 경우, RFID 리더는 응답을 하지 않으므로 주의하길 바란다.

./run을 실행하면 다음과 같은 화면이 나타난다.

```
$ ./run.exe
Start serial program [Changsu Suh]

insert RFID card TYPE ('a'=14443A, 'b'=15693):
```

14443A 태그의 ID를 읽고 싶다면 a를 입력한 후 다시 아무 버튼을 누른다. 그러면 다음과 RFID 안테나에 근처에 존재하는 14443A 태그의 ID가 출력됨을 확인할 수 있다.

```
$ ./run.exe
Start serial program [Changsu Suh]

insert RFID card TYPE ('a'=14443A, 'b'=15693): a
your choice is 14443A type. This card supprot getID only
insert CMD ('any key'=getID, 'x'=exit): i
Recv 14443A ID: [D2 7A F1 E5 BC ]

insert RFID card TYPE ('a'=14443A, 'b'=15693):
```

15693 태그의 ID를 읽고 싶다면 b를 입력한 후 i를 입력한다. 그러면 다음과 RFID 안 테나에 근처에 존재하는 15693 태그의 ID가 출력됨을 확인할 수 있다.

```
insert RFID card TYPE ('a'=14443A, 'b'=15693): b
your choice is 15693 type
insert CMD ('i'=getID, 'r'=readData, 'w'=writeData, 'x'=exit): i
your choice: i

Recv 15693 ID: [E0 4 1 0 3 11 E4 42 ]

insert RFID card TYPE ('a'=14443A, 'b'=15693):
```

15693 태그의 ID는 읽기와 쓰기를 모두 지원하고 있다. 이와 관련된 사항을 테스트하 고 싶다면, b를 입력한 후 r과 w 명령을 통해 15693 태그에 읽기와 쓰기를 테스트한 다. 그 결과는 다음과 같다.

```
insert RFID card TYPE ('a'=14443A, 'b'=15693): b
your choice is 15693 type
insert CMD ('i'=getID, 'r'=readData, 'w'=writeData, 'x'=exit): w
your choice: w

insert data (data length is limited 4) : 1234
1 2 3 4 Write data to 15693 SUCCESS!!!

insert RFID card TYPE ('a'=14443A, 'b'=15693): b
your choice is 15693 type
insert CMD ('i'=getID, 'r'=readData, 'w'=writeData, 'x'=exit): r
your choice: r

Read data from 15693: Data[1 2 3 4 ]

insert RFID card TYPE ('a'=14443A, 'b'=15693):
```

참고문헌

[1] IEEE 802.15 Working Group for WPAN, http://www.ieee802.org/15/

[2] J. Polastre, J. Hill, and D. Culler, "Versatile Low Power Media Access for Wireless Sensor Networks," in ACM SenSys 2004, Nov. 2004.

[3] W. Ye, J. Heidemann, and D. Estrin. "An energy-effcient MAC protocol for wireless sensor networks," IEEE INFOCOM June 2002.

[4] W. Ye, J. Heidemann, and D. Estrin "Medium access control with coordinated, adaptive sleeping for wireless sensor networks," in IEEE/ACM Transactions on Networking, June 2004.

[5] P. Lin, C. Qiao, X. Wang, "Medium access control with a dynamic duty cycle for sensor networks," IEEE WCNC, Mar. 2004.

[6] T.V. Dam and K. Langendoen, "An Adaptive Energy-Efficient MAC Protocol forWireless Sensor Networks," Proc. ACM Sensys, Nov. 2003.

[7] C. Suh, Y.-B. Ko and J. Kim, "A Traffic Aware, Energy Efficient MAC Protocol for Wireless Sensor Networks," Submitted to IEEE ISCAS. May 2005.

[8] C. C. Enz, A. El-Hoiydi, J-D. Decotignie, V. Peiris, "WiseNET: An Ultralow-Power Wireless Sensor Network Solution," IEEE Computer, August 2004.

[9] C. Schurgers, V. Tsiatsis, and M. B. Srivastava, "STEM: Topology Manage- ment for Energy Efficient Sensor Networks," in IEEE Aerospace Con- ference, Mar. 2002.

[10] M. Dhanaraj, B. S. Manoj, and C. Siva Ram Murthy, "A New Energy Efficient Protocol for Minimizing Multi-hop Latency in Wireless Sensor Networks," in IEEE PerCom, Mar. 2005.

[11] V. Rajendran, K. Obraczka, J.J. Garcia-Luna-Aceves, "Energy Efficient, Collision-Free Medium Access Control for Wireless Sensor Networks", Proc. ACM SenSys, Nov. 2003.

[12] K. Xu, M. Gerla, and S. Bae, "How effective is the IEEE 802.11 RTS/CTS handshake in ad hoc networks-," in IEEE GLOBECOM, 2002.

[13] Y.-B. Ko and Nitin H. Vaidya, "Flooding-based Geocasting Protocols for Mobile Ad Hoc Networks," ACM/Baltzer Mobile Networks and Applications (MONET) journal, Dec. 2002

[14] Y.-B. Ko and Nitin H. Vaidya, "Location-Aided Routing(LAR) in Mobile Ad Hoc Networks," ACM/Baltzer Wireless Networks (WINET) journal, 2000.

[15] Y.-B. Ko, J.-M. Choi, and J.-H. Kim, "A New Directional Flooding Protocol for Wireless Sensor Networks," Proc. ICOIN, Feb. 2004.

참고문헌

[16] Y.-M. Song, S.-H. Lee and Y.-B. Ko, "FERMA: An Efficient Geocasting Protocol for Wireless Sensor Networks with Multiple Target Regions," Proc. the International Workshop on RFID and Ubiquitous Sensor Networks (USN'05), Dec. 2005.

[17] W. Heinzelman, A. Chandrakasan and H. Balakrishnan, "Energy-Efficient Communication Protocol for Wireless Microsensor Networks," Proc. 33rd Hawaii Int'l. Conf. Sys. Sci., Jan. 2000.

[18] S. Lindsey and C. Raghavendra, "PEGASIS: Power-Efficient Gathering in Sensor Information Systems," IEEE Aerospace Conf. Proc., 2002.

[19] E. M. Royer and C. E. Perkins, "Multicast operation of the Ad-hoc ondemand distance vector routing protocol," in Proc. of ACM MOBICOM, Aug. 1999.

[20] D. Johnson and D. Maltz, "Dynamic source routing in ad hoc wireless networks," in Mobile Computing, T. Imielinski and H. Korth, Eds. Kluwer Publishing Company, 1996.

[21] C. Intanagonwiwat, R. Govindan, and D. Estrin, "Directed Diffusion: a Scalable and Robust Communication Paradigm for Sensor Networks," Proc. ACM MobiCom, 2000.

[22] S.-J. Lee, W. Su, and M. Gerla, "On-demand multicast routing protocol in multihop wireless mobile networks," ACM/Kluwer Mobile Networks and Applications. Dec. 2002

찾아보기

ㄱ

ㄷ

ㄹ

ㅁ

ㅂ

ㅅ

ㅇ

ㅈ

저자소개

서창수 ㈜한백전자 기술연구소
    전임연구원
이철희 ㈜한백전자 기술연구소
    책임연구원
박종훈 ㈜한백전자 기술연구소 CTO

ZigbeX 를 이용한
유비쿼터스 센서 네트워크 시스템 (제3판)

3판 1쇄 발행 : 2008년 12월 4일

지은이	㈜한백전자기술연구소
발행인	최규학

마케팅	최복락
본문디자인	조찬영
표지디자인	Arowa & Arowana

발행처	도서출판 ITC
등록번호	제8-399호
등록일자	2003년 4월 15일

주소	경기도 파주시 교하읍 문발리 파주출판단지 535-7 세종출판벤처타운 307호
전화	031-955-4353(대표)
팩스	031-955-4355
이메일	itc@itcpub.co.kr

용지 태경지업사 인쇄 해외정판사 제본 반도제책사

ISBN-10 : 89-90758-12-2
ISBN-13 : 978-89-90758-12-5   93560

값 20,000원

www.itcpub.co.kr